学ぶ人は、変えてゆく人だ。

目の前にある問題はもちろん、

人生の問いや、

社会の課題を自ら見つけ、

挑み続けるために、人は学ぶ。

「学び」で、

少しずつ世界は変えてゆける。

いつでも、どこでも、誰でも、

学ぶことができる世の中へ。

旺文社

JN036233

大学入試 全レベル問題集

化　学

[化学基礎・化学]

代々木ゼミナール講師 岡島光洋 著

3　私大標準・国公立大レベル

改訂版

はじめに

食事に使う2本の棒を「箸」と呼ぶことは，幼児でも知っています。しかし，その箸を使って魚をきれいに食べることは，箸という知識だけではできません。

同様に，「$PV=nRT$」という式を覚えているだけでは，期末テストの問題が解けたとしても，大学入試の気体の問題は解けません。

『大学入試 全レベル問題集 化学』シリーズの『レベル③ 私大標準・国公立大レベル』である本書は，**期末テストや簡単な入試問題に解答できるレベルから，標準的な二次・私大の入試問題に解答できるレベルになるまで，思考力を向上させるためのもの**です。解説には，「この現象はなぜ起こるのか」「なぜこのような解法を使うのか」を，紙面の許す限り記しました。解いてマル付けして終わるのではなく，解説まで読んで思考力を高め，できなかったところを，もう一度自力で解き直してください。また，問題演習する際には，ちゃんと紙に答案を書き，計算問題については途中式も書いてください。

問題は，**奇数問が基礎（★印なし），偶数問がその応用（★印あり）**になっています。奇数問で確認したことを使って偶数問にアタックする方式なので，奇数，偶数の順に2問をセットで解くのが効果的です。

また，短期間で化学基礎・化学の全範囲を仕上げたいのであれば，基礎固めならば奇数問のみを，また，基礎は自信があるから応用問題だけを解きたいのであれば，まず偶数問を解き，適宜，基礎の奇数問に戻るとよいでしょう。

この問題集を終えた後は，上位大学受験の人ならば，このシリーズの『レベル④ 私大上位・国公立大上位レベル』にアタックしましょう。志望校のレベルの入試問題が解けるようになったら，あとはどんどん過去問を解きましょう。受験勉強を通して，自身の道を切り拓く力を身につけてください。人生を創りましょう。

岡島光洋

 # 目　次

著者紹介：**岡島光洋**（おかじま　みつひろ）

代々木ゼミナール講師。愛知県出身。30年以上代々木ゼミナールの教材作成を担当。「全国大学入試問題正解 化学」（旺文社）の解答・解説執筆も担当している。また，他に大学受験生向けの著書としては，「大学入試 全レベル問題集 化学（化学基礎・化学）④私大上位・国公立大上位レベル 改訂版」「大学入学 共通テスト 実戦対策問題集（化学基礎，化学）」（以上，旺文社），「[新版]岡島のイメージでおぼえる入試化学」（代々木ライブラリー）など，大学生向けの著書としては，「世界一わかりやすい 大学で学ぶ 物理化学の特別講座」「カラー改訂版 理系なら知っておきたい 化学の基本ノート 有機化学編」「理系なら知っておきたい 化学の基本ノート 無機化学編」（以上，KADOKAWA）がある。

装丁デザイン：ライトパブリシティ　　　　　　本文デザイン：イイタカデザイン

本シリーズの特長

1. 自分にあったレベルを短期間で総仕上げ

　本シリーズは，理系の学部を目指す受験生に対応した短期集中型の問題集です。4レベルあり，自分にあったレベル・目標とする大学のレベルを選んで，無駄なく学習できるようになっています。また，基礎固めから入試直前の最終仕上げまで，その時々に応じたレベルを選んで学習できるのも特長です。

レベル①…「化学基礎」と「化学」で学習する基本事項を中心に総復習するのに最適で，基礎固め・大学受験準備用としてオススメです。

レベル②…共通テスト「化学」受験対策用にオススメで，分野によっては「化学基礎」の範囲からも出題されそうな融合問題も収録。全問マークセンス方式に対応した選択解答となっています。また，入試の基礎的な力を付けるのにも適しています。

レベル③…入試の標準的な問題に対応できる力を養います。問題を解くポイント，考え方の筋道など，一歩踏み込んだ理解を得るのにオススメです。

レベル④…考え方に磨きをかけ，さらに上位を目指すならこの一冊がオススメです。目標大学の過去問と合わせて，入試直前の最終仕上げにも最適です。

2. 入試過去問を中心に良問を精選

　本シリーズに収録されている問題は，効率よく学習できるように，過去の入試問題を中心にレベルごとに学習効果の高い問題を精選してあります。さらに，適宜入試問題に改題を加えることで，より一層学習効果を高めています。

3. 解くことに集中できる別冊解答

　本シリーズは問題を解くことに集中できるように，解答・解説は使いやすい別冊にまとめました。より実戦的な問題集として，考える習慣を身に付けることができます。

本書の使い方

　問題は学習しやすいように分野ごとに，教科書の項目順に問題を配列しました。最初から順番に解いていっても，苦手分野の問題から先に解いていってもいいので，自分にあった進め方で，どんどん入試問題にチャレンジしてみましょう。

　次のマークは，学習する上での参考にしてください。

★…やや難易度の高い問題を示しています。

　問題を解いてみたら，別冊解答に進んでください。解答は章ごとの問題番号に対応しているので，すぐに見つけることができます。構成は次のとおりです。解けなかった場合はもちろん，答が合っていた場合でも，解説は必ず読んでください。

　答　…一目でわかるように，最初の問題番号の次に明示しました。

　解説…わかりやすいシンプルかつ汎用性の高い解説を心がけました。

　Point…問題を解く際に特に重要な知識，考え方のポイントをまとめました。

　注意…間違えやすい点，着眼点などをまとめました。

※本書では，効率よく学習できるように，必要に応じて，問題文を適宜改題しています。

志望校レベルと「全レベル問題集　化学」シリーズのレベル対応表

＊ 掲載の大学名は購入していただく際の目安です。 また，大学名は刊行時のものです。

本書のレベル	各レベルの該当大学
[化学基礎・化学] ① **基礎レベル**	高校基礎～大学受験準備
[化学] ② **共通テストレベル**	共通テストレベル
[化学基礎・化学] ③ **私大標準・国公立大レベル**	[私立大学] 東京理科大学・明治大学・青山学院大学・立教大学・法政大学・中央大学・日本大学・東海大学・名城大学・同志社大学・立命館大学・龍谷大学・関西大学・近畿大学・福岡大学　他 [国公立大学] 弘前大学・山形大学・茨城大学・新潟大学・金沢大学・信州大学・広島大学・愛媛大学・鹿児島大学　他
[化学基礎・化学] ④ **私大上位・国公立大上位レベル**	[私立大学] 早稲田大学・慶應義塾大学／医科大学医学部　他 [国公立大学] 東京大学・京都大学・東京工業大学・北海道大学・東北大学・名古屋大学・大阪大学・九州大学・筑波大学・千葉大学・横浜国立大学・神戸大学・東京都立大学・大阪公立大学／医科大学医学部　他

学習アドバイス

化学基礎分野

　「化学基礎」がわかっていないと，「化学」の問題も解けません。最も大切なのは，**物質量(mol)を用いる計算**です。二次，私大入試では，単に物質量(mol)を算出するだけの問題は少なく，「係数比＝mol比」を応用した反応量の計算に，濃度や気体の体積などが絡み，計算が多段階になる傾向にあります。多段階の計算を，ろくに式も立てずに筆算の連続で解こうとすると，途中で何を算出していたのか分からなくなり混乱してしまいます。

　したがって，特に計算問題では，**なるべく少ない式で解を導いておいてから，約分可能な所を消したうえで**，**最後に筆算を行って答えを出す**解き方を目指してください。本書では，「化学基礎」部分の解説で，物質量や濃度の計算法を図に示してあります。今何を算出していて，次にどの計算を行えばよいのか，**全体像を認識しながら式を立てる**練習をしてください。

化学(理論化学)分野

　「化学」の気体，結晶格子，溶液，熱化学，電気化学，反応速度，平衡までは，主に計算問題が出題される「理論化学」と呼ばれる部分です。物質量の計算にさらに上積みして，気体の法則，溶解度の計算，沸点上昇や凝固点降下度の計算，反応速度の計算，化学平衡の法則といった新たな計算を習得し，同時に，状態変化や溶解，平衡移動といった現象について理解する分野です。単に計算式に当てはめるというのではなく，**どのような現象が起こっているのかをイメージして立式できるように**学習することが求められます。

　この分野では種々の異なる式を使い分けなければならないため，解法に統一性がありません。しかし，操作や起こっていることをちゃんと把握して問題を解かなければならないことは共通しています。状況が変わるごとに，数値を整理しながら問題を解く練習をしましょう。本書でも，解説にその整理の例が示してあります。

　気体は P，V，n，T と4つも変数がありますから，状況ごとにこの4変数を整理するくせをつけてください。溶液は，溶質量や溶液量を整理するくせをつけ

てください。熱化学，電気化学，反応速度，平衡では，化学反応が起こることを前提とした出題になります。**困ったら，まず反応式を書きましょう。** その後，必要に応じて反応量・生成量を整理したり，どのエンタルピー変化を組み合わせればよいか発想したり，ルシャトリエの原理で考察を試みてみましょう。

◎ 化学（無機化学）分野

　無機物質の化学反応に関する知識を扱う分野です。色や溶解性など，物質の性質については覚えなければなりませんが，**どういった問題でこの知識を使うかを意識しながら覚えて** ください。反応式については，なるべく丸暗記ではなくて，H^+ または e^- が，どの化学種からどの化学種に何個渡されるのかを考えながら書くことを目指してください。

　二次，私大入試の無機化学は，純粋な知識を問う設問とともに，計算問題が出題されることが多いです。無機化学の計算で，反応量・生成量が与えられたときは，まず該当する反応の反応式を書き，その係数比を使って「係数比＝mol 比」の計算ができないかと考えてみてください。状況を整理する意味でも，発想の助けにする意味でも，誤解を防ぐ意味でも，化学式や反応式を書きながら解くことを心がけてください。

◎ 化学（有機化学）分野

　有機化合物は，炭素，水素，酸素などの限られた元素でできているものの，分子の構造は複雑で，初学の人にとってはわかりにくいです。

　そこで，まずは炭素原子が数個以下の簡単な炭化水素やアルコールについて，構造や反応を理解します。次に，炭素数を 4 個，5 個と増やした有機化合物について，異性体を探す練習をします。このようにして構造に慣れていけば，**複雑な分子を出されても，「簡単な分子の炭素骨格が伸びただけ」と認識できる** ようになり，構造式に対するアレルギーもなくなっていくでしょう。本書の問題も，このような手順を踏めるよう順番に配置しています。

　アルコールの反応と，官能基検出反応を覚え，異性体の探し方を習得すれば，入試の有機化学頻出の「構造決定問題」にアタックできます。アルコールの構造決定ができるようになったら，エステルの構造決定，次いで芳香族化合物の反応と構造決定というように，扱う物質の構造を複雑にしていってください。

1 化学基礎

解答 ➡ 別冊2頁

1 原子の構造

次の文章を読み，問1〜3に答えよ。原子量：C = 12.0，O = 16.0

原子核に含まれている正の電荷をもつ粒子を $\boxed{a}$ という。それぞれの元素の $\boxed{a}$ の個数は，その元素の $\boxed{b}$ と同じである。$\boxed{a}$ の個数と原子核に含まれるもう1種類の粒子である $\boxed{c}$ の個数を足したものを $\boxed{d}$ という。原子を構成する粒子のうち，$\boxed{e}$ は $\boxed{a}$ や $\boxed{c}$ に比べて質量が非常に小さいので，原子の質量は $\boxed{d}$ に比例しているとみなしてよい。

実際の原子1個の質量は非常に小さく，そのままでは取り扱いにくい。そこで，現在は $\boxed{d}$ が $\boxed{A}$ の $\boxed{f}$ の原子1個の質量を $\boxed{B}$ とし，これを基準として，各原子の相対質量を求めている。自然界に存在する多くの元素には，$\boxed{b}$ は同じで $\boxed{d}$ が互いに異なる $\boxed{g}$ が存在する。各元素の $\boxed{g}$ の相対質量と存在比から求めた平均値をその元素の $\boxed{h}$ とよぶ。

$\boxed{i}$ は分子を構成するすべての原子の $\boxed{h}$ の総和である。分子式から $\boxed{i}$ を求めるのと同様に，組成式から $\boxed{h}$ の総和を求めた値を $\boxed{j}$ という。

問1 $\boxed{a}$ 〜 $\boxed{j}$ に当てはまる語として最も適切なものを，それぞれ次の⑪〜㉒から選び，番号で答えよ。

⑪ 陽イオン　⑫ 陰イオン　⑬ 電子　⑭ 陽子
⑮ 中性子　⑯ 原子番号　⑰ 質量数　⑱ 原子量
⑲ 分子量　⑩ 式量　⑪ 水素　⑫ ヘリウム
⑬ ホウ素　⑭ 炭素　⑮ 酸素　⑯ 窒素
⑰ 同位体　⑱ 同素体　⑲ 物質量　⑳ 気体定数
㉑ 酸化数　㉒ アボガドロ定数

問2 $\boxed{A}$，$\boxed{B}$ に当てはまる数字を整数値で記せ。

問3 天然のリチウムには $\boxed{d}$ が6と7の $\boxed{g}$ があり，存在比はそれぞれ7.50%と92.5%であり，相対質量はそれぞれ6.015と7.016である。(1)と(2)に答えよ。解答は有効数字が3桁となるように計算せよ。

(1) リチウムの $\boxed{h}$ を求めよ。

(2) 炭酸リチウムの $\boxed{j}$ を求めよ。　〈東京理科大〉

★ 2 周期律

次の表に，元素(A)〜(I)の原子の電子配置を示している。以下の問いに答えよ。

電子殻＼元素	(A)	(B)	(C)	(D)	(E)	(F)	(G)	(H)	(I)
K	2	2	2	2	2	2	2	2	2
L	1	4	6	7	8	8	8	8	8
M						2	3	5	6

問1　(A)〜(I)の中で，価電子の数が最も多い原子の電子式を示せ。

問2　原子核に16個の中性子をもち，質量数31である原子の元素記号と価電子数を答えよ。

問3　(A)〜(I)のうちで同族元素はどれか。元素記号ですべて答えよ。また，それは何族か。

問4　(C)と(G)でつくる化合物の組成式を示せ。

問5　(A)〜(I)のうちで，2価の陰イオンになったときにアルゴンと同じ電子配置をとる原子はどれか。記号で答えよ。

問6　イオン化エネルギーとは何か。また，(A)〜(E)のうちで，イオン化エネルギーが最大の原子はどれか。元素記号で答えよ。

問7　電子親和力とは何か。また，(A)〜(E)のうちで，電子親和力が最大の原子はどれか。元素記号で答えよ。

問8　(C)，(D)，(F)，(G)がイオンになり，(E)と同じ電子配置をとったとき，半径が最も小さくなる原子はどれか。記号で答えよ。また，その原子が最も小さくなる理由を簡潔に説明せよ。　　　　　　　　　　〈福岡教育大ほか〉

3　化学結合と結晶の性質

I　次の文章を読み，**問1，2**に答えよ。

　　原子が電子を放出したり，受け取ったりして，原子核中の陽子と電子の数が異なるようになると，電気を帯びるようになる。このような粒子をイオンといい，ナトリウム Na のようなアルカリ金属は　A　個の，カルシウム Ca のようなアルカリ土類金属は　B　個の価電子を放出し，　あ　になる。一方，塩素 Cl のようなハロゲンは，電子を　C　個受け取って　い　になる。両者の間には静電気力がはたらき，イオン結合によって，塩化カルシウム $CaCl_2$ のように融点が　う　く，常温では導電性がない固体（イオン結晶）をつくる。この固体は　え　の大きい溶媒に溶解しやすく，空気中で潮解する。また，水中でイオンが水を強く引きつける現象を　お　といい，そのようにしてできたイオンを　お　イオンという。

　　水素 H_2 や酸素 O_2 のような分子においては，原子どうしが価電子を出し合って　か　結合することで分子が形成される。この結合によってダイヤモンドのように非常に硬い固体がつくられる。一方，この結合に関与しない電子対を　き　電子対という。アンモニア NH_3 に水素イオン H^+ が結合するとアンモニウムイオン NH_4^+ ができる。このとき H^+ は N 原子の　き　電子対を使って　か　結合をつくる。これを　く　結合という。一般に，分子や陰イオンが　き　電子対を使って金属イオンと　く　結合してできた複雑な組成のイオンは　け　イオンとよばれる。

　　金属原子では，価電子が離れやすく，原子が集まると，原子が金属原子間を移動できるようになる。それを自由電子といい，それによる結合を金属結合とよぶ。

　　以上の4つの結合は化学結合とよばれる。また，すべての分子の間にはファンデルワールス力という弱い力がはたらいており，気体分子を冷却していくと液体や固体となる。ただし，　こ　分子と比較し，　え　分子の間には，より強い静電気力がは

たらいている。これらの力で規則正しく分子が並んだ固体を分子結晶という。

問1 　あ　〜　こ　について，最も適当な語句をそれぞれ次の①〜⑳から選び，番号で答えよ。

① 水和　　② 束縛　　③ 陰イオン　　④ 陽イオン　　⑤ 錯
⑥ 浸透性　⑦ 配位　　⑧ 無極性　　⑨ 親水　　　　⑩ 非共有
⑪ 排他　　⑫ 極性　　⑬ 疎水　　　⑭ 非水　　　　⑮ 高
⑯ 共有　　⑰ 低　　　⑱ 遅　　　　⑲ 静電　　　　⑳ 磁性

問2 　A　〜　C　に当てはまる数をそれぞれ次の①〜⑦から選び，番号で答えよ。ただし，同じ番号を何度用いてもよい。

① 1　　② 2　　③ 3　　④ 4　　⑤ 5　　⑥ 6　　⑦ 7

Ⅱ　次の表は，結晶の種類と性質をまとめたものである。これについて**問1〜3**に答えよ。

	(ア)結晶	(イ)の結晶	(ウ)結晶	(エ)の結晶
構成粒子	(ア)	原子	(ウ)	原子(自由電子を含む)
機械的性質	硬くもろい	非常に硬い	軟らかい	展性・延性がある
電気の伝導性	融解すると通す	通さないものが多い	通さないものが多い	よく通す
融点・沸点	高い	きわめて高い	低い	さまざまな値
結合の種類	(ア)結合	(イ)	(ウ)間力による結合	(エ)結合
物質の例	(オ)	(カ)	(キ)	(ク)

問1 (ア)〜(エ)に適切な語句を記せ。

問2 (オ)〜(ク)に当てはまる物質をそれぞれ次のa〜dから選び，記号で答えよ。
a　二酸化ケイ素　　b　塩化ナトリウム
c　ドライアイス　　d　ナトリウム

問3 (エ)の結晶が展性・延性を示す理由を50字以内で説明せよ。　〈立命館大，法政大〉

★　**4** **分子の構造と極性，沸点**

次の文章を読み，**問1〜8**に答えよ。

塩化水素分子のH−Cl結合中の　ア　は，H原子より陰性が強いCl原子のほうにいくらか引き寄せられ，H原子はいくらか正の電荷を帯び，Cl原子はいくらか負の電荷を帯びている。このような電荷のかたよりを結合の極性という。水素分子や塩素分子のように，極性のない分子を　イ　分子といい，塩化水素分子のように，極性のある分子を極性分子という。

3個以上の原子からなる分子では，分子の極性の有無は分子の形に関係する。二酸化炭素分子は3個の原子が直線形に結合していて，　ウ　結合には極性があるが，それらの方向が正反対なので，互いに打ち消し合い，分子全体として　イ　分子になっている。しかし，同じ三原子分子でも水分子の場合は，3個の原子が折れ線形に結合しているので，2つの　エ　結合の極性は打ち消し合わず，分子全体として極性分子になっている。

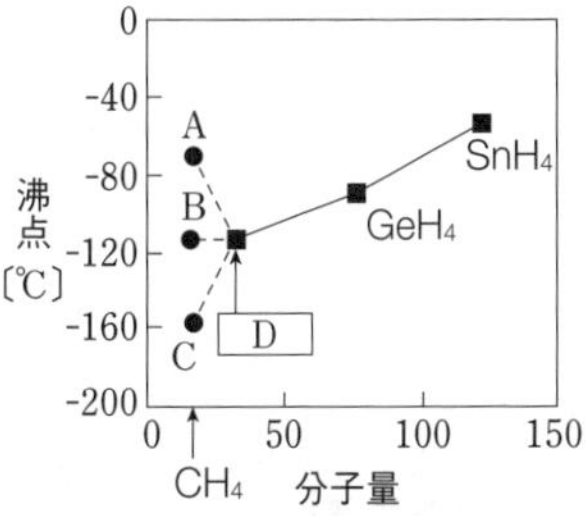

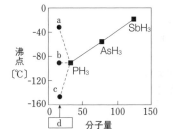

図1 14族元素の水素化合物の分子量と沸点との関係

図2 15族元素の水素化合物の分子量と沸点との関係

問1 ［ ア ］，［ イ ］に当てはまる適切な語句を記せ。

問2 例にならって，［ ウ ］，［ エ ］に当てはまる結合の構造を示せ。

 （例 C＝C）

問3 図1のDに当てはまる化合物を化学式で示せ。

問4 図1でCH₄の沸点はA〜Cのどれか，答えよ。

問5 問4で，その選択肢を選んだ理由を30字以内で説明せよ。

問6 図2のdに当てはまる化合物を化学式で示せ。

問7 図2でdの化合物の沸点はa〜cのどれか，答えよ。

問8 問7で，その選択肢を選んだ理由を30字以内で説明せよ。 〈信州大〉

---

5 **物質量と濃度**

原子量：H＝1.0，C＝12，O＝16，Na＝23，Al＝27，Cl＝35.5，Ca＝40，Fe＝56

アボガドロ定数：6.0×10^{23}/mol

0℃，1.01×10^5 Pa(標準状態)における気体のモル体積は 22.4 L/mol とする。

問1 鉄(Fe) 5.6 g は何 mol か。また，その中の鉄原子は何個か。

問2 二酸化炭素(CO_2)の 1.1 g の体積は，0℃，1.01×10^5 Pa(標準状態)で何 L か。

問3 標準状態での密度が 2.59 g/L である気体の分子量はいくらか。

問4 55.5 g の塩化カルシウム($CaCl_2$)には，塩化物イオンが何 mol 含まれているか。

問5 アルミニウム(Al)原子1個の質量は何 g か。また，1円硬貨は純アルミニウムでできており，その質量は 1.0 g である。1円硬貨1枚に含まれているアルミニウム原子は何個か。

問6 水溶液 1.0 mL の中に 1.0 mg の水酸化ナトリウム(NaOH)が溶けている。この水溶液の濃度は何 mol/L か。

問7 水溶液 1.0 mL 中に，標準状態で 1.0 mL のアンモニア(NH_3)が溶けている。このとき，アンモニアの濃度は何 mol/L か。

問8 炭酸カルシウム($CaCO_3$) 5.00 g に塩酸を加えると，塩化カルシウム，水と同時に，二酸化炭素が発生した。この二酸化炭素の体積は，標準状態で何 L か。ここで，炭酸カルシウムは完全に反応したとする。

問9 質量パーセント濃度で 31.5% の塩酸の密度は 1.16 g/mL である。この塩酸のモ

ル濃度は何 mol/L か。

問10 問9の塩酸を水で希釈して，0.50 mol/L 塩酸 500 mL をつくりたい。必要な 31.5% 塩酸は何 mL か。

★ 　6　 **反応量の計算**

次の**実験 1, 2** について，**問 1～5** に答えよ。

[実験1] 固体の金属 M 2.16 g に 1.00 mol/L の塩酸を滴下すると，水素が発生し，M の塩化物 MCl_2 が生成した。滴下した塩酸の体積[mL]，発生した水素の標準状態での体積[L]の関係は，右のとおりであった。

滴下した塩酸の体積[mL]	発生した水素の標準状態での体積[L]
50.0	0.56
100.0	1.12
150.0	1.68
200.0	2.02

問1 金属 M と塩酸の反応を化学反応式で示せ。

問2 滴下した塩酸の体積[mL]を横軸に，発生した水素の物質量[mol]を縦軸にして両者の関係を示すグラフを線で表せ。ここで点 A は金属 M と酸が過不足なく反応したときの滴下した塩酸の体積と発生した水素の物質量を表す点であるとする。なお，グラフは直線か曲線かの違いがわかるように明確に記すこと。

問3 金属 M と酸が過不足なく反応したときの滴下した塩酸の体積を a_1[mL]，発生した水素の物質量を b_1[mol]とする。a_1 と b_1 の値を有効数字 2 桁でそれぞれ記せ。

問4 金属 M の原子量を整数で記せ。

[実験2] **[実験1]**の金属 M を同物質量のアルミニウムに変えて，ほかは同じ条件で滴定実験を行った。

問5 金属と酸が過不足なく反応したときの滴下した塩酸の体積を a_2[mL]，発生した水素の物質量を b_2[mol]とする。a_2 と b_2 の値をそれぞれ有効数字 2 桁で求めよ。⟨名城大⟩

　7　 **酸と塩基**

次の文章を読み，**問 1～4** に答えよ。必要があれば次の値を用いよ。

$\log_{10} 2 = 0.30$, $\log_{10} 3 = 0.48$, $\log_{10} 5 = 0.70$

純粋な水はごくわずかに電離して，　a　と　b　を生じる。このとき，　a　と　b　のモル濃度の積を K_w で表し，これを水の　c　という。この値は 25℃ で 1.00×10^{-14} mol²/L² である。

pH は，酸性・中性・塩基性を示す値である。25℃ の純粋な水の pH は　d　である。水溶液の pH が　d　より e(大きい, 小さい) ときその水溶液は酸性であり，その逆のときは塩基性である。(A) 5.00×10^{-4} mol/L 硫酸の pH は　f　であり，(B) 1.00×10^{-3} mol/L 水酸化ナトリウム水溶液の pH は　g　である。

問1 　a　～　g　に適切な語句，数値を記せ。ただし，　d　，　f　，

g は整数で答えよ。また e については，「大きい」あるいは「小さい」から適切な語句を選べ。

問2 硝酸，酢酸，アンモニア，塩化ナトリウムの4つの化合物について，それらの 1.0×10^{-2} mol/L 水溶液の pH の大小関係として正しいものを次の⑦～㋒から1つ選び，記号で答えよ。

⑦ 硝酸 ＜ 酢酸 ＜ 塩化ナトリウム ＜ アンモニア

④ 酢酸 ＜ 硝酸 ＜ 塩化ナトリウム ＜ アンモニア

⑦ アンモニア ＜ 塩化ナトリウム ＜ 硝酸 ＜ 酢酸

㋒ アンモニア ＜ 塩化ナトリウム ＜ 酢酸 ＜ 硝酸

問3 次の⑦～㋒に示す2種類の水溶液の pH の大小関係について，誤っているものを1つ選び，記号で答えよ。ただし，フェノール（C_6H_5OH）は弱酸である。

⑦ 1.0×10^{-2} mol/L 硫酸水素ナトリウム ＜ 1.0×10^{-2} mol/L 炭酸水素ナトリウム

④ 1.0×10^{-5} mol/L 酢酸 ＜ 1.0×10^{-2} mol/L 酢酸ナトリウム

⑦ 1.0×10^{-2} mol/L 塩化アンモニウム ＜ 1.0×10^{-2} mol/L 酢酸アンモニウム

㋒ 1.0×10^{-2} mol/L 塩化ナトリウム ＜ 1.0×10^{-5} mol/L フェノール

㋔ 1.0×10^{-4} mol/L 塩酸 ＜ 1.0×10^{-4} mol/L フェノール

問4 下線部(A)および(B)について，(1)，(2)に答えよ。ただし，温度は25℃とする。

(1) 下線部(A)の水溶液 10.0 mL と下線部(B)の水溶液 30.0 mL とを混合して得られる水溶液の pH を，小数第1位まで求めよ。答に至る過程も簡潔に示せ。

(2) 下線部(A)の水溶液をさらに10倍に希釈した水溶液 25.0 mL を過不足なく中和するには，下線部(B)の水溶液が何 mL 必要か。有効数字3桁で求めよ。答に至る過程も簡潔に示せ。

〈東邦大〉

★ **8 中和滴定**

次の文章を読み，**問1～7**に答えよ。ただし，食酢中の酸はすべて酢酸であるとする。必要があれば次の数値を用いること。原子量：H = 1.00，C = 12.0，O = 16.0

市販の食酢（食酢 A とする）の濃度を求めるため，以下の**実験**を行った。まず，水酸化ナトリウム水溶液の濃度を中和滴定により求め（[**実験1**]），この水酸化ナトリウム水溶液を用いて食酢中の酢酸濃度を中和滴定により求めた（[**実験2**]）。

[**実験1**] (ア)2価の酸であるシュウ酸の 0.0500 mol/L 水溶液（水溶液 a）をコニカルビーカーに 20.0 mL とり，(イ)指示薬を加えた後，水酸化ナトリウム水溶液（水溶液 b）を滴下した。水溶液 b を 16.0 mL 滴下したところで，コニカルビーカーの水溶液の色が無色から淡赤色に変化した。

[**実験2**] 食酢 A を正確に10倍希釈した水溶液（水溶液 c）をコニカルビーカーに 20.0 mL とり，(イ)指示薬を加えた後，水溶液 b を滴下した。水溶液 b を 11.2 mL 滴下したところで，コニカルビーカーの水溶液の色が無色から淡赤色に変化した。

問1 滴定で使用するコニカルビーカーは，内部が水でぬれていても，滴定の終点までに要する水酸化ナトリウム水溶液の体積には影響しない。その理由を30字程度で説明せよ。

問2 下線部(ア)について，コニカルビーカーにとったシュウ酸の物質量を有効数字3桁で求め，単位とともに記せ。また，このシュウ酸を中和するのに必要な水酸化ナトリウムの物質量を有効数字3桁で求め，単位とともに記せ。

問3 下線部(イ)の指示薬は，[**実験1**]と[**実験2**]で同じものを用いた。この指示薬の名称を記せ。

問4 水溶液 b のモル濃度〔mol/L〕を有効数字3桁で求めよ。

問5 水溶液 c のモル濃度〔mol/L〕を有効数字3桁で求めよ。

問6 100 mL の食酢 A に含まれる酢酸の質量〔g〕を有効数字3桁で求めよ。

問7 20.0 mL の食酢 A の質量は21.0 g であった。この食酢 A の密度（単位は g/cm³，ただし，1 g/cm³＝1 g/mL とする）を有効数字3桁で求めよ。また，この密度を用いて，食酢 A の質量パーセント濃度〔%〕を有効数字3桁で求めよ。 〈甲南大〉

---

9 酸化還元

次の文章を読み，**問1～4**に答えよ。

銅を空気中で加熱すると，酸素と反応して酸化銅(Ⅱ)になる。

$$2Cu + O_2 \longrightarrow 2CuO \qquad \cdots ①$$

式①のように，物質が酸素と反応することを酸化という。

一方，生じた酸化銅(Ⅱ)を加熱して水素と反応させると，元の銅に戻る。

$$CuO + H_2 \longrightarrow Cu + H_2O \quad \cdots ②$$

式②のように，物質が酸素を失う反応を還元という。

また，硫化水素と塩素が反応すると，塩化水素と硫黄ができる。

$$H_2S + Cl_2 \longrightarrow 2HCl + S \quad \cdots ③$$

式③の塩素のように物質が水素と反応したとき，その物質は ［ ア ］ されたという。また，式③の硫化水素のように化合物が水素を失ったとき，その物質は ［ イ ］ されたという。

式①の反応では，銅原子 Cu は電子2個を失って Cu^{2+} になり，酸素原子 O はその電子を受け取って O^{2-} になる。このように，電子のやりとりによって酸化・還元を統一的に説明できる。一般に，原子またはその原子を含む物質が電子を ［ ウ ］ 変化を酸化といい，逆に，原子またはその原子を含む物質が電子を ［ エ ］ 変化を還元という。

原子や物質が酸化されたか，還元されたかを判断するとき，酸化銅(Ⅱ)のようにイオン結合でできた物質が反応に関与している場合，電子のやりとりははっきりしている。しかし，共有結合でできた分子が反応に関与する場合では，原子間の電子のやりとりは必ずしも明確ではない。そこで，原子やイオンの電子のやりとりを明確にするために(I)酸化数という考え方が用いられる。

酸化還元反応で，相手の物質を酸化する物質を酸化剤といい，相手の物質を還元する物質を還元剤という。(II)酸化剤と還元剤が反応するとき，酸化剤は還元され，還元剤は酸化される。酸化剤または還元剤の標準溶液を用いて，それぞれ還元剤または酸化剤の濃度を滴定によって求める操作を(III)酸化還元滴定という。

問1 ［ ア ］～［ エ ］ に当てはまる語句の組み合わせとして，最も適するものを次の

①～④から選び，番号で答えよ。

	ア	イ	ウ	エ
①	酸化	還元	失う	受け取る
②	酸化	還元	受け取る	失う
③	還元	酸化	失う	受け取る
④	還元	酸化	受け取る	失う

問2 下線部(I)について，次の①～⑥のうち，下線をつけた原子の酸化数が $CuSO_4$ 中の S の酸化数と同じものを選び，番号で答えよ。

① $\underline{N}H_3$ ② $H\underline{N}O_2$ ③ $NH_4\underline{N}O_3$ ④ $\underline{O}_3$

⑤ $K_2\underline{Cr}_2O_7$ ⑥ $K\underline{Mn}O_4$

問3 下線部(II)について，二酸化硫黄 SO_2 は，反応する物質によって酸化剤としても還元剤としてもはたらくことができる。例えば，次の式のように，硫化水素に対しては酸化剤[(i)式]，硫酸酸性水溶液中の過マンガン酸イオンに対しては還元剤[(ii)式]としてはたらく。式中の $\boxed{\text{a}}$ ～ $\boxed{\text{e}}$ に化学式を記して，反応式を完成せよ。

(i) $SO_2 + 2H_2S \longrightarrow 3\boxed{\text{a}} + 2\boxed{\text{b}}$

(ii) $5SO_2 + 2MnO_4^- + 2H_2O \longrightarrow 5\boxed{\text{c}} + 2\boxed{\text{d}} + 4\boxed{\text{e}}$

問4 下線部(III)を用いて，過マンガン酸カリウム $KMnO_4$ 水溶液の濃度を決定する次の**実験**を行った。(1)～(3)に答えよ。原子量：H = 1.00，C = 12.0，O = 16.0

実験 シュウ酸二水和物 $H_2C_2O_4 \cdot 2H_2O$ の結晶 0.756 g を少量の水に溶かして $\boxed{\text{い}}$ に入れ，さらに水を加えて正確に 100.0 mL の水溶液とした。このシュウ酸水溶液 10.0 mL を $\boxed{\text{ろ}}$ で正確にはかり取り，三角フラスコに入れた。その後，希硫酸を加え，湯浴で温めてから $KMnO_4$ 水溶液で滴定を行った。その結果，15.0 mL 加えたところで終点に到達した。

(1) $\boxed{\text{い}}$ および $\boxed{\text{ろ}}$ に最も適する器具をそれぞれ次の①～⑥から選び，番号で答えよ。

① ビュレット   ② メスフラスコ   ③ 駒込ピペット

④ コニカルビーカー   ⑤ メスシリンダー   ⑥ ホールピペット

(2) この酸化還元反応において，終点までに消費された $KMnO_4$ の物質量と $H_2C_2O_4$ の物質量の比（$KMnO_4 : H_2C_2O_4$）はいくらか。正しいものを次の①～⑥から選び，番号で答えよ。

① 1:2   ② 1:5   ③ 2:1   ④ 2:5   ⑤ 5:1   ⑥ 5:2

(3) この滴定に用いた $KMnO_4$ 水溶液の濃度〔mol/L〕はいくらか。有効数字3桁で求めよ。 〈福岡大〉

★ **10** **酸化還元滴定**

次のように酸化還元滴定の(**実験1**)と(**実験2**)を行った。酸化還元反応について，**問1～4** に答えよ。

(**実験 1**)　0.080 mol/L のヨウ素水溶液（ヨウ化カリウムを含む）100 mL に，①ある一定量の二酸化硫黄をゆっくりと通し反応させた。この反応溶液中に残ったヨウ素を定量するため，デンプンを指示薬として加え，0.080 mol/L のチオ硫酸ナトリウム水溶液で滴定した。25 mL を加えたときに，②溶液の色が変化した。

(**実験 2**)　③濃度不明の過酸化水素水 50 mL に，過剰量のヨウ化カリウムの硫酸酸性水溶液を加えたところ，ヨウ素が遊離した。この反応溶液中に，デンプンを指示薬として加え，0.080 mol/L のチオ硫酸ナトリウム水溶液で滴定したところ，20 mL を加えたときに溶液の色が変化した。

ただし，（**実験 1**）および（**実験 2**）において，ヨウ素とチオ硫酸ナトリウムとは，式1のように反応する。

$$I_2 + 2Na_2S_2O_3 \longrightarrow 2NaI + Na_2S_4O_6 \quad \cdots 式1$$

問 1　下線部①の二酸化硫黄の反応を，電子 e^- を含むイオン反応式で示せ。

問 2　下線部①で反応した二酸化硫黄の物質量〔mol〕を有効数字 2 桁で求めよ。

問 3　下線部②の溶液の色の変化を，次の @〜f から 1 つ選び，記号で答えよ。

@　橙赤色から無色　　　b　青紫色から無色　　　c　黄緑色から無色

d　無色から青紫色　　　e　無色から黄緑色　　　f　無色から橙赤色

問 4　実験 2 の下線部③の過酸化水素水の濃度〔mol/L〕を有効数字 2 桁で求めよ。

〈長崎大〉

2　気体

解答 ▶ 別冊 13 頁

[11]　物質の三態変化

圧力と温度によって，物質がどのような状態にあるかを表した図を状態図という。右の図は水の状態図であり，3 本の曲線で分けられた領域では，水が固体・液体・気体のどれかの状態で存在する。例えば，点 A，B，C では，水はそれぞれ固体（氷），液体（水），気体（水蒸気）として存在することを示している。また，温度 0.01℃ で圧力 6.078×10^2 Pa の点は固体・液体・気体が共存する三重点であ

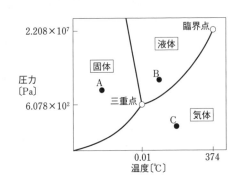

り，温度 374℃ で圧力 2.208×10^7 Pa の点は臨界点とよばれ，それ以上の温度，圧力では液体とも気体とも区別のつかない状態となる。

この図から読み取ることができるものとして，次の(i)〜(iii)の記述は正しいか，それとも誤っているか。[　]内の"正"または"誤"から 1 つずつ，合計 3 つ選べ。

(i)　氷が昇華することはない。[① 正　② 誤]

(ii)　水が液体として存在できる最低の圧力は 6.078×10^2 Pa である。[③ 正　④ 誤]

(iii)　氷を加圧していくと液体に変化する温度が存在する。[⑤ 正　⑥ 誤]　　〈北里大〉

★ 12 **比熱と融解エンタルピー，蒸発エンタルピー**

次の文章中の 1 ， 2 に入れるの
に最も適当なものをあとの⑦〜②から選べ。
また， 3 には文字式を記せ。

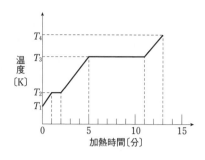

右の図は，大気圧の下で分子量 M の純物
質 A 1.0 g に毎分 Q〔kJ〕で熱を加えたときの，
加熱時間〔分〕と A の温度〔K〕との関係を示
したものである。大気圧の下で温度 T_1〔K〕
で固体状態にある A に熱を加えると，固体
から液体，液体から気体へと状態が変化する。

図より，A の融解エンタルピーは 1 〔kJ/mol〕，蒸発エンタルピーは 2
〔kJ/mol〕と算出される。

1 g の A の温度を 1 K 上げるのに必要な熱量を A の比熱〔J/(g·K)〕という。図中の温
度 T_1, T_2, T_3, T_4 から必要なものを用いて，固体 A の比熱 C_s〔J/(g·K)〕と液体 A の
比熱 C_l〔J/(g·K)〕の比 $\dfrac{C_s}{C_l}$ を表すと， 3 となる。

⑦ QM　　④ $2QM$　　⑨ $3QM$　　② $4QM$
⑦ $5QM$　　⑥ $6QM$　　④ $7QM$　　⑧ $8QM$

〈関西大〉

13 **気体の分圧**

次の文章を読み，**問 1〜4** に答えよ。ただし，有効数字は 2 桁とする。
原子量：O = 16　　気体定数：$R = 8.3 \times 10^3$ Pa·L/(mol·K)

右の図で示すようなコックで
仕切られた 2 個の容器がある。
27℃ で，左側の容器 A の体積
は 1.5 L で一酸化炭素が
2.0×10^5 Pa に，右側の容器 B の
体積は 3.5 L で酸素が 1.0×10^5 Pa に詰められている。

ピストン

問 1　単位体積あたりの質量を密度〔g/L〕というが，右側の容器 B にある酸素の密度は
いくらか。

問 2　ピストンを固定し，中央のコックを開いて両気体を混合させたとき，酸素の分圧
は何 Pa になるか。ただし，混合の際の温度変化はなく，化学反応も起こらないもの
とする。

問 3　問 2 の操作の後，中央のコックを開いた状態でこのピストンを押して容器 B の
体積を 1.5 L にしたとき，この混合気体の圧力は何 Pa になるか。ただし，ピストン
を押した際の温度変化はなく，化学反応も起こらないものとする。

問 4　中央のコックを開いた状態で，容器 B の体積を 1.5 L に保ったままこの混合気体
を完全に燃焼させると，容器内の圧力は何 Pa になるか。ただし，燃焼の前後で温度
変化はないものとする。

〈成蹊大〉

★ 14 **気体の分圧と反応量**

次の文章を読み，問1〜5に答えよ。ただし，気体はすべて理想気体としてふるまうものとする。計算値はすべて有効数字2桁で求めよ。必要があれば以下の数値を用いよ。

原子量：H＝1.0，C＝12　　気体定数：$R＝8.3×10^3$ Pa・L/(mol・K)

次の図のように，内部が真空の耐圧容器 A，B，C がそれぞれコック D，E で連結されていて，どちらのコックもはじめは閉じている。容器 A，B，C の容積は，それぞれ1.0 L，2.0 L，1.0 L である。また容器 C には着火装置がついている。

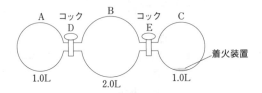

次のような操作を行った。ただし，この操作において，連結部と着火装置の体積は無視できるものとする。また，気体は液体に溶解しないものとする。

操作1 容器 A に，液体の炭化水素 X 0.243 g を入れた。また，容器 B にアルゴン，容器 C に酸素をそれぞれ封入し，27℃に保ったところ，C 内の圧力は $8.40×10^4$ Pa となった。

操作2 容器全体を127℃に加熱したところ，容器 A の炭化水素 X が完全に蒸発した。このときの容器 A 内の圧力は $9.60×10^3$ Pa であった。

操作3 温度を127℃に保ったままコック D を開き，容器 A 内と容器 B 内の気体を混合した。このときの A および B 内の圧力は $1.92×10^4$ Pa となった。

操作4 コック E を開いたのち，着火装置を用いて容器内の炭化水素 X を完全燃焼させた。その後，容器を27℃まで冷却した。このときの容器内の圧力は $2.80×10^4$ Pa となった。

問1 操作2の結果から，炭化水素 X の分子式として最も適するものを，次の①〜⑤から選び，記号で答えよ。

① C_4H_8　　② C_5H_{10}　　③ C_6H_{12}　　④ C_7H_{14}　　⑤ C_8H_{16}

問2 操作3の後の容器 A，B 内の炭化水素 X の分圧は何 Pa か。

問3 操作4において，炭化水素 X が完全燃焼するときの化学反応式を，実際の分子式を用いて示せ。

問4 操作4の後の容器内の酸素の分圧は何 Pa か。

問5 操作4の後，容器内には水滴が見られたが，一部の水は蒸発していた。蒸発している水(水蒸気)の分圧は何 Pa と算出されるか。　　　　　　　　　　　　〈名城大〉

15 飽和蒸気圧

液体として存在する3種類の物質 A, B, C がある。右の図の曲線は，これらの物質の飽和蒸気圧曲線を示している。

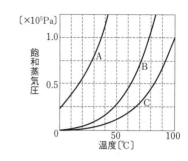

問1 物質 A～C を 1.0×10^5 Pa（$= 1$ atm）の圧力において 0℃ から徐々に加熱したとき，最も低い温度で沸騰が見られるものはどれか。A～C の中から選び，記号で答えよ。

問2 真空の容器に物質 A～C を一つずつ別々に入れて密閉し，容器内の圧力が一定となるまで 25℃ で一定時間放置した。このとき，容器内の圧力が最も高くなるものは，A～C のうちどれか。ただし，すべての容器内に液体が残るものとする。また，解答を選んだ理由を簡潔に説明せよ。

問3 0.020 mol の物質 C を 1.0 L の真空の容器に入れ，これを 77℃ に保った。このときの容器内の圧力は何 Pa になるか，有効数字2桁で答えよ。また，計算過程も簡単に示せ。ただし，気体は理想気体として存在するものとし，77℃ の C の飽和蒸気圧の値は 4.0×10^4 Pa とする。気体定数：$R = 8.3 \times 10^3$ Pa・L/(mol・K) 〈東京女子大〉

★ 16 飽和蒸気圧と蒸気の凝縮

次の文章を読み，**問1～4**に答えよ。答えは，各問いの①から始まる選択肢の中からそれぞれ最も適するものを1つ選べ。

次の表は，240 K から 300 K までの各温度でのジエチルエーテルの飽和蒸気圧の値を示している。

温度〔K〕	240	250	260	270	280	290	300
飽和蒸気圧〔Pa〕	4.00×10^3	7.37×10^3	1.28×10^4	2.12×10^4	3.37×10^4	5.16×10^4	7.64×10^4

ジエチルエーテルの飽和蒸気圧

容積が可変の密閉容器にジエチルエーテル 5.00×10^{-2} mol のみを入れた。容積 v を 8.31 L に保ったまま，容器内の温度 T を変化させたところ，容器内の圧力 p は図1の実線のように変化した。

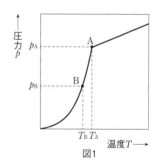

温度が高いときはジエチルエーテルはすべて気体であり，圧力は温度に比例して変化した。温度を下げていき図の A 点に達すると，ジエチルエーテルの凝縮が始まり，それより低い温度では，圧力は蒸気圧曲線に従って変化した。以下の問いにおいて，A 点の温度，圧力，容積をそれぞれ T_A, p_A, v_A(8.31 L) とする。また，図の B 点は蒸気圧曲線上の点であり，B 点の温度と圧力をそれぞれ T_B, p_B とする。なお，固体のジエチルエーテルは生じず，液体のジエチルエーテルの体積は無視できるものとし，気体のジエチルエーテルは理想

気体としてふるまうものとする。気体定数は$8.31 \times 10^3\,\mathrm{Pa \cdot L/(mol \cdot K)}$とせよ。

問1 A点の温度T_Aは何Kか。ジエチルエーテルの飽和蒸気圧の表を参考にして，次の①〜⑥から最も近い値を選び，番号で答えよ。

① 250 K ② 260 K ③ 270 K ④ 280 K ⑤ 290 K ⑥ 300 K

問2 温度が240 Kのときに，容器内に存在しているジエチルエーテルのうち，液体になっているものの物質量の割合は何%か。次の①〜⑥から選び，番号で答えよ。

① 10% ② 17% ③ 33% ④ 50% ⑤ 67% ⑥ 83%

問3 温度をT_Bに保ったまま，容積vをv_Aから変化させる。容器内のジエチルエーテルがすべて気体になるときの容積vを，T_A，T_B，p_A，p_B，v_Aを用いて表した式を次の①〜⑥から選び，番号で答えよ。

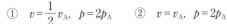

① $\dfrac{T_A p_A}{(T_A - T_B)p_B}v_A$ ② $\dfrac{T_B p_A}{(T_A - T_B)p_B}v_A$ ③ $\dfrac{T_A p_A}{T_B p_B}v_A$

④ $\dfrac{T_B p_A}{T_A p_B}v_A$ ⑤ $\dfrac{T_B p_A}{(T_B p_A - T_A p_B)}v_A$ ⑥ $\dfrac{(T_B p_A - T_A p_B)}{T_B p_A}v_A$

問4 温度をT_Aに保ったまま，容積vを変化させると，容器内の圧力pは図2の実線のように変化した。容積が大きいときはジエチルエーテルはすべて気体であったが，容積を小さくしていき，図のA点に達すると，ジエチルエーテルの凝縮が始まった。A点での温度，圧力，容積は，それぞれT_A，p_A，v_A（8.31 L）である。

容器に入れるジエチルエーテルの物質量を0.100 molにして，温度をT_Aに保ったまま容積vを変化させた場合の，凝縮が始まる点の容積v，圧力pを，それぞれv_A，p_Aを用いて表した式を次の①〜⑧から選び，番号で答えよ。

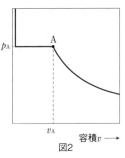

① $v = \dfrac{1}{2}v_A,\ \ p = 2p_A$ ② $v = v_A,\ \ p = 2p_A$

③ $v = 2v_A,\ \ p = 2p_A$ ④ $v = \dfrac{1}{2}v_A,\ \ p = p_A$

⑤ $v = 2v_A,\ \ p = p_A$ ⑥ $v = \dfrac{1}{2}v_A,\ \ p = \dfrac{1}{2}p_A$

⑦ $v = v_A,\ \ p = \dfrac{1}{2}p_A$ ⑧ $v = 2v_A,\ \ p = \dfrac{1}{2}p_A$

図2

〈北里大〉

---

17 体積比＝モル比 と 圧力比＝モル比

次の文章を読み，**問1〜4**に有効数字3桁で答えよ。なお，気体はすべて理想気体とする。

気体Aは式①に示す反応に従って気体B，気体Cを生成する。

$$A \longrightarrow B + C \quad \cdots ①$$

図1に示すような，容積一定の容器の中にAのみをn_0〔mol〕入れて，温度一定で前の式①の反応を行った。反応後，容器内のAの物質量がはじめに入れた物質量の75.0%（$0.750n_0$〔mol〕）

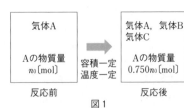

図1

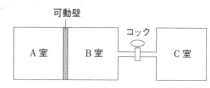

になった。

問1 反応後の容器内の圧力は、反応前の何倍になるかを求めよ。

図2に示すようなピストンがついた容器にAのみをn_0〔mol〕入れて、圧力一定、温度一定で前の式①の反応を行った。反応前、容積はV_0〔L〕であったが、反応後、容積が$1.60V_0$〔L〕となった。

問2 このときの容器内のAの物質量は、反応前のAの物質量の何倍になるかを求めよ。

問3 問2のとき、反応後の容器内のAの濃度は、反応前のAの濃度の何倍になるかを求めよ。

問4 問2のとき、容器内の混合気体の密度は、反応前の密度の何倍になるかを求めよ。

〈関西大〉

★ **18** **可動壁を隔てた気体**

次の文章を読み、**問1〜4**に答えよ。ただし、温度による装置の体積変化はないものとする。また、液体が生じた場合、その体積は無視することができ、液体に対して気体の溶解はないものとする。必要があれば、次の数値を用いよ。水の飽和蒸気圧：$3.60×10^3$ Pa$(27.0℃)$、$9.60×10^3$ Pa$(47.0℃)$、アセトンの飽和蒸気圧：$3.33×10^4$ Pa$(27.0℃)$、$7.30×10^4$ Pa$(47.0℃)$、気体定数：$8.31×10^3$ Pa・L/$(mol・K)$

実験装置 右の図のように、壁の両側の圧力に応じて移動する可動壁で仕切られた装置がある。A室とB室の内容積はあわせて4.00 Lである。また、B室は内容積2.00 LのC室とコックでつながって

おり、最初コックは閉じられている。A室にはアセトン$2.00×10^{-2}$ mol、B室にはメタン$1.00×10^{-2}$ molおよび酸素$3.00×10^{-2}$ mol、C室には窒素$6.00×10^{-2}$ molが満たされている。装置全体の温度は27.0℃に保たれている。

問1 A室の体積〔L〕を解法とともに有効数字2桁で求めよ。

問2 アセトンのうち何%が液体として存在するか、解法とともに有効数字2桁で求めよ。

操作1 装置全体の温度を47.0℃にした後、コックを開いて十分な時間をおき、気体を均一に混合させた。このとき、可動壁は滑らかに移動して最終的に静止した。

問3 B室の体積〔L〕を解法とともに有効数字2桁で求めよ。

操作2 操作1の反応を行った後、コックを閉じて、C室内にある混合気体中のメタンを完全燃焼させた。燃焼後は装置全体を47.0℃に保った。

問4 C室の圧力〔Pa〕を解法とともに有効数字2桁で求めよ。

〈静岡県立大〉

19 理想気体と実在気体

理想気体に関する次の記述ⓐ～ⓔのうち，正しいものをすべて選べ。

ⓐ 気体の状態方程式に厳密に従う。 ⓑ 分子自身に体積がない。

ⓒ 分子間力がある。 ⓓ 圧力を加えると，液体になる。

ⓔ 実在気体は，高温・低圧下では，理想気体に性質が近づく。 〈東京薬科大〉

★ 20 実在気体とグラフ

次の文章を読み，問1，2に答えよ。

気体の水素と二酸化炭素，および理想気体について，物質量 n，温度 T，圧力 P，体積 V，気体定数 R から算出される $\dfrac{PV}{nRT}$ の圧力変化のグラフを右の図に示す。水素と二酸化炭素の温度は 400 K である。

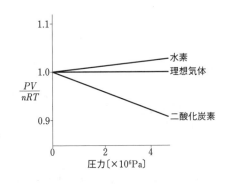

問1 圧力が上昇すると，水素の $\dfrac{PV}{nRT}$ が，図のように理想気体からずれる主要な原因を 50 字以内で説明せよ。

問2 圧力が上昇すると，二酸化炭素の $\dfrac{PV}{nRT}$ が，図のように理想気体からずれる主要な原因を 50 字以内で説明せよ。 〈琉球大〉

3 溶液

解答 ▶ 別冊 24 頁

21 固体の溶解度

次の(1)～(3)の文中の　1　～　7　に当てはまる数値を有効数字 2 桁で求めよ。原子量：H = 1.0，C = 12，O = 16，S = 32

(1) 18 g のグルコース $C_6H_{12}O_6$ を水 400 g に溶かした。溶液中におけるグルコースの質量パーセント濃度は　1　%，モル濃度は　2　mol/L，質量モル濃度は　3　mol/kg である。ただし，この水溶液の密度を 1.1 g/cm³ とする。

(2) 質量パーセント濃度 93%，密度 1.8 g/cm³ の濃硫酸のモル濃度は　4　mol/L である。この濃硫酸を水で希釈して，5.0 mol/L の希硫酸 250 mL を調製するとき，必要な濃硫酸の体積は　5　mL である。

(3) 水に対する硝酸カリウムの溶解度は，60℃ で 110，20℃ で 32 である。60℃ で質量パーセント濃度 40% の硝酸カリウム水溶液 100 g には，あと　6　g の硝酸カリウムを溶かすことができる。一方，60℃ の硝酸カリウムの飽和水溶液 100 g を 20℃ まで冷却すると　7　g の硝酸カリウムの結晶が析出する。 〈東京理科大〉

★ 22 水和物の溶解度

　溶媒にほかの物質が溶けて均一に混じり合うことを溶解という。塩化ナトリウム NaCl などのイオン結晶には，水によく溶けるものが多い。これは，水に塩化ナトリウムの結晶を入れると，結晶表面のナトリウムイオンは水分子の ［Ａ］ 側と，塩化物イオンは水分子の ［Ｂ］ 側と ［Ｃ］ で結びつき，イオンが水分子に囲まれる ［Ｄ］ という現象が起こるためである。［Ｄ］ したイオンは水中に拡散していき，溶解が進行する。一方，スクロースなどの極性分子も水に溶けやすい。これは，ヒドロキシ基などの親水基部分が水分子と ［Ｅ］ で結びつき，［Ｄ］ した状態になるためである。

　右の図は，さまざまな物質の水に対する溶解度曲線である。水に対する溶解度は，溶媒である水 100 g に溶ける溶質の最大質量［g］の数値で表す。ただし，硫酸銅(Ⅱ)五水和物 $CuSO_4 \cdot 5H_2O$（式量 250）のように水和水を含む物質の溶解度は，水 100 g に溶ける無水塩である $CuSO_4$（式量 160）の最大質量［g］の数値で表す。

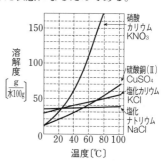

問1　［Ａ］〜［Ｅ］ に入る語句として，最も適切な組み合わせはどれか。

	Ａ	Ｂ	Ｃ	Ｄ	Ｅ
①	酸素原子	水素原子	静電気的な引力	加水分解	水素結合
②	酸素原子	水素原子	静電気的な引力	水和	水素結合
③	酸素原子	水素原子	水素結合	加水分解	静電気的な引力
④	酸素原子	水素原子	水素結合	水和	静電気的な引力
⑤	水素原子	酸素原子	静電気的な引力	加水分解	水素結合
⑥	水素原子	酸素原子	静電気的な引力	水和	水素結合
⑦	水素原子	酸素原子	水素結合	加水分解	静電気的な引力
⑧	水素原子	酸素原子	水素結合	水和	静電気的な引力

問2　40℃における塩化カリウム KCl 飽和水溶液の質量パーセント濃度［%］として，最も適切なものはどれか。ただし，水の蒸発は考えないものとする。

① 3.75　　② 5.85　　③ 8.35　　④ 16.7

⑤ 21.6　　⑥ 28.6　　⑦ 37.5　　⑧ 40.0

問3　40℃における硝酸カリウム KNO_3 飽和水溶液 120 g を 60℃に加熱したとき，さらに溶かすことのできる最大の硝酸カリウムの質量［g］として，最も適切なものはどれか。ただし，水の蒸発は考えないものとする。

① 22.5　　② 25.0　　③ 27.5　　④ 32.0

⑤ 37.5　　⑥ 45.0　　⑦ 51.0　　⑧ 55.5

問4　60℃の水 100 g に溶かすことのできる硫酸銅(Ⅱ)五水和物 $CuSO_4 \cdot 5H_2O$ の最大の質量［g］として，最も適切なものはどれか。ただし，水の蒸発は考えないものとする。

① 40.3 ② 52.0 ③ 62.5 ④ 66.4
⑤ 72.0 ⑥ 80.6 ⑦ 90.0 ⑧ 108

問5 60℃における硫酸銅(Ⅱ)$CuSO_4$ 飽和水溶液 280 g を 20℃ に冷却したときに析出する硫酸銅(Ⅱ)五水和物 $CuSO_4 \cdot 5H_2O$ の質量〔g〕として，最も適切なものはどれか。ただし，硫酸銅(Ⅱ)はすべて，五水和物として析出するものとする。また，水の蒸発は考えないものとする。

① 40.0 ② 52.2 ③ 62.5 ④ 70.4
⑤ 81.0 ⑥ 95.0 ⑦ 111 ⑧ 125 〈北里大〉

---

23 気体の溶解度

次の文章を読み，問1～4に答えよ。

気体の溶媒に対する溶解度には，「一定温度で，溶解度の小さい気体が一定量の溶媒に溶けるとき，気体の溶解量はその分圧に比例する」という性質がある。いま，3種類の気体A～Cがある。それらの気体は，それぞれ窒素，二酸化炭素，アンモニアのいずれかであることしかわかっていない。そこで，気体A～Cの溶解度と温度の関係を調べたところ，次の表の結果が得られた。表の値は気体の圧力が $1.01×10^5$ Pa のとき，水 1.00 L に溶ける気体の物質量〔mol〕を表している。

温度	A	B	C
20℃	$3.90×10^{-2}$	$6.79×10^{-4}$	14.2
40℃	$2.36×10^{-2}$	$5.18×10^{-4}$	9.19
60℃	$1.64×10^{-2}$	$4.55×10^{-4}$	5.82

問1 下線部で示される法則を次の⑦～⑦から1つ選べ。
⑦ シャルルの法則 ⑦ 分圧の法則 ⑦ ファントホッフの法則
⑦ ヘスの法則 ⑦ ヘンリーの法則

問2 気体A，B，C は何か。次の⑦～⑦からそれぞれ1つ選べ。
⑦ アンモニア ⑦ 窒素 ⑦ 二酸化炭素

問3 下線部で示される法則が当てはまらない気体を次の⑦～⑦から1つ選べ。
⑦ 窒素のみ ⑦ 二酸化炭素のみ ⑦ アンモニアのみ
⑦ 窒素と二酸化炭素 ⑦ 窒素とアンモニア

問4 20℃，$3.03×10^5$ Pa の空気と接している水 5.00 L に溶けている窒素を標準状態 (0℃，$1.01×10^5$ Pa)の気体とした場合の体積〔cm^3〕を求め，その値として最も適切なものを次の⑦～⑦から1つ選べ。ただし，空気中に含まれる窒素の物質量の割合は 80% とする。また，窒素は理想気体とし，標準状態における理想気体のモル体積を 22.4 L/mol とする。
⑦ $3.60×10$ ⑦ $4.50×10$ ⑦ $1.83×10^2$
⑦ $2.25×10^2$ ⑦ $1.05×10^4$ ⑦ $1.31×10^4$

〈東海大〉

★ 24 ヘンリーの法則

次の文章中の ☐1☐ ～ ☐4☐ に当てはまる数値を有効数字2桁で求めよ。ただし，二酸化炭素は理想気体とし，水への溶解はヘンリーの法則に従うものとする。また，水の体積は温度や圧力によって変化せず，水の蒸気圧は無視する。原子量：$C = 12.0$，$O = 16.0$　気体定数：8.3×10^3 Pa・L/(mol・K)

容積を変えることのできる真空の密閉容器に気体が溶解していない水2.0 Lを入れ，さらに二酸化炭素4.4 gを加えて容積を10.0 Lにした。容器を温度300 Kに保ち十分に時間がたった後，容器内の圧力を測定した。次に容器の容積を変化させ5.0 Lに圧縮し，容器を温度300 Kに保ち十分に時間がたった後，容器内の圧力を測定したところ圧力は圧縮前の2倍になった。①圧縮前の水に溶解している二酸化炭素の物質量は，☐1☐ molであり，②圧縮前の気体の二酸化炭素の物質量は，☐2☐ molである。また，③圧縮後の気体の二酸化炭素の物質量に対する圧縮前の気体の二酸化炭素の物質量の比の値は，☐3☐ である。④300 Kにおける水に対する二酸化炭素の溶解度(気体の分圧が1.0×10^5 Paのときの水1 Lに溶ける気体の物質量)は☐4☐ molである。　　　　〈青山学院大〉

25 蒸気圧降下と沸点上昇

次に示す3種の液体 I ～ III の種々の温度における蒸気圧を測定し，以下に示す蒸気圧曲線(A)～(C)を得た。なお，液体 I，II は，希薄溶液の性質を表すものとする。

ただし，II の水溶液中，塩化カルシウムの電離度 α は1.0とし，グルコースと塩化カルシウムは反応しないものとする。原子量：$Cl = 35.5$，$Ca = 40.0$　水のモル沸点上昇：0.52 K・kg/mol

I　水500 gに質量未知のグルコース(分子量180)を溶解した水溶液

II　上記水溶液 I に，さらに塩化カルシウム1.11 gを溶解したグルコースと塩化カルシウムの混合水溶液

III　純粋な水

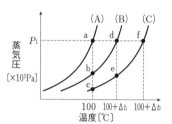

問1　蒸気圧 P_1 は何 Pa か。有効数字4桁で求めよ。

問2　蒸気圧曲線の図中のa～fの各点から表される線分のうち，水溶液 II の蒸気圧降下と沸点上昇をそれぞれ次の⓪～⑥から選び，番号で答えよ。

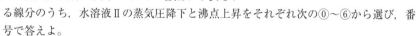

⓪　a—b　　①　b—c　　②　a—c　　③　d—e

④　a—d　　⑤　d—f　　⑥　a—f

問3　水溶液 II 中の塩化カルシウムの質量モル濃度は何 mol/kg か。有効数字2桁で求めよ。

問4　蒸気圧曲線(B)の蒸気圧が P_1〔Pa〕となる温度を $100 + \Delta t_1$〔℃〕とすると，Δt_1 は何℃か。有効数字2桁で求めよ。ただし，図中の $\Delta t_2 = 0.052$℃とする。

問5　水溶液 I 中に溶解したグルコースの質量は何 g か。有効数字2桁で求めよ。

〈名城大〉

★ **26** 凝固点降下と冷却曲線

次の文章を読み，**問1，2**に答えよ。原子量：Na = 23.0，Cl = 35.5

問1 純溶媒とその溶媒を用いたある溶液を同一条件で冷却したところ，右の図に示す純溶媒の冷却曲線 ABCDE，および溶液の冷却曲線 A′B′C′D′E′ が得られた。

(1) 純溶媒の冷却曲線において，凝固が始まる点を ABCDE から1つ選び，記号で記せ。

(2) 純溶媒の冷却曲線において，B から C に至る状態を何というか。適切な語句を記せ。

(3) 図中の温度差 $(X - Y)$ を何というか。適切な語句を記せ。

(4) 純溶媒の冷却曲線において，C から D への温度上昇が生じる理由を15字以内で記せ。

(5) 溶液の冷却曲線において，D′ から E′ への温度降下が生じる理由を40字以内で記せ。

問2 次の実験操作①〜④を水温20℃で行った。なお，水のモル凝固点降下を $K_f = 1.85$ K・kg/mol とする。

① 塩化ナトリウム 58.5 g を純水に溶解し，さらに純水を加えて 1000 mL とした。

② 操作①で調製した水溶液の質量を測定したところ，$1.040 × 10^3$ g であった。

③ 操作①で使用した純水の質量を求め，この9倍量の純水を加えた。

④ 操作③で調製した水溶液の凝固点は，−0.370℃ であった。

(1) 操作①で調製した水溶液の質量パーセント濃度〔%〕を有効数字3桁で求めよ。

(2) 操作①で使用した純水の質量〔g〕を有効数字3桁で求めよ。

(3) 操作①で調製した塩化ナトリウム水溶液の質量モル濃度〔mol/kg〕を有効数字3桁で求めよ。

(4) 操作③で調製した水溶液の塩化ナトリウムの電離度を有効数字2桁で求めよ。

(5) 純水 100 g に尿素(分子量60)2.00 g を溶かして水溶液を調製した。この水溶液を −1.00℃ に保つと，氷は何 g 析出するか。有効数字2桁で求めよ。 〈法政大〉

27 **コロイド**

次の文章を読み，**問1〜6**に答えよ。

水酸化鉄(Ⅲ)のコロイド溶液に横から強い光を当てると，光の通路が見える。この現象を ア 現象という。また，水中のコロイド粒子を暗視野顕微鏡で観察すると，光の点として見えるコロイド粒子が不規則に動いている様子が見える。これを イ 運動という。水酸化鉄(Ⅲ)のコロイド溶液に電極を差し込み直流電圧をかけると，コロイドは陰極へ移動する。この現象を ウ という。水酸化鉄(Ⅲ)のコロイドは水との親和力が小さく，疎水コロイドとよばれる。(i)疎水コロイドに少量の電解質溶液を加えると沈殿が生じる。この現象を エ という。

(ii)1.0 mol/L の塩化鉄(Ⅲ)水溶液 4.0 mL を沸騰した純水に加えることで水酸化鉄(Ⅲ)

のコロイド溶液 100 mL が得られた。次に，このコロイド溶液の全量をセロハンの膜に入れて純水中に浸しておくと，塩化物イオンなどの小さなイオンが膜外へ移動した。この操作を　オ　という。このとき，鉄(III)イオンはセロハン膜外へ流出しなかった。(iii)　オ　を十分に繰り返して得られた 100 mL のコロイド溶液の浸透圧を 27℃ で測定したところ 1.25×10² Pa であった。

問1 次の①～⑥の物質のうち，コロイドでないものをすべて選び，番号で答えよ。

① 塩酸　　② ゼリー　　③ 牛乳　　④ 墨汁　　⑤ 食塩水　　⑥ 煙

問2 　ア　～　オ　に適切な語句を記せ。

問3 下線部(i)について，同じモル濃度で用いて，最も効果的に水酸化鉄(III)のコロイド粒子を沈殿させる塩を次の①～④から選び，番号で答えよ。

① NaCl　　② Na₂SO₄　　③ K₄[Fe(CN)₆]　　④ KNO₃

問4 下線部(ii)で起こる反応の化学反応式を記せ。なお，水酸化鉄(III)の化学式は FeO(OH) とする。

問5 下線部(iii)について，このコロイド溶液中に含まれるコロイド粒子の物質量は何 mol か。また，コロイド粒子のモル濃度は何 mol/L か。有効数字2桁で求めよ。ただし，セロハン膜内のコロイド溶液の体積は常に 100 mL であったとし，気体定数は 8.3×10³ Pa·L/(mol·K) とする。

問6 右の図に示すように，内径が等しく左右対称のU字管の中央部を水分子しか通さない半透膜で隔てた装置の右側に，下線部(iii)で得られたコロイド溶液を入れ，左側に 4.5×10⁻⁵ mol/L の塩化ナトリウム水溶液を入れて，液の高さを同じにした。十分に時間が経過した後に液の高さが上昇するのは右側か左側か。どちらか記せ。

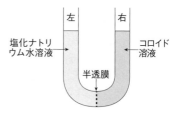

〈名城大〉

★ **28** 浸透圧

次の文章を読み，**問1～3** に答えよ。**問3** (2)と(3)は解答に至る導出過程も記すこと。ただし，実験中の大気圧は 1.0×10⁵ Pa で変化しなかったものとし，解答に単位が必要なものには単位をつけて記すこと。気体定数 R=8.3×10³ Pa·L/(mol·K)　水の密度：1.0 g/mL

浸透圧はさまざまな現象に関係している。不揮発性の溶質を溶かした希薄水溶液の浸透圧は，その溶液のモル濃度 C 〔mol/L〕に比例する。右の図のようなU字管の真ん中に水分子のみを通す半透膜をつけた容器がある。円柱部分の断面積は 10 cm² で完全に左右対称になっている。溶液を図の左側に，同じ体積の水を右側に入れると，水分子が半透膜を通って左側に移動していく。10 mL の水が移動したとすると，液面の高さの差は 2.0 cm となる。結果として，左側の溶液のモル濃度は小さくなっていく。十分な時間がたつと，左右の液面の高さの差が h〔cm〕で一定になる。左右の円柱は同じ大気圧を受けているので，この高さの差による圧力が浸透

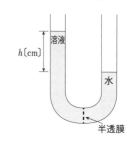

圧になる。希薄溶液の密度は濃度により変化せずに水と同じ値であるとすると，図の場合の浸透圧 π は $h \times 98$〔Pa〕となる。この状態での左側の溶液のモル濃度が C〔mol/L〕であったとすると，$\pi = CRT$（T は絶対温度）の関係が成立する。水の移動が起こる前に円柱に蓋（ふた）をすると，水の移動とともに気体の圧力が変化する。そのため，蓋をしなかった場合と違い，蓋をした側の気体の圧力は大気圧とは異なる値となる。結果として，十分な時間がたった後の，左右の液面の高さの差は h〔cm〕ではなくなる。すなわち，浸透圧の値が変化することになる。ただし，蓋をしても容積には変化はないものとする。

問1 ある濃度のグルコース水溶液と水を用いて，21℃で浸透圧の実験を行った。左側にはグルコース水溶液 600 mL を，右側には水 600 mL を最初に入れた。十分な時間がたった後には，h は 16.6 cm であった。そのときのグルコース水溶液のモル濃度〔mol/L〕を求め，有効数字 2 桁で記せ。

問2 問1の実験で，最初に入れたグルコースの濃度は問1で求めた値よりも高くなる。最初のグルコース水溶液のモル濃度〔mol/L〕を求め，有効数字 2 桁で記せ。

問3 21℃で，問1で用いたのと同じグルコース水溶液 600 mL と水 600 mL を最初に入れ，水の移動が生じる前に水のほうの円柱（右の円柱）に蓋をして，空気が入らないようにした。この状態で，U字管の右側では蓋から 20 cm 下に水面が存在した。その後，水の移動により左側の水面は徐々に上昇していき，左右の液面の高さの差が h'〔cm〕で移動は止まった。このとき，左側の水溶液のモル濃度は C'〔mol/L〕であった。ただし，21℃における飽和水蒸気圧は無視できるほど小さいものとする。

(1) h' の値は 16.6 cm より大きいか小さいか，および C' の値は問1で求めたモル濃度の値よりも大きいか小さいかを各々記せ。

(2) 右側の容器内の気体の圧力〔Pa〕を h' を用いた式で記せ。解答に至る導出過程も記すこと。

(3) この実験における半透膜にかかる浸透圧 π' を，h' を用いた式で記せ。解答に至る導出過程も記すこと。　　　　　　　　　〈名古屋工業大〉

4　結晶格子

解答 ● 別冊 35 頁

29 金属の結晶格子

次の図は，金属の結晶構造を示したものである。以下の問1〜5に答えよ。必要があれば，以下の数値を用いよ。原子量：Cu＝64，アボガドロ定数：6.0×10^{23}/mol，$\sqrt{2} = 1.41$，$\sqrt{3} = 1.73$

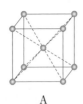
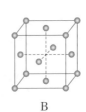
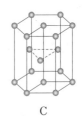

A　　　　　　　B　　　　　　　C

問1　A，B，Cで表される構造は何とよばれるか，それぞれの名称を記せ。

問2　AとBの結晶構造の単位格子1つあたりに含まれる原子の数をそれぞれ記せ。

問3　銅の結晶はBの構造をとる。その単位格子の1辺の長さを 3.6×10^{-8} cmとしたとき，銅原子の半径が何cmになるか，有効数字2桁で求めよ。ただし，結晶内では最近接の原子は互いに接触しているものとする。

問4　銅の原子4個の質量〔g〕を求め，有効数字2桁で記せ。

問5　問4の結果をもとに，銅の結晶の密度〔g/cm³〕を求め，有効数字2桁で記せ。

〈秋田大〉

★ 30　イオン結晶の結晶格子

以下の文を読んで，問1〜7に答えよ。なお，根号は開平せずに記せ。

アルカリ金属のハロゲン化物の結晶構造には NaCl 型と CsCl 型があり，それぞれの単位格子は次の図のように表される。ただし，図では構造をわかりやすくするために各イオンを小さく示しているが，以下の考察では，隣り合うイオンは可能な限り互いに接しているものと仮定する。イオン結晶の安定な構造が，

(1) 同符号のイオンどうしは接しない

(2) 異符号のイオンどうしができるだけ多く接する

という2つの条件で決まるものとして考察すると，この結晶構造の違いは陽イオンの半径を r，陰イオンの半径を R として，半径比 $\dfrac{r}{R}$ の違いによる効果として理解できる。

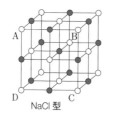
NaCl 型

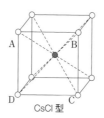
CsCl 型

● 陽イオン
○ 陰イオン

問1　不安定ではあるが，NaCl 型構造で陽イオンが陰イオンに比べて十分に小さく，陰イオンどうしが互いに接していると仮定する。図中の面 ABCD における陰イオンの様子を図示し，単位格子の1辺の長さを R を用いて表せ。

問2　問1の条件に加えて，さらに陽イオンが隣り合うすべての陰イオンに接していると仮定する。適当な面を選んで陽イオンと陰イオンの様子を図示し，半径比 $\dfrac{r}{R}$ を求めよ。

問3　不安定ではあるが，CsCl 型構造で陽イオンが陰イオンに比べて十分に小さく，陰イオンどうしが互いに接していると仮定する。図中の面 ABCD における陰イオンの様子を図示し，単位格子の1辺の長さを R を用いて表せ。

問4　問3の条件に加えて，さらに陽イオンが隣り合うすべての陰イオンに接していると仮定する。適当な面を選んで陽イオンと陰イオンの様子を図示し，半径比 $\dfrac{r}{R}$ を求

めよ。

問5　問2で得られた半径比を a，問4で得られた半径比を b とする。NaCl 型で $\dfrac{r}{R} < a$ の場合と $a < \dfrac{r}{R}$ の場合，CsCl 型で $\dfrac{r}{R} < b$ の場合と $b < \dfrac{r}{R}$ の場合のそれぞれについて，陰イオンどうしが接するか，および陽イオンと陰イオンが接するかどうかを検討し，接する場合には○を，接しない場合には×を記入せよ。

＊問2および問4の図で，陽イオンが相対的に小さくなった場合や大きくなった場合を考えるとよい。

問6　NaCl 型，CsCl 型それぞれの結晶構造における陽イオンの配位数を示せ。

問7　問5，問6の結果および序文の2つの条件に基づいて，$a < \dfrac{r}{R} < b$ と $b < \dfrac{r}{R}$ の場合においてそれぞれ NaCl 型と CsCl 型のどちらの結晶構造がより安定と考えられるか答えよ。ただし，陽イオンが陰イオンよりも大きい場合は逆の半径比 $\dfrac{R}{r}$ を考えることで全く同じ考察が成り立つので，ここでは $\dfrac{r}{R} \leqq 1$ の場合のみを考えることにする。したがって，陽イオンどうしが接することはないと考えてよい。また，これらの構造では陽イオンの配位数と陰イオンの配位数が同じであることに注意せよ。〈関西学院大〉

第2章 物質の変化

1 エネルギーと電気化学

解答 ▶ 別冊 38 頁

1 ヘスの法則

次の図は，25℃におけるヨウ素，ヨウ化水素，水素の反応における状態とエネルギーの変化を示している。この図を参考にして，以下の**問1〜3**に答えよ。

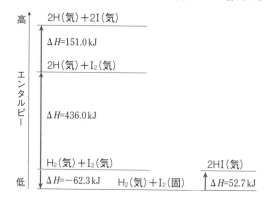

問1 ヨウ素(I-I)の結合エネルギーは何 kJ/mol か。最も近い数値を次の①〜⑧から選び，番号で答えよ。

① 76　　② 151　　③ 302　　④ 218

⑤ 436　　⑥ 872　　⑦ 294　　⑧ 587

問2 ヨウ化水素(H-I)の結合エネルギーは何 kJ/mol か。最も近い数値を次の①〜⑧から選び，番号で答えよ。

① 192　　② 228　　③ 298　　④ 325

⑤ 384　　⑥ 446　　⑦ 597　　⑧ 650

問3 次の反応式の　ア　に当てはまる最も近い数値を下の①〜⑧から選び，番号で答えよ。

$$H_2(気) + I_2(気) \longrightarrow 2HI(気) \quad \Delta H = \boxed{ア} \ kJ$$

① -4.8　　② +4.8　　③ -9.6　　④ +9.6

⑤ -68　　⑥ +68　　⑦ -115　　⑧ +115

〈東京薬科大〉

化学反応とエネルギーに関する次の文章(i)および(ii)の ☐1☐ ～ ☐8☐ に当てはまる最も適切なものを，それぞれの解答群から選び，番号で答えよ。ただし，同じものを何度選んでもよい。原子量：H = 1.0, Cl = 35.5

(i) 式(1)にエタノール C_2H_5OH(液)を完全燃焼させたときのエンタルピー変化を示す。

$$C_2H_5OH(液) + 3O_2(気) \longrightarrow 2CO_2(気) + 3H_2O(液) \quad \Delta H = Q[kJ] \quad \cdots(1)$$

ここで，炭素 C(黒鉛)の燃焼エンタルピーを -394 kJ/mol，水素 H_2(気)の燃焼エンタルピーを -286 kJ/mol，エタノール C_2H_5OH(液)の生成エンタルピーを -276 kJ/mol とすると，エタノール C_2H_5OH(液)の燃焼エンタルピー Q は ☐1☐ kJ/mol となる。このように，反応エンタルピーは，反応の経路によらず，反応のはじめの状態と終わりの状態で決まり，これを ☐2☐ の法則という。

右の表に各原子間の結合エネルギーを示す。表から，1 mol のメタン分子 CH_4(気)内の結合をすべて切断して 1 mol の炭素原子 C(気)と 4 mol の水素原子 H(気)にするのに必要なエネルギーは ☐3☐ kJ であることがわかる。また，2 g の水素 H_2(気)と 35.5 g の塩素 Cl_2(気)を気

結合(分子)	結合エネルギー[kJ/mol]
H–H	432
Cl–Cl	238
H–Cl	428
C–H(CH_4)	411

※( )内に分子が示してあるデータは，分子内の1つの結合についての値を表す。

<結合エネルギー>

密容器に入れ，どちらか一方が完全になくなるまで反応させ，塩化水素 HCl(気)を生成させたとき，この反応エンタルピーは $-$ ☐4☐ kJ となる。さらに，炭素 C(ダイヤモンド)の昇華エンタルピーを 716 kJ/mol とすると，炭素 C(ダイヤモンド)の C–C 結合の結合エネルギーは ☐5☐ kJ/mol と推定できる。

☐1☐ に対する解答群
① -2158　② -1370　③ -956　④ -798　⑤ -653
⑥ 653　⑦ 798　⑧ 956　⑨ 1370　⓪ 2158

☐2☐ に対する解答群
① アボガドロ　② 化学平衡(質量作用)　③ シャルル
④ ドルトン　⑤ ファントホッフ　⑥ ヘス
⑦ ヘンリー　⑧ ボイル　⑨ マルコフニコフ

☐3☐ および ☐4☐ に対する解答群
① 93　② 186　③ 411　④ 428　⑤ 675　⑥ 856
⑦ 1103　⑧ 1284　⑨ 1644　⓪ 1728　ⓐ 2082

☐5☐ に対する解答群
① 143　② 179　③ 239　④ 358　⑤ 537　⑥ 716
⑦ 955　⑧ 1432　⑨ 2148　⓪ 2864　ⓐ 3580

(ii) 右ページの図に 1 mol のナトリウム Na(固)と 0.5 mol の塩素 Cl_2(気)を，気体状態のばらばらのイオンにするのに必要なエネルギーとその経路を示す。ただし，物質の

エネルギーの変化は，エンタルピーの変化に等しいものとする。図中のナトリウム Na(気)をナトリウムイオン Na⁺(気)にするのに必要なエネルギーを，ナトリウム Na(気)の　6　といい，塩素原子 Cl(気)が塩化物イオン Cl⁻(気)になるときに放出されるエネルギーを，塩素原子 Cl(気)の　7　という。また，1 mol の塩化ナトリウム NaCl(固)の結合を切り離して，

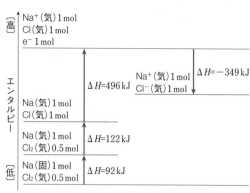

<ナトリウムおよび塩素に関わるエネルギー>

気体状態のばらばらのイオンにするのに必要なエネルギーを 772 kJ/mol とすると，塩化ナトリウム NaCl(固)の生成エンタルピーが　8　kJ/mol であることがわかる。

　6　および　7　に対する解答群

①	イオン化エネルギー	②	イオン化傾向	③	運動エネルギー
④	活性化エネルギー	⑤	クーロン力	⑥	結合エネルギー
⑦	生成エンタルピー	⑧	昇華エンタルピー	⑨	蒸発エンタルピー
⓪	中和エンタルピー	ⓐ	電子親和力	ⓑ	電気陰性度
ⓒ	溶解エンタルピー				

　8　に対する解答群

①	−1482	②	−650	③	−558	④	−496	⑤	−411
⑥	−394	⑦	−367	⑧	−122	⑨	−92	⓪	−62
ⓐ	62	ⓑ	92	ⓒ	122	ⓓ	367	ⓔ	394
ⓕ	411	ⓖ	496	ⓗ	558	ⓘ	650	ⓙ	1482

〈近畿大〉

3 燃料電池

次の(1), (2)の文章を読み，**問 1～5** に答えよ。必要であれば，次の数値を用いよ。

原子量：H = 1.0，O = 16　　ファラデー定数：$F = 9.65 \times 10^4$ C/mol

(1) 水素と酸素を混ぜて火をつけると，爆発的に燃焼して水になる。この反応で放出されるエネルギーを熱エネルギーではなく，電気エネルギーとして直接取り出す装置を燃料電池という。右の図にリン酸形燃料電池の模式図を示す。電池は2つの電極と H⁺ を通す電解質であるリン酸 H_3PO_4 水溶液からなり，負極側から　1　が，正極側から　2　が供給される。両極を導線でつなぐと負極で　3　の反応が，正極では　4　の反応が起こり，その結果，　5　に向かって電子が移動するので，外部

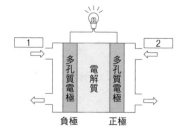

<リン酸形燃料電池の模式図>

へ電流を取り出すことができる。

問1 　`1`　および　`2`　に当てはまる最も適当なものを，それぞれ次の①〜④から1つ選べ。

① 空気(酸素)　② 水素　③ 水　④ リン酸

問2 　`3`　および　`4`　に当てはまる最も適当なものを，それぞれ次の①〜⑦から1つ選べ。

① $H_2 \longrightarrow 2H^+ + 2e^-$ 　　　② $2H^+ + 2e^- \longrightarrow H_2$

③ $2H_2 + O_2 \longrightarrow 2H_2O$ 　　　④ $2H_2O \longrightarrow O_2 + 4H^+ + 4e^-$

⑤ $2H_2O + 2e^- \longrightarrow H_2 + 2OH^-$

⑥ $4OH^- \longrightarrow 2H_2O + O_2 + 4e^-$

⑦ $O_2 + 4H^+ + 4e^- \longrightarrow 2H_2O$

問3 　`5`　に当てはまる最も適当なものを，次の①，②から1つ選べ。

① 正極から負極　　② 負極から正極

(2) リン酸形燃料電池を1時間放電したところ，放電中の起電力は常に0.80 Vであり，180 gの水が生成した。これより，流れた電子の物質量は少なくとも　`6`　molであった。電気エネルギーは電気量と電圧の積(1 J＝1 C・V)であるので，得られた電気エネルギーは　`7`　Jである。

問4 　`6`　に当てはまる最も適当なものを，次の①〜⑤から1つ選べ。

① 2.0　② 5.0　③ 10　④ 20　⑤ 40

問5 　`7`　に当てはまる最も適当なものを，次の①〜⑥から1つ選べ。

① 1.5×10^5　② 3.1×10^5　③ 7.7×10^5

④ 1.5×10^6　⑤ 3.1×10^6　⑥ 7.7×10^6

〈龍谷大〉

★ `4` **ダニエル電池と鉛蓄電池**

次の文章を読み，**問1〜9**に答えよ。ただし，必要に応じて，以下の値を用いよ。

原子量：H＝1.0，O＝16.0，S＝32.0，Cu＝63.5，Zn＝65.4，Pb＝207

ファラデー定数：$F = 9.65 \times 10^4$ C/mol

金属の単体が水溶液中で電子を放出して陽イオンになろうとする性質を，金属の　`あ`　という。金属の種類により　`あ`　の大きさは異なるため，2種類の金属が関わる反応を利用すると，化学エネルギーを電気エネルギーとして取り出す装置をつくることができる。このような装置を電池という。電池の両電極間に生じる最大の電位差を　`い`　といい，その大きさは利用する電極の組み合わせにより異なる。電池を放電すると，　`う`　では電子を受け取って活物質が　`え`　される反応が，　`お`　では電子を放出する　`か`　反応が起こる。図1のように硫酸亜鉛水溶液と硫酸銅(Ⅱ)水溶液にそれぞれ亜鉛板と銅板を浸した電池は　`き`　とよばれ，(a)　`う`　では溶液中のイオンが金属へと変化し，　`お`　では金属がイオンとして溶け出す反応が進行する。2種類の電解質水溶液を用いる　`き`　のような電池では，2種類の溶液は素焼き板などで隔てられる。これは，硫酸亜鉛水溶液と硫酸銅(Ⅱ)水溶液が混ざると，　`A`　上で　`B`　が　`C`　として析出する反応が起こってしまい，電流を外部回路に取り出すことはで

34

きないからである。素焼き板のように細孔をもちイオンが通過できる仕切りを用いると，放電中に溶液内の電荷のバランスがつり合うようにイオンが移動する。実際には，素焼き板では溶液が混合してしまうことを完全には防ぐことはできない。そのため，図2のように，塩化カリウムのような電解質の水溶液を寒天で固めてU字型ガラス管の内部に保持して，2種類の電解質水溶液が電気的に接続されるようにした(b)塩橋が用いられることもある。

現在ではさまざまな種類の電池が利用されている。アルカリマンガン乾電池のような一次電池に対して，(c)外部電源をつなぎ，放電とは逆の反応を起こすことで，くり返し利用できる鉛蓄電池のような電池を(d)二次電池という。

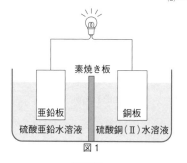
図1

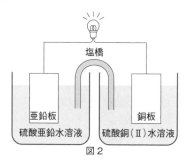
図2

問1 文章中の ┌ あ ┐ に当てはまる最も適当な語句を記せ。

問2 文章中の ┌ い ┐ ～ ┌ き ┐ について，最も適当な語句を次の①～⑫から選べ。

① 陽極　　　② 正極　　　③ 陰極　　　④ 負極
⑤ 放電容量　⑥ 電気量　　⑦ 起電力　　⑧ 酸化
⑨ 還元　　　⑩ 燃料電池　⑪ ダニエル電池　⑫ ボルタ電池

問3 文章中の下線部(a)について，次の(1)および(2)に答えよ。

(1) 全体の変化を表すイオン反応式を示せ。

(2) ┌ き ┐ を用いて50秒間一定の電流で放電したところ，銅板と亜鉛板を合わせた質量が，放電前に比べて3.8 mg減少した。放電中の電流〔A（アンペア）〕を計算し，有効数字2桁で記せ。

問4 文章中の ┌ A ┐ ～ ┌ C ┐ に入る化学式として，最も適当な組み合わせを右の①～④から選べ。

	①	②	③	④
A	Zn	Zn	Cu	Cu
B	Zn^{2+}	Cu^{2+}	Zn^{2+}	Cu^{2+}
C	Zn	Cu	Zn	Cu

問5 文章中の下線部(b)について，2種類の電解質溶液の間に塩橋を用いることで，電極反応に直接関与しないイオンにより電荷のバランスを保つことができる。塩化カリウムを電解質とする塩橋を用いた場合，┌ き ┐ における放電時のイオンの移動として最も適当なものを次の①～④から選べ。

① 塩橋から K^+ が硫酸亜鉛水溶液に，Cl^- が硫酸銅（Ⅱ）水溶液に溶け出す。

② 塩橋から Cl^- が硫酸亜鉛水溶液に，K^+ が硫酸銅（Ⅱ）水溶液に溶け出す。

③ 塩橋から K^+ と Cl^- が硫酸亜鉛水溶液に溶け出し，硫酸銅（Ⅱ）水溶液には溶け出さない。

④ 塩橋から K^+ と Cl^- が硫酸銅（Ⅱ）水溶液に溶け出し，硫酸亜鉛水溶液には溶け出さない。

問6 文章中の下線部(c)について，この反応を何というか。最も適当な語句を記せ。

問7 文章中の下線部(d)について，二次電池である鉛蓄電池の化学反応式は，次のようになる。この電池について述べた文章のうち，正しいものを下の①～④からすべて選べ。

$$Pb + PbO_2 + 2H_2SO_4 \rightleftharpoons 2PbSO_4 + 2H_2O$$

① 右向きの反応の際，電池の正極では PbO_2 が $PbSO_4$ へと還元される。

② 左向きの反応の際，電池の負極では $PbSO_4$ が PbO_2 へと酸化される。

③ $PbSO_4$ は水によく溶けるため，放電しても電極の外見に変化はない。

④ $PbSO_4$ は水に溶けにくい白色の化合物である。

問8 鉛蓄電池を，平均電流 1.0 アンペアの電流を 965 分間流して放電した。このときの(1)負極の質量変化と(2)正極の質量変化を例にならってそれぞれ有効数字 2 桁で求めよ。

　　　　　例　1.4 g 減少

問9 問8の放電の際，質量パーセント濃度 30.0% の硫酸 500 g を用いたとすると，放電後の硫酸の濃度は何%か。有効数字 2 桁で求めよ。　　　　〈立命館大，名城大〉

---

5 水溶液の電気分解

次の文章を読み，問1～4に答えよ。なお，計算に必要な場合は，次の値を用いよ。

原子量：Ag = 108　　ファラデー定数：9.65×10^4 C/mol

右の図のように，電解槽Ⅰには十分な量の硝酸銀水溶液を入れ，電極 A および B には，いずれも白金板を用いた。電解槽Ⅱには 0.300 mol/L 塩化銅（Ⅱ）水溶液 100 mL を入れ，電極 C および D には，いずれも炭素棒を用いた。電解槽ⅠとⅡを直列に接続して電気分解を行ったところ，電極 A に 2.16 g の銀が析出した。

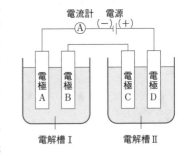

問1 この電気分解で流れた電気量は何 C か。有効数字 3 桁で求めよ。

問2 通電時間が 20.0 分だったとすると，電流計Ⓐの値は平均何 A を示していたか。有効数字 3 桁で求めよ。

問3 電極 B，D で発生する気体をそれぞれ分子式で記せ。

問4 電気分解後，電解槽Ⅱの塩化銅（Ⅱ）水溶液の濃度は何 mol/L になるか。電気分解前後で塩化銅（Ⅱ）水溶液の体積は変化しないものとして計算せよ。解答は有効数字 3 桁で記せ。　　　　〈東京理科大〉

★ 6 イオン交換膜法

次の文章を読み，**問1～4**に答えよ。ファラデー定数：$F = 9.65 \times 10^4$ C/mol
水のイオン積：$K_w = [H^+][OH^-] = 1.0 \times 10^{-14}$ (mol/L)^2
標準状態における気体のモル体積：22.4 L/mol

右の図に示したように電解槽Ⅰ，Ⅱ，Ⅲを
つなぎ，電流計が 9.65 A を示した状態で
2.00×10^3 秒間電気分解を行った。電解槽Ⅰ
の陽極と陰極は，それぞれ炭素および鉄でで
きており，そのほかの電極はすべて白金でで
きている。電解槽Ⅰは陽極と陰極の間を陽イ
オン交換膜で仕切ってあり，陰極側には水を
入れ，陽極側には飽和食塩水を入れた。また，
電解槽ⅡとⅢにはそれぞれ十分な量の硫酸銅
（Ⅱ）水溶液と希硫酸を入れた。電気分解の結
果，電解槽Ⅲの陰極から，標準状態で体積が
1.68 L の気体が発生した。各電極上では通電
によって進行する主たる化学反応のみが起こ
るものとし，副反応は起こらないものとする。
また，発生する気体は水に不溶とする。

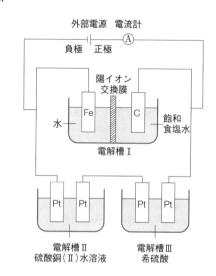

問1 電解槽ⅡとⅢの陽極からは，同一の気体が発生した。その気体の分子式を示せ。

問2 電解槽Ⅰの陽極と陰極で起こる反応を電子 e^- を含むイオン反応式でそれぞれ示せ。

問3 電解槽Ⅱの陰極には金属が析出した。生成した金属の物質量を有効数字2桁で求めよ。

問4 電気分解後，電解槽Ⅰの陰極側の水溶液の体積は 500 mL であった。この水溶液
の pH を有効数字2桁で求めよ。

〈青山学院大〉

2 反応速度と平衡

解答 ◆ 別冊 47 頁

7 反応速度

次の文章を読み，**問1～3**に答えよ。ただし，解答は有効数字2桁で求めよ。

一定温度で，スクロースを希塩酸で加水分解した。各反応時間におけるスクロースの
モル濃度を測定したところ，次の表の結果を得た。

時間〔min〕	0	60	80	140
スクロース〔mol/L〕	0.316	0.256	0.238	0.190

問1 0～60 min のスクロースの平均分解速度 $\bar{v}$〔mol/(L・min)〕を求めよ。

問2 60～80 min のスクロースの平均濃度 $[s]$〔mol/L〕を求めよ。

問3 80～140 min から求めた反応速度定数 k〔/min〕を求めよ。

ただし，$\bar{v}$，$[s]$ および k の間には，次の関係がある。

$$\bar{v} = k[s]$$

〈福岡大〉

★ 8 反応速度式

化学反応式 A + 2B ⟶ 2C で表される反応がある。一定体積の容器内で，温度を25℃に保ち，A と B の初濃度を変えて，反応初期の C の生成速度 v を求めたところ，次の表の結果が得られた。

実験	[A]〔mol/L〕	[B]〔mol/L〕	v〔mol/(L·s)〕
1	0.10	0.20	4.5×10^{-3}
2	0.10	0.40	9.0×10^{-3}
3	0.20	0.40	3.6×10^{-2}

問1 反応速度定数を k，反応物 A，B のモル濃度をそれぞれ[A]，[B]として，この反応の反応速度式を示せ。

問2 25℃における反応速度定数 k を求め，有効数字2桁で記せ。

問3 反応の前後でそれ自身は変化しないが，反応速度を変えるはたらきをする物質を一般に何というか答えよ。

問4 一般に，常温付近で温度を10℃上げると，分子の衝突回数は1〜2%程度増加し，反応速度は2〜4倍に増大する。このように，温度上昇に伴う反応速度の急激な増大は，単に分子の衝突回数の増加だけでは説明できない。その理由を簡潔に説明せよ。

〈大阪薬科大〉

9 ルシャトリエの原理

容積可変の容器に入った二酸化窒素 NO_2 が，ある一定の温度，圧力の下で四酸化二窒素 N_2O_4 と化学平衡の状態にある。この反応は次の式で表すことができる。

$$N_2O_4(気) \rightleftarrows 2NO_2(気) \quad \Delta H = 57.2\,kJ$$

次の(a)〜(d)のような変化を与えた場合，平衡はどう移動するか。正しいもののみをすべて含む組み合わせを①〜⑩から選び，番号で答えよ。

(a) 温度・圧力を一定に保ち，アルゴンを加えると，平衡は右へ移動する。

(b) 温度・体積を一定に保ち，アルゴンを加えると，平衡は左へ移動する。

(c) 圧力を一定に保ち，温度を上げると，平衡は右へ移動する。

(d) 温度を一定に保ち，体積を小さくすると，平衡は左へ移動する。

① (a), (b)   ② (a), (c)   ③ (a), (d)   ④ (b), (c)
⑤ (b), (d)   ⑥ (c), (d)   ⑦ (a), (b), (c)   ⑧ (a), (b), (d)
⑨ (a), (c), (d)   ⑩ (b), (c), (d)

〈神戸薬科大〉

★ 10 反応速度，平衡とグラフ

次の文章を読み，問1，2に答えよ。

気体分子 A，B，C からなる可逆反応がある。

$$xA + yB \rightleftarrows zC \quad (x \sim z \text{ は係数})$$

問1　温度を300℃または500℃に保ち，いろいろな圧力の下で平衡状態に達したときの気体Cの体積百分率を図1に示した。次の(1)，(2)に答えよ。

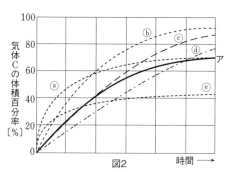

図1

(1)　この反応の正反応（右向きの反応）の熱の出入りについて，正しく表しているのはどれか。次の@〜©から選べ。

　@　熱を発生しながら進む。

　⑥　反応に伴う熱の出入りはない。

　©　周囲から熱を吸収しながら進む。

(2)　係数 x, y, z の関係を正しく表しているのはどれか。次の@〜©から選べ。

　@　$x+y>z$　　⑥　$x+y=z$　　©　$x+y<z$

問2　図2の実線で示した曲線アは，圧力 P〔Pa〕，温度 T〔℃〕に保ったときの反応時間と気体Cの体積百分率の関係を示している。次の(1)，(2)に答えよ。

(1)　同温・同圧で触媒を用いて反応させた。このときの反応時間と気体Cの体積百分率の関係を示す曲線として，最も適切なものはどれか。破線@〜©から選べ。

(2)　温度を T〔℃〕より高い温度に保って反応させた。このときの反応時間と気体Cの体積百分率の関係を示す曲線として，最も適切なものはどれか。破線@〜©から選べ。

〈東京薬科大〉

11 化学平衡の法則（質量作用の法則）

次の文章を読み，問1〜3に答えよ。ただし，計算問題は有効数字2桁で求めよ。

水素 H_2 とヨウ素 I_2 からヨウ化水素 HI を生成する反応は，次の式に従い可逆的に進行して，ある温度で平衡状態に達する。

　　$H_2(気) + I_2(気) \rightleftarrows 2HI(気)$

4.0 L の密閉容器に H_2 2.0 mol と I_2 2.0 mol を入れ，ある一定の温度に保つと，HI 3.0 mol を生成し平衡状態に達した。

問1　この反応の平衡定数 K_c を，各物質のモル濃度 $[H_2]$，$[I_2]$，$[HI]$ を用いて記せ。

問2　この温度における平衡定数 K_c を求めよ。

問3　2.0 L の密閉容器に HI 2.0 mol を入れて，問2と同じ温度に保った。反応が平衡状態に達すると，何 mol の H_2 を生成するか求めよ。

〈成蹊大〉

★ 12 気相平衡

次の文章を読み，次の問1～8に答えよ。ただし，すべての気体は理想気体とし，数値は有効数字2桁で求めよ。

次の反応式に従って可逆反応を起こす気体A～Cと，体積が自由に変えられる容器を利用して，図に示す実験を行った。

$$A(気) + B(気) \rightleftarrows 2C(気)$$

[**実験1**] はじめに，気体分子を通さない取り外し可能な隔壁（体積は無視できる）で容器の中央を仕切り，一定温度 T_1〔K〕の下で容器の片側に，x〔mol〕のA，0.50 mol のB，2.0 mol のCからなる体積が V〔L〕の混合気体を入れた。混合気体はこの組成で平衡（Ⅰ）となっていた。

[**実験2**] 次に，隔壁を隔てた容器の反対側に体積 V〔L〕の 0.50 mol の気体Bを入れ，一定温度 T_1〔K〕の下で隔壁を除去すると，気体が混合すると同時に反応が起こり，体積が $2V$〔L〕の混合気体は平衡（Ⅱ）となった。

[**実験3**] 実験2の後，容器内の混合気体の体積を V〔L〕に圧縮し，温度を T_2〔K〕まで下げると，1.5 mol のA，0.50 mol のB，3.0 mol のCからなる混合気体ができて平衡（Ⅲ）に達した。

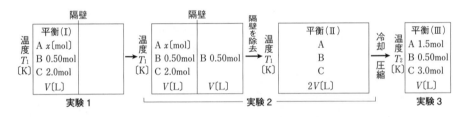

問1 反応式からわかるように，**実験2**で隔壁を除去してから**実験3**で平衡（Ⅲ）に達するまでの間，平衡が移動しても容器内の全物質量には変化がない。このことに注意して，平衡（Ⅰ）における気体Aの物質量を求めよ。

問2 平衡（Ⅰ）の平衡定数を求めよ。

問3 平衡（Ⅱ）の平衡定数を求めよ。

問4 平衡（Ⅱ）における気体A～Cの物質量をそれぞれ求めよ。

問5 平衡（Ⅱ）において，全圧が 1.0×10^5 Pa の場合，気体Bの分圧を求めよ。

問6 $T_1 = 3T_2$ の場合，平衡（Ⅰ）と平衡（Ⅲ）における気体Cの分圧の比を求めよ。

問7 平衡（Ⅰ）～（Ⅲ）から，反応 $A(気) + B(気) \longrightarrow 2C(気)$ は発熱反応と吸熱反応のどちらと考えられるか。

問8 実験3の平衡移動を説明できる原理・法則はどれか。次の①～④から当てはまるものを1つ選び，番号で答えよ。

① ヘンリーの法則　　　　　② ルシャトリエの原理

③ 化学平衡の法則（質量作用の法則）　　④ アボガドロの法則　　〈中央大〉

13 弱酸の電離平衡

次の文章を読み，**問1~3**に答えよ。

酢酸の水溶液は，次のような電離平衡状態にある。

$$CH_3COOH \rightleftarrows CH_3COO^- + H^+ \quad \cdots 式1$$

このとき，それぞれの物質のモル濃度を$[CH_3COOH]$，$[CH_3COO^-]$および$[H^+]$と表し，化学平衡の法則に当てはめると，酸の電離定数K_aは式2で表される。

$$K_a = \frac{[\boxed{}][\boxed{}]}{[\boxed{}]} \quad \cdots 式2$$

酢酸の初濃度がC〔mol/L〕で，電離している酢酸の割合(電離度)をαとすると，平衡状態における水溶液中のCH_3COOH，CH_3COO^-およびH^+の濃度は，それぞれ$\boxed{}$〔mol/L〕，$\boxed{}$〔mol/L〕および$\boxed{}$〔mol/L〕と表される。したがって，K_aはCとαを用いて式3のように表される。

$$K_a = \frac{\boxed{}}{\boxed{}} \quad \cdots 式3$$

室温25℃で，濃度 0.100 mol/L の酢酸水溶液をつくった。この温度における酢酸の電離定数は$K_a = 1.00 \times 10^{-5}$ mol/L とし，酢酸水溶液の電離度αの値が$\alpha < 0.050$の場合は，$(1-\alpha) \fallingdotseq 1$と近似できるものとする。

問1 問題文中の$\boxed{}$~$\boxed{}$に当てはまる適当な語句または記号をそれぞれ記せ。

問2 濃度 0.100 mol/L の酢酸水溶液の電離度αを求めよ。解答とともに，計算過程も示せ。

問3 濃度 0.100 mol/L の酢酸水溶液の pH を求めよ。解答とともに，計算過程も示せ。

〈徳島大〉

★ 14 緩衝液

次の文章を読み，**問1~6**に答えよ。必要ならば，25.0℃の酢酸の電離定数2.70×10^{-5} mol/L，$\log_{10} 2 = 0.300$，$\log_{10} 2.7 = 0.440$，$\log_{10} 3 = 0.480$を用いよ。原子量：H = 1.00，O = 16.0，Na = 23.0

水溶液を取り扱う実験では，その pH を一定に保つことが必要な場合がある。このようなとき，酸や塩基を加えてもそれがわずかであれば pH の変動が起こりにくい水溶液が用いられる。このような作用のある水溶液を$\boxed{}$という。

いま，酢酸水溶液に水酸化ナトリウム水溶液を加えることにより，上記の作用を調べることとする。

一般に，酢酸は水溶液中で，式(1)で示す電離平衡に達している。

$$CH_3COOH \rightleftarrows CH_3COO^- + H^+ \quad \cdots (1)$$

濃度c〔mol/L〕の酢酸水溶液において，酢酸の電離定数をK_a〔mol/L〕，電離度をαとすると，$K_a = \boxed{}$と表される。弱酸である酢酸の電離度は1に比べて非常に小さいので，$1-\alpha \fallingdotseq 1$と近似することができる。このとき，水素イオン濃度$[H^+]$は$c$および$K_a$を用いて，$[H^+] = \boxed{}$と表すことができる。

25.0℃で 0.400 mol/L 酢酸水溶液 A 50.0 mL に 0.200 mol/L 水酸化ナトリウム水溶液

B 50.0 mL を混合した溶液 C を作製した。

問1 ［ ア ］, ［ イ ］, ［ ウ ］に適当な語句または式を記せ。

問2 酢酸水溶液 A の pH を解法とともに有効数字 2 桁で答えよ。

問3 溶液 C 中の中和されずに残った酢酸のモル濃度〔mol/L〕を解法とともに有効数字 2 桁で答えよ。

問4 溶液 C の pH を解法とともに有効数字 2 桁で答えよ。

問5 25.0℃で溶液 C に 2.00 mol/L の塩酸 1.00 mL を加えたときの溶液の pH を解法とともに有効数字 2 桁で答えよ。ただし，塩酸の添加による溶液 C の体積変化は無視できるものとする。

問6 25.0℃で溶液 C に水酸化ナトリウム（固体）を何 g 加えると，pH＝5.0 になるか，解法とともに有効数字 2 桁で答えよ。ただし，水酸化ナトリウム（固体）の溶解による溶液 C の体積変化は無視できるものとする。 〈静岡県立大〉

第3章 無機物質

1 非金属元素

解答 ▶ 別冊 55 頁

1 硫黄の性質と硫酸の製造

次の文を読み，**問1〜5** に答えよ。必要があれば次の数値を用いること。

原子量 $H = 1.00$，$O = 16.0$，$S = 32.0$

硫黄は周期表の ［ a ］ 族に属する典型元素で，その原子の電子配置は K 殻に 2 個，L 殻に ［ b ］ 個，M 殻に ［ c ］ 個の配置になっており，［ d ］ 価の陰イオンになる傾向をもつ。単体の硫黄は火山地帯で産出するとともに，石油の精製の際に多量に得られる。また，(ア) 単体の硫黄には 3 つの同素体が知られている。

(イ) 硫黄を空気中で燃焼させると，二酸化硫黄が生成する。さらに，生成した二酸化硫黄を，酸化バナジウム(V)を触媒として，空気中の酸素と反応させると三酸化硫黄が得られる。この三酸化硫黄を 98〜99 %(質量パーセント濃度)の濃硫酸に吸収させ，［ e ］ をつくり，これを希硫酸で薄めて適当な濃度の硫酸とする。このような硫酸の製造法を (ウ) 接触式硫酸製造法(接触法)という。

問1 ［ a ］ 〜 ［ e ］ に当てはまる最も適当な数値または語句を記せ。

問2 下線部(ア)について，硫黄の 3 つの同素体の名称を記せ。

問3 下線部(イ)の反応の化学反応式を記せ。

問4 下線部(ウ)の接触式硫酸製造法において，三酸化硫黄を濃硫酸に吸収させてから，これを希硫酸で薄める方法を用いる。ここで，三酸化硫黄を，直接水に吸収させない理由を 20 字程度で記せ。

問5 下線部(ウ)の接触式硫酸製造法において，質量パーセント濃度が 98.0 % の硫酸を 10.0 kg 製造するために必要となる単体の硫黄は何 kg か。有効数字 3 桁で求めよ。

〈甲南大〉

★ 2 窒素の性質と硝酸の製造

次の文章を読み，**問1〜7** に答えよ。数値は有効数字 2 桁で答えよ。必要な場合は，次の値を用いよ。

原子量：$H = 1.0$，$N = 14.0$，$O = 16.0$　　標準状態における気体のモル体積：22.4 L/mol

硝酸は，火薬や染料，医薬品の製造などに広く利用されている。工業的に硝酸はアンモニアから製造される。その製造工程を次の図に示す。はじめに，アンモニアと空気を白金を触媒にして反応させると (ア) 化合物 A と水が得られる(反応1)。続いて，化合物 A を酸素と反応させると (イ) 化合物 B を生じる(反応2)。最後に，(ウ) 化合物 B を水と反応させると硝酸と化合物 A が得られる(反応3)。反応3で得られた化合物 A は，製造工程の一部に循環される。

<硝酸の製造工程>

問1 図に示した硝酸の工業的製法の名称を記せ。

問2 下線部㋐，㋑の化合物 A と化合物 B の化学式をそれぞれ示せ。

問3 図中の製造工程に含まれる以下の化学反応式にあてはまる係数または化学式を記せ。ただし，係数が1の場合には，1と答えよ。

反応1：$\boxed{a}$ NH_3 + 5 $\boxed{b}$ ⟶ 4 化合物 A ＋ $6H_2O$

反応2：2 化合物 A ＋ O_2 ⟶ 2 化合物 B

反応3：3 化合物 B ＋ H_2O ⟶ $\boxed{c}$ HNO_3 ＋ $\boxed{d}$ 化合物 A

問4 下線部㋒の化合物 B は，反応3において以下の①〜④のいずれのはたらきをするか。最も適切なものを1つ選び，番号で答えよ。

① 酸化剤 　　　　　　　　② 還元剤

③ 酸化剤でも還元剤でもある 　　④ 酸化剤でも還元剤でもない

問5 図に示した製造工程全体で起こる反応の化学反応式を示せ。

問6 図の方法で濃硝酸（質量パーセント濃度69％，密度 1.4 g/cm³）1.0 L を製造するために必要なアンモニア（気体）の体積を標準状態で求めよ。

問7 濃硝酸は，銅と反応し下方置換により捕集される有色の気体を発生する。この反応の化学反応式を示せ。

〈中央大〉

3　塩素の性質と発生反応

次の文章を読み，**問1〜7** に答えよ。

図は実験室で乾燥した塩素を得るための実験装置を示している。洗気瓶 C には水，洗気瓶 D には濃硫酸が入っている。

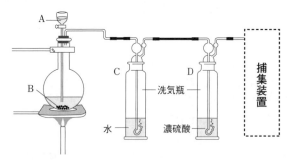

問1 図の装置の A および B に入れる最も適切な物質を，次の①〜⑥の中からそれぞれ1つ選び，番号で答えよ。

① 塩化ナトリウム 　　② 酸化マンガン（Ⅳ）　　③ 濃硫酸

④ 濃塩酸 　　　　　　⑤ 濃硝酸 　　　　　　⑥ 水

問2　BにAを加えて加熱したときの反応を化学反応式で示せ。

問3　洗気瓶CおよびDはそれぞれ何を取り除く作用をしているか。主に取り除かれる物質を化学式で示せ。

問4　塩素の捕集方法として最も適切な方法を次の①～③の中から1つ選び，番号で答えよ。

　　①　水上置換　　②　上方置換　　③　下方置換

問5　捕集した塩素の中へ熱した銅線を入れると激しく反応した。この反応で生成した物質を化学式で示せ。

問6　塩素を臭化カリウム水溶液に通じたときに起こる反応を化学反応式で示せ。

問7　塩素を水に溶かした水溶液は強い酸化作用を示す。このとき酸化作用を示す物質を化学式で示せ。

〈日本大〉

★ 　4　 気体の性質と発生反応

気体の発生と性質に関する次の文章を読み，問1，2に答えよ。

気体Aは，無色で，酸素と混合して燃焼させると，高温の炎を生じる。(ア)炭化カルシウムに水を注ぐと発生する。

気体Bは，空気より軽く，水に極めて溶けやすい。その水溶液は弱アルカリ性を示す。(イ)塩化アンモニウムと水酸化カルシウムの混合物を加熱すると発生する。

気体Cは，有毒で，無色・無臭である。水に溶けにくく，酸素と混合して燃焼させると，青白い炎を生じる。(ウ)ギ酸に濃硫酸を加えて加熱すると発生する。

気体Dは，有毒で，その水溶液は弱酸性を示す。(エ)亜硫酸水素ナトリウムと希硫酸を反応させると発生する。

気体Eは，安定な気体で，(オ)亜硝酸アンモニウムの水溶液を加熱すると発生する。

気体Fは，空気中で放電させると発生し，(カ)湿ったヨウ化カリウムデンプン紙を変色させる。

問1　下線部(ア)～(オ)で示した気体A～Eに関する反応をそれぞれ化学反応式で示せ。

問2　下線部(カ)に関連して，気体Fとヨウ化カリウム水溶液の反応をイオン反応式で示せ。

〈愛知教育大〉

5 イオン化傾向と金属の性質

次の文章を読み，問 1〜5 に答えよ。原子量：Al = 27.0，Ag = 108

金属のイオン化傾向は，金属単体が水溶液中で電子を放出し，陽イオンになろうとする性質である。イオン化傾向の大きい金属は，イオン化傾向の小さい金属より陽イオンになりやすい。したがって，(A)イオン化傾向の小さい金属イオンの水溶液に，イオン化傾向の大きい金属を浸すと，イオン化傾向の大きい金属が溶けて，イオン化傾向の小さい金属が析出する。

金属の反応性は，水や酸および空気との反応性で表され，イオン化傾向と関連している。

水との反応において，イオン化傾向が非常に大きいリチウム，カリウム，　あ　，ナトリウムなどは，室温でも激しく反応し，　い　を生じて，水素を発生する。一方，イオン化傾向が少し小さいマグネシウムは，室温の水とはほとんど反応しないが，熱水とは徐々に反応する。

酸との反応では，水素とのイオン化傾向の違いにより反応の様子が異なる。水素よりイオン化傾向の大きい金属は，一般に塩酸や希硫酸などと反応し，水素を発生する。(B)水素よりイオン化傾向の小さい銅，水銀，銀は，一般に酸と反応しないが，　う　や熱濃硫酸のような酸化力の強い酸とは反応する。

空気との反応においては，リチウムやカリウムは，室温の乾いた空気中でも酸素によって容易に内部まで酸化され　え　になる。マグネシウム，鉄，ニッケル，スズ，銅などは，湿った空気中で表面から徐々に酸化される。(C)アルミニウムも空気中では表面から酸化されるが，生じた酸化被膜が緻密で強いので，これ以上は酸化されない。このアルミニウムの性質を利用した製品として　お　がある。

問 1　　あ　〜　お　に最も適するものを次の①〜⑫から選び，番号で答えよ。
① 銀　　　　② アルミニウム　　③ カルシウム　　④ 酸化物
⑤ 水和物　　⑥ 水素結合　　　　⑦ 水酸化物　　　⑧ 塩酸
⑨ 硝酸　　　⑩ 希硫酸　　　　　⑪ アルマイト　　⑫ ジュラルミン

問 2　金属単体と水の反応について正しいものを次の①〜④から選び，番号で答えよ。
① アルミニウムは，冷水とは反応しないが，熱水と反応する。
② 亜鉛は，熱水とは反応しないが，高温の水蒸気と反応する。
③ 鉄は，熱水とも高温の水蒸気とも反応する。
④ ニッケルよりイオン化傾向の小さい金属は，水と容易に反応する。

問 3　十分な量の硝酸銀水溶液にアルミニウム板を浸すと，下線部(A)の現象が起こり，3.24 g の銀が析出した。このとき，溶け出したアルミニウムは何 g か。有効数字 3 桁で求めよ。

問 4　下線部(B)の反応において，濃硫酸の硫黄原子の酸化数は反応の前後でどのように変化するか。酸化数の変化を正負の符号をつけて示せ。また，銅と熱濃硫酸との反応式を示せ。

問5　下線部(C)の反応は，次の化学反応式で表される。式中の　a　～　c　を埋めて反応式を完成させよ。ただし，　a　には最も適する係数のみを，　b　および　c　には最も適する化学式を係数を含めて示せ。

$$\boxed{a}\ Al\ +\ \boxed{b}\ \longrightarrow\ \boxed{c}$$

〈福岡大〉

★ 6　金属単体の同定

次の文章を読み，問1，2に答えよ。

不純物を含まない9種類の異なる金属A～Iを用いて次の実験1～7を行った。

実験1：A～Eをそれぞれ希硫酸に浸したところ，気体が発生した。

実験2：F～Hは，希硫酸にはほとんど溶けないが，硝酸には溶けた。

実験3：A，E，Iは，濃硝酸には溶けなかった。

実験4：Bは，塩酸と水酸化ナトリウム水溶液の両方に溶けた。

実験5：Hは，水酸化ナトリウム水溶液には溶けたが，塩酸にはほとんど溶けなかった。

実験6：Cは常温の水と激しく反応して，Dは熱水と反応して，BとEは高温の水蒸気と反応して，それぞれ同じ気体を発生したが，Aは水と反応しなかった。

実験7：Gの陽イオンを含む水溶液にFの単体を浸すと，Fの表面にGが析出した。

問1　A～Iに該当する金属をそれぞれ次の①～⑨から選び，番号で答えよ。

①　Na　　②　Mg　　③　Fe　　④　Ni　　⑤　Cu

⑥　Zn　　⑦　Ag　　⑧　Pt　　⑨　Pb

問2　BとFを電極として電池をつくった場合，負極になる金属を次の①～⑨から選び，番号で答えよ。

①　Na　　②　Mg　　③　Fe　　④　Ni　　⑤　Cu

⑥　Zn　　⑦　Ag　　⑧　Pt　　⑨　Pb

〈青山学院大〉

7　アルカリ金属とアルカリ土類金属

次の文章を読み，問1～5に答えよ。

周期表の1族元素のうち，リチウムからフランシウムまでの6元素を　ア(語句)　という。これらの原子は，価電子を　イ(数字)　個もち，　ウ(数字)　価の陽イオンになりやすい。単体は，すべて　エ(語句)　色で，ほかの金属に比べて融点が低く，密度が小さい。

(a) 塩化ナトリウムの飽和水溶液にアンモニアを十分溶かし，さらに二酸化炭素を通じると，比較的水に溶けにくい炭酸水素ナトリウムが沈殿する。(b) 得られた炭酸水素ナトリウムを熱分解すると，炭酸ナトリウムが得られる。

周期表の2族元素の原子は，価電子を　オ(数字)　個もち，　カ(数字)　価の陽イオンになりやすい。この傾向は，原子番号が大きいほど　キ(語句選択)強い，弱い　。カルシウムを水に入れると，反応して　ク(化学式)　を発生し，水酸化物を生じる。このとき，水溶液は白濁する。これは，水酸化カルシウムが生じるためである。水酸化カルシウムの水溶液は通常　ケ(語句)　といい，　コ(語句選択)酸性，中性，塩基性　を示す。(c) 水酸化カルシウムの飽和水溶液に，二酸化炭素を通じると，白色沈殿を生じる。(d) この白色沈

殿を生じた水溶液に，さらに二酸化炭素を通じると，白色沈殿は溶ける。

周期表の11族元素の銅の単体は，赤味を帯びた金属光沢があり，電気伝導性は，□サ(元素記号)□に次いで大きく，展性・延性も□シ(元素記号)□と□サ(元素記号)□に次いで大きい。

問1 □□□内の指示に従って，□ア□～□シ□を埋めよ。

問2 炭酸ナトリウムの工業的製法の名称を記せ。

問3 下線部(a)～(d)の反応を化学反応式で示せ。

問4 水酸化カリウムの固体を空気中に放置すると，大気中の水分を吸収して溶解する。この現象を何というか答えよ。

問5 1族元素であるリチウムやナトリウムの元素を含む化合物を炎の中に入れると，その元素に特有の色を示す。この現象を何というか答えよ。

〈三重大〉

★ **⎡8⎤ カルシウム化合物の熱分解**

次の文章を読み，**問1，2**に答えよ。原子量：H＝1，C＝12，O＝16，Ca＝40

シュウ酸カルシウムの一水和物 $CaC_2O_4 \cdot H_2O$ を空気中において一定速度で加熱したところ，気体が発生し，右の図のような質量の減少が見られた。C点では CaC_2O_4 が，E点では物質Xが，G点では CaO が得られた。

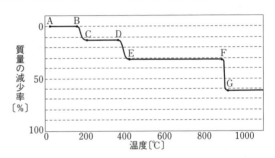

DからEへの変化は，空気中と窒素中とでは異なり，それぞれの反応は，次の反応式で示される。

〔空気中〕　$CaC_2O_4 + \dfrac{1}{2}\boxed{\ a\ } \longrightarrow X + \boxed{\ b\ }$　$\Delta H = -240\,kJ$　…①

〔窒素中〕　$CaC_2O_4 \longrightarrow X + \boxed{\ c\ }$　$\Delta H = 43\,kJ$　…②

問1 質量の減少のグラフより，物質Xの式量を有効数字2桁で計算し，計算式と式量を記せ。また，式量から考えられる物質Xの化学式を示せ。

問2 □a□～□c□に当てはまる化学式を示せ。

〈関西大〉

⎡9⎤ 金属の製錬

次の文章を読み，**問1～3**に答えよ。

元素の単体は，酸化物や硫化物をいろいろな方法で還元して得られる。鉄の製錬では，鉄鉱石と石灰石とコークス(炭素)を溶鉱炉に入れて熱風を送る。高温の炭素や一酸化炭素が，鉄鉱石の成分である酸化鉄を還元する。酸化鉄(Ⅲ)と一酸化炭素との反応は，次の式で表される。

⎡　　　　　A　　　　　⎤

鉄鉱石に含まれる二酸化ケイ素などの□あ□酸化物や，酸化アルミニウムなどの

い　酸化物は，石灰石と反応して，融けた鉄の表面に浮く。溶鉱炉でできた鉄（銑鉄）は　う　の含有率が高く，もろいので，別の炉に移し，酸素を吹き込んで　う　を減らし，鋼鉄をつくる。

　銅は，硫化物が原料である。黄銅鉱（$CuFeS_2$）と石灰石とコークスを高温の炉に入れて硫化銅（Ⅰ）をつくり，硫化銅（Ⅰ）と酸素との次の反応で銅にする。

　　　　　　　　　　B

　炉でできた銅（粗銅）を電気分解によってさらに精製する。硫酸銅（Ⅱ）の希硫酸水溶液を電解液とし，粗銅と純粋な銅とを両極に用いる。このとき　え　には高純度の銅が析出する。不純物として含まれている鉄や亜鉛は　お　。また，ほかの不純物である金や銀は　か　。

問1　　A　，　B　に相当する化学反応式を示せ。

問2　　あ　〜　え　に最も適するものを，それぞれ次の語句から選べ。

　　酸性　　両性　　塩基性　　陽極　　陰極　　水素　　炭素　　酸素

問3　　お　，　か　に最も適するものを，それぞれ次の文から選び，記号で答えよ。

ⓐ　大部分が陽極の下に沈殿する

ⓑ　大部分が陰極の下に沈殿する

ⓒ　大部分がイオンとして溶液に溶け出したままとなる

ⓓ　大部分が気体となる

〈埼玉大〉

★ 10 アルミニウム

次の文章を読み，**問1〜5**に答えよ。

原子量：C＝12，Al＝27，アボガドロ定数：$6.0×10^{23}$/mol

　アルミニウムは地殻で最も多く存在する金属元素で，天然に存在するアルミニウム鉱物の多くは3価の化合物である。金や銅の単体は，水溶液の電気分解を利用して得ることができるが，アルミニウムはイオン化傾向が大きく，(a)アルミニウム鉱物を溶かした酸性水溶液を電気分解しても単体を得ることができない。そこで，アルミニウムの単体の製造では，鉱石の　A　から純度の高い　B　をつくり，(b)融解した氷晶石に　B　を溶かして，水を含まない状態で電気分解して単体を得る。このようにして金属の単体を製造する操作を　C　という。

　さて，　C　によるアルミニウムの製造過程において，炭素を　D　極と　E　極に用いて　B　を電気分解し，(c)　D　極でアルミニウムイオンが$3.6×10^{24}$個の電子を受け取る反応が起こったとすれば，この電極にアルミニウム　ア　gが析出する。このとき，(d)　E　極では，電極の炭素が反応して気体が生じる。この反応で生じる2種類の気体の物質量の比が1：1であったとすれば，上と同じ電気量でこの電極の炭素　イ　gが消費される。

　金属アルミニウムの粉末と金属酸化物の粉末の混合物に点火すると，激しく反応して融解した金属の塊が生じる。この方法は　F　法とよばれる。酸化数の変化に注目すると，金属アルミニウムのアルミニウム原子は　G　され，金属アルミニウムが金属酸化物を　H　したことになる。　F　法は，クロム，コバルト，マンガン，合金鉄

等の冶金に利用される。溶鉱炉による冶金と異なり，| F |法によって生成した金属には炭素が含まれないという特徴がある。また，| F |法で発生する多量の熱は，レールの溶接にも利用される。

問1 | A |～| H |に入る適切な語句を記せ。

問2 | ア |，| イ |の数値を有効数字2桁で求めよ。

問3 下線部(a)の理由を説明せよ。

問4 下線部(b)について，氷晶石の化学式を示せ。また，アルミニウムの単体の製造において，| B |を融解するのではなく，融解した氷晶石に| B |を溶かす理由を説明せよ。

問5 下線部(c)，(d)において，| D |極で起こる1つの化学反応と| E |極で起こる2つの化学反応を，それぞれ電子 e⁻ を含むイオン反応式で示せ。　　　　　　〈金沢大〉

---

11 鉄

鉄に関する次の文章を読み，**問1～3**に答えよ。

A　硫酸鉄(II)の水溶液に，水酸化ナトリウム水溶液を加えると，水酸化鉄(II)の緑白色の沈殿が生じる。(a)この沈殿を含む水溶液に空気を吹き込むと，水酸化鉄(II)が酸化されて，しだいに赤褐色の水酸化鉄(III)に変化する。

B　塩化鉄(III)の水溶液に，ヘキサシアニド鉄(II)酸カリウムの水溶液を加えると，(b)沈殿が生じる。

問1 下線部(a)の反応を，化学反応式で示せ。なお，水酸化鉄(III)の化学式は $FeO(OH)$ とする。

問2 下線部(b)の沈殿の色を答えよ。

問3 Bで用いたヘキサシアニド鉄(II)酸イオンは，ヘキサシアニド鉄(III)酸イオンと同様の立体構造を有する。ヘキサシアニド鉄(II)酸イオンの化学式を示し，その構造を記入例にならって示せ。

記入例：

〈大阪教育大〉

★ **12** 銅と黄銅の分析

次の文章の| 4 |，| 7 |に入れるのに最も適当なものを，それぞれあとの⑦～㋕から選び，記号で答えよ。また，| 1 |には化学反応式を，| 2 |，| 3 |，| 6 |には必要があれば四捨五入して有効数字3桁の数値を，| 5 |には化学式を，| 8 |には下記の記入例にならって錯イオンの化学式を，それぞれ示せ。

原子量：$O = 16$，$Cu = 63.5$，ファラデー定数：$F = 9.65 \times 10^4$ C/mol

| 8 |の記入例：$[Fe(CN)_6]^{4-}$

黄銅(真ちゅう)は銅 Cu と亜鉛 Zn からつくられる合金である。いま，ある2つの黄銅の板 A と B に含まれる Cu の含有率を調べるため，次の**実験Ⅰ**と**Ⅱ**を行った。

実験Ⅰ：過剰量の希硝酸を用いて，黄銅の板 A 6.35 g をすべて溶解させた。Cu は希硝酸と①式のように反応する。

　　　　| 1 |　…①

また，Zn は酸化されて Zn²⁺ となる。

　その後，得られた水溶液を電解液とし，白金を電極として電気分解を行った。陰極に Cu が新たに析出しなくなったところで電気分解を止め，陰極の質量を測定したところ，その質量は 3.81 g 増加していた。このとき，Cu の析出に使われた電気量は $\boxed{}$ C である。また，電気分解後の電解液中に Cu²⁺ が含まれないとすると，A 中の Cu の含有率は質量百分率で $\boxed{}$ ％と計算される。また，この電気分解において陽極では $\boxed{}$ が生じる。

実験Ⅱ：実験Ⅰと同様に，希硝酸を用いて，黄銅の板 B 2.00 g をすべて溶解させた。この水溶液に水酸化ナトリウム水溶液を十分に加えると，青白色沈殿が生じた。この青白色沈殿を含む水溶液を加熱すると，青白色沈殿は黒色固体 X $\boxed{}$ に変化した。ろ過により X を取り出した後に，洗浄して十分に乾燥し，その質量を測定したところ，X の質量は 1.59 g であった。この実験により，B 中の Cu がすべて X として得られたとすると，B 中の Cu の含有率は質量百分率で $\boxed{}$ ％と計算される。

　ここで，**実験Ⅰ**では，Cu と Zn のイオン化傾向の違いを利用している。Cu は $\boxed{}$ よりもイオン化傾向が小さいため，Cu²⁺ を含む硝酸酸性水溶液を電気分解すると，Cu²⁺ は還元されて Cu が析出する。一方，Zn は $\boxed{}$ よりもイオン化傾向が大きいため，硝酸酸性水溶液中では Zn²⁺ は還元されにくい。

　また，**実験Ⅱ**では，Cu²⁺，Zn²⁺ と水酸化物イオン OH⁻ との反応の違いを利用している。Zn²⁺ は十分な量の OH⁻ が存在すると，錯イオン $\boxed{}$ となり，水に溶解する。一方，Cu²⁺ は OH⁻ と反応して青白色沈殿を生じる。

　このように，Cu と Zn の化学的性質の違いを利用して，Cu の含有率を求めることができる。

　㋐　水素　　㋑　窒素　　㋒　一酸化窒素　　㋓　二酸化窒素
　㋔　酸素　　㋕　亜鉛　　㋖　白金

〈関西大〉

13 金属イオンの系統分離

複数の金属イオンを含む水溶液から，溶けている金属イオンを分離し，確認する方法を金属イオンの系統分析という。金属イオンの系統分析に関する次の文章を読み，問1〜4に答えよ。

いま，硝酸銀，硝酸亜鉛，硝酸ナトリウム，硝酸鉄(Ⅲ)がすべて 0.10 mol/L の濃度で含まれた水溶液 W がある。この水溶液 W 中に溶けている金属イオンは，下の図および後の操作によって系統分析される。

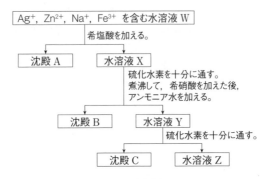

<金属イオンの系統分析>

水溶液 W に希塩酸を加えると ［ あ ］色の沈殿 A が生じる。この沈殿 A をろ過し，ろ液を水溶液 X とする。沈殿 A は，熱湯を加えても溶けないが，(a)アンモニア水を加えると溶ける。このことから，［ ア ］が確認される。

水溶液 X に，硫化水素の気体を十分に通す。このとき，沈殿は生じないが，さらに，(b)煮沸して希硝酸を加えた後，アンモニア水を加えて塩基性にすると ［ い ］色のゲル状沈殿 B が生じる。この沈殿 B をろ過し，ろ液を水溶液 Y とする。沈殿 B は，水酸化ナトリウム水溶液を過剰に加えても溶けない。沈殿 B を希硝酸で溶かした後，チオシアン酸カリウム水溶液を加えると ［ う ］色になる。このことから，［ イ ］が確認される。

水溶液 Y に，硫化水素の気体を十分に通すと ［ え ］色の沈殿 C が生じる。この沈殿 C をろ過し，ろ液を水溶液 Z とする。沈殿 C に希塩酸を加えて溶解し，煮沸した後，アンモニア水を加えると白色の沈殿が生じるが，さらに過剰のアンモニア水を加えると溶ける。このことから，［ ウ ］が確認される。

水溶液 Z を濃縮し，炎色反応を見ると ［ お ］色になる。このことから，［ エ ］が確認される。

問1 ［ あ ］〜［ お ］に当てはまる最も適当な色をそれぞれ次の①〜⑧から選び，番号で答えよ。

① 黒 ② 白 ③ 青 ④ 血赤
⑤ 黄 ⑥ 淡緑 ⑦ 赤褐 ⑧ 青緑

問2 下線部(a)について，このときに生じた錯イオンの化学式を示せ。

問3 下線部(b)について，(1)煮沸する理由と(2)希硝酸を加える理由をそれぞれ次の①〜

⑥から選び，番号で答えよ。

① 水溶液を濃縮するため
② 反応を促進するため
③ 硫化水素を追い出すため
④ 水溶液を塩基性から酸性へと変えるため
⑤ 水溶液中の金属イオンを還元させるため
⑥ 水溶液中の金属イオンを酸化させるため

問4 この系統分析により確認された金属イオン ア ～ エ の最も適当な組み合わせを，次の①～⑧から選び，番号で答えよ。

	ア	イ	ウ	エ
①	Ag^+	Na^+	Fe^{3+}	Zn^{2+}
②	Zn^{2+}	Ag^+	Fe^{3+}	Na^+
③	Ag^+	Fe^{3+}	Na^+	Zn^{2+}
④	Fe^{3+}	Ag^+	Zn^{2+}	Na^+
⑤	Ag^+	Zn^{2+}	Na^+	Fe^{3+}
⑥	Zn^{2+}	Fe^{3+}	Na^+	Ag^+
⑦	Ag^+	Fe^{3+}	Zn^{2+}	Na^+
⑧	Fe^{3+}	Zn^{2+}	Ag^+	Na^+

〈立命館大〉

★ **14 イオン結晶の分析**

次の文章を読み，**問1，2**に答えよ。

それぞれ異なる1種類の塩を含む5つの水溶液A～Eを用いて，次の**実験1～5**を行った。ただし，塩は，$AgNO_3$，$AlK(SO_4)_2$，$BaCl_2$，$CuSO_4$，KI，$NaCl$，Na_2CrO_4，$Pb(NO_3)_2$，$ZnCl_2$のいずれかである。

実験1 水溶液A～Eに，それぞれアンモニアNH_3水または水酸化ナトリウム$NaOH$水溶液を少量加え，さらに過剰量を加えると，水溶液A～Cでは，次の表のように変化した。一方，水溶液DおよびEでは，いずれも沈殿が生じなかった。

		水溶液A	水溶液B	水溶液C
NH_3水	少 量	白色沈殿	褐色沈殿	白色沈殿
	過剰量		(a)沈殿の溶解	
$NaOH$水溶液	少 量	白色沈殿	褐色沈殿	白色沈殿
	過剰量	沈殿の溶解		(b)沈殿の溶解

実験2 水溶液AおよびBにそれぞれ希塩酸を加えると，いずれも白色沈殿が生じた。これらの液を加熱すると，Aでは白色沈殿が溶け，Bでは白色沈殿は溶けなかった。

実験3 水溶液Dに希硫酸を加えると，白色沈殿が生じた。

実験4 水溶液Aを，水溶液B～Eにそれぞれ加えると，CとDでは白色沈殿が生じ，Eでは黄色沈殿が生じ，Bでは沈殿が生じなかった。

実験5 水溶液Bを，水溶液A，C，DおよびEにそれぞれ加えると，Dでは白色沈殿が生じ，Eでは黄色沈殿が生じ，AとCでは沈殿が生じなかった。

問1 水溶液A～Eに溶けている塩をそれぞれ次の①～⑨から選び，番号で答えよ。

① $AgNO_3$ ② $AlK(SO_4)_2$ ③ $BaCl_2$

④ $CuSO_4$ ⑤ KI ⑥ $NaCl$

⑦ Na_2CrO_4 ⑧ $Pb(NO_3)_2$ ⑨ $ZnCl_2$

問2 実験1の表中の下線部(a)および(b)について，沈殿が溶解する化学反応式をそれぞれ完成せよ。

(a) ＿＿＿＿＿ ＋ $4NH_3$ ＋ H_2O ⟶

(b) ＿＿＿＿＿ ＋ $NaOH$ ⟶ 〈福岡大〉

第4章 有機化合物

1 有機化合物の基礎

解答 ● 別冊 67 頁

1 有機化学の基礎

次の文章を読み，**問 1〜5** に答えよ。

有機化合物を構成する主な元素は，炭素，水素，酸素で，そのほかに窒素，硫黄，ハロゲンなどを含むこともある。炭素と水素だけからできている有機化合物を(a)炭化水素という。炭素と水素だけで構成されている基を炭化水素基という。炭化水素基にヒドロキシ基のような特定の基が結びつくと，化学的性質のよく似た一群の化合物ができる。このように，その化合物の性質を特徴づける特定の基を(b)官能基という。

炭素原子の原子価は ☐ 1 ☐ 価であり，炭素原子どうしが安定な共有結合をつくることができる。また，炭素原子のつながり方にも直鎖状，枝分かれ状，あるいは ☐ 2 ☐ などの種類があり，(c)分子式が同じであっても原子の結合のしかたが異なるために構造の異なる化合物が2種以上存在する場合がある。これらの理由によって炭化水素の分子構造は多様であるが，(d)共通するいくつかの特徴がある。

問 1 ☐ 1 ☐ に適切な数字を，☐ 2 ☐ に適切な語句を記せ。

問 2 下線部(a)に関して，次の記述(1)〜(3)に当てはまる炭化水素を，それぞれ下の⑦〜㋔からすべて選び，記号で答えよ。

(1) 付加反応よりも置換反応を起こしやすい。

(2) 置換反応よりも付加反応を起こしやすい。

(3) 常温・常圧で液体である。

   ⑦ エチレン   ㋑ アセチレン   ㋒ エタン

   ㋓ プロペン   ㋔ シクロヘキサン

問 3 下線部(b)に関して，次の(1)〜(3)の示性式で示された化合物に含まれる官能基の名称を記せ。ただし，炭化水素基は含まないものとする。

(1) $C_6H_5NH_2$ (2) CH_3COCH_3 (3) CH_3OCH_3

問 4 下線部(c)に関して次の(1)，(2)に答えよ。

(1) 分子式が C_5H_{12} の化合物の構造異性体は何種類存在するかを記せ。

(2) 分子式 C_4H_{10} の H 原子を 1 個だけ $-OH$(ヒドロキシ基)に置き換えた化合物の構造式をすべて記せ。ただし，立体異性体は区別しなくてよい。

問 5 下線部(d)に関する次の記述(⑦)〜(㋔)の正誤を，○または×で答えよ。

(⑦) 多くは有機溶媒に溶けやすい。

(㋑) 水に溶けても電離しない場合が多い。

(㋒) 多くはイオンからできている。

(㋓) 完全燃焼すると，二酸化炭素と水を生成する。

(㋔) 空気中で不完全燃焼させると，すすを生じる。

〈京都産業大〉

★ 〔2〕 分子式と構造式の決定法

炭素・水素・酸素のみからなる有機化合物の試料 A の元素分析を次の図の装置を用いて行った。**問1〜3** に答えよ。原子量：H＝1.0，C＝12，O＝16

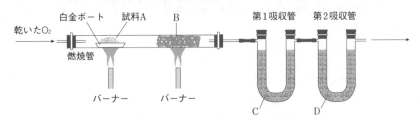

問1 管の中の B，C，D の物質をそれぞれ次の@〜①から選び，記号で答えよ。

- ⓐ 銀粒
- ⓑ 硫酸カルシウム二水和物（セッコウ）
- ⓒ ソーダ石灰
- ⓓ 活性炭
- ⓔ スチールウール
- ⓕ 酸化銅（Ⅱ）
- ⓖ ヒドロキシアパタイト
- ⓗ 塩化カルシウム
- ⓘ 炭酸ナトリウム

問2 試料 A の 14.8 mg を燃焼させたところ，第1吸収管の重さが 18.0 mg，第2吸収管の重さが 35.2 mg 増加した。試料の分子量がおよそ 74 であるとき，試料の分子式を示せ。

問3 試料 A が以下の性質をもつとき，その構造式を示せ。ただし，立体異性体は区別しなくてよい。

① 金属ナトリウムと反応して水素を発生する。
② アンモニア性硝酸銀水溶液に添加して温めても変化が見られない。
③ ヨウ素と水酸化ナトリウムを添加して反応させると黄色沈殿を生じる。

〈芝浦工業大〉

2 脂肪族化合物

解答 ❍ 別冊 71 頁

〔3〕 アルケンの反応

アルケン，アルキンに関連する次の**問1〜3** に答えよ。

問1 エチレン（CH$_2$=CH$_2$）に関する次の反応について，A〜F には構造式（示性式）を，a〜d には化合物名を記せ。

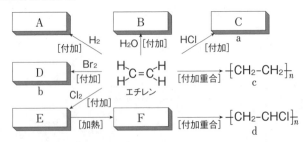

問2 次の文章を読み，(1)～(4)の問いに答えよ。

　アルケンとシクロアルカンの一般式は C_nH_{2n} で表すことができる。

　アルケンもシクロアルカンも，炭素数1の化合物は存在しない。C_2H_4 で表される化合物はエチレンのみであるが，C_3H_6 には $_A$ 2種類の構造異性体が存在する。

　C_4H_8 になると，　あ　種類の構造異性体が存在するが，立体異性体も考慮したすべての異性体は　い　種類になる。C_5H_{10} では，構造異性体は　う　種類となる。

(1) 下線部Aの2種類の化合物について，その名称を記せ。

(2) 　あ　～　う　に数字を入れて，文章を完成せよ。

(3) 　あ　の構造異性体のうち，シス-トランス異性体(幾何異性体)を有するアルケンは1種類である。その化合物名を記せ。

(4) 　う　の構造異性体のうち，シス-トランス異性体を有するアルケンは1種類である。その構造式(示性式)を示せ。

問3 アルキンも，アルケンと同様の付加反応や付加重合を行うが，以下の反応はアルキン独特のものである。次のG～Iには構造式，e，fには化合物名を記せ。

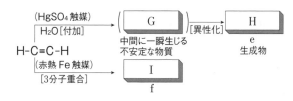

〈福岡教育大ほか〉

★ **4** **アルケンの構造決定**

　分子式 C_4H_8 で表されるアルケンA，B，C，Dがある。これらについて，次のことがわかっている。**問1～5**に答えよ。

1) アルケンA，B，C，Dに水素を付加させたところ，AとBとCからは同じアルカンが生じた。

2) アルケンA，B，Cに水を付加させたところ，AとBからはアルコールXが，CからはアルコールXとアルコールYが生じた。

問1 アルケンAとアルケンBは何という立体異性体の関係にあるか。

問2 アルケンAとアルケンBとが立体異性体の関係になる理由を，15字以内で説明せよ。

問3 アルケンDの構造式を示せ。

問4 アルコールXとアルコールYの構造式を示せ。

問5 アルコールXに対して，水酸化ナトリウム水溶液とヨウ素を加えて加熱すると，どのような反応が起こるか，反応名を記せ。ただし，反応が起こらない場合には，×印を記せ。

〈九州工業大〉

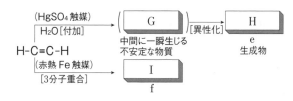

次の文章を読み，問1〜5に答えよ。

有機化合物は官能基によりさまざまな種類に分類できる。また，化学反応を用いて異なる種類の化合物へ変換することも可能である。次の図にいくつかの有機化合物の変換の経路を示した。

問1 ①〜③に当てはまる化学反応の名称を記せ。ただし，同じ番号には同じ反応の名称が入る。

問2 分子式 $C_nH_{2n+2}O$ の第一級アルコールは，反応①によりアルデヒドを経てカルボン酸へ変換される。このとき生成するカルボン酸のうち，不斉炭素原子をもち，n が最小のカルボン酸Aの構造式を示せ。ただし，n は正の整数である。

問3 分子式 C_3H_8O の第二級アルコールに対して反応①を行った際に得られる生成物Bの構造式を示せ。

問4 分子式 $C_6H_{12}O$ のアルコールCに対して反応②を行い，その生成物について H_2 との反応③を行ったところ，シクロヘキサンが得られた。アルコールCの構造式を示せ。

問5 分子式 C_2H_6O のアルコールを反応②によってアルケンに変換したところ，常温で気体の化合物Dが得られた。化合物Dの化学的性質を示す反応として適当なものを，次の㋐〜㋕からすべて選び，記号で答えよ。

㋐ 臭素水に通じると，褐色が消える。

㋑ アンモニア性硝酸銀を加えて加熱すると，容器内に銀が析出する。

㋒ 金属ナトリウムと反応して，水素を発生する。

㋓ ヨウ素とともにアルカリ性水溶液中で加熱すると，黄色沈殿を生じる。

㋔ 重合により，ポリマーを生成する。

㋕ 白金触媒存在下，1分子の化合物Dと水素分子2個が反応してアルカンを生成する。

〈岡山大〉

★ **6 アルコールの構造決定**

次の文章を読み，問1〜6に答えよ。ただし，構造式は記入例にならって示せ。

記入例：H$_3$C－C(=O)－O－CH$_2$－CH(CH$_3$)－CH$_3$

分子式 $C_5H_{12}O$ で表される化合物A〜Hがある。これらを用いて，実験 I，II，III を行った。

（**実験 I**） 金属ナトリウムと反応させた。

（実験Ⅱ） 二クロム酸カリウムの希硫酸水溶液を用いて，酸化反応を行った。

（実験Ⅲ） 濃硫酸を加えて，適当な温度で加熱して，脱水反応を行った。

問1 A〜Hに対して，**実験Ⅰ**を行ったところ，すべての実験において，水素の発生が認められた。A〜Hは，どのような官能基をもつと考えられるか答えよ。

問2 A〜Hに対して**実験Ⅱ**を行ったところ，A，B，C，Dについては銀鏡反応を呈する化合物を生成した。Dには，鏡像異性体（光学異性体）が存在することがわかっている。Dの構造式を示せ。

問3 **実験Ⅱ**において，Eのみ酸化を受けなかった。Eの構造式を示せ。

問4 F，G，Hに対しては，**実験Ⅱ**の結果，化合物 I，J，K がそれぞれ得られた。I，J，K の中で，J のみヨードホルム反応を示さなかった。J の構造式を示せ。

問5 F に対して**実験Ⅲ**を行ったところ，1組のシス－トランス異性体 L と M が得られた。L，M の構造を違いがわかるように示せ。

問6 A に対して**実験Ⅲ**を行ったところ，N が得られた。同様に H に対して**実験Ⅲ**を行ったところ，主生成物として O，副生成物として N が得られた。A と H の構造式をそれぞれ示せ。

〈九州工業大〉

---

7 エステルの構造決定

次の文章の ┃ ア ┃ 〜 ┃ カ ┃ に当てはまる最も適当なものを，それぞれ下の①〜⑪より選び，番号で答えよ。

分子式が $C_4H_8O_2$ で構造が異なるエステル A，B，C，D がある。A，B を加水分解すると，同一のカルボン酸 E とアルコール F，G がそれぞれ得られた。このカルボン酸 E は還元性を示した。アルコール F，G は分子内脱水反応により同一化合物を生成する。この化合物を臭素水に通すと，臭素水の色が無色になり，┃ ア ┃ 異性体を有する化合物が得られた。また，4種のエステルの中で，B，C を加水分解して得られるアルコール G，I のみがヨードホルム反応を示した。エステル D を加水分解して得られるアルコール K は，溶媒，燃料，化学工業の原料として広く用いられ，工業的には ┃ イ ┃ を触媒とともに加熱・加圧して製造される。

この文章から，エステル A は ┃ ウ ┃，B は ┃ エ ┃，C は ┃ オ ┃，D は ┃ カ ┃ であることがわかる。

エステルA	⟶	カルボン酸E	＋	アルコールF
エステルB	⟶	カルボン酸E	＋	アルコールG
エステルC	⟶	カルボン酸H	＋	アルコールI
エステルD	⟶	カルボン酸J	＋	アルコールK

エステル A，B，C，D の加水分解

① シス－トランス（幾何）　② 鏡像　③ CO，H_2
④ CO_2，H_2　⑤ CO，CH_4　⑥ CO_2，CH_4
⑦ H_2O_2，CH_4　⑧ $CH_3COOCH_2CH_3$　⑨ $CH_3CH_2COOCH_3$
⑩ $HCOOCH_2CH_2CH_3$　⑪ $HCOOCH(CH_3)_2$

〈東京理科大〉

★ [8] ヒドロキシ酸と2価カルボン酸　　　記入例：

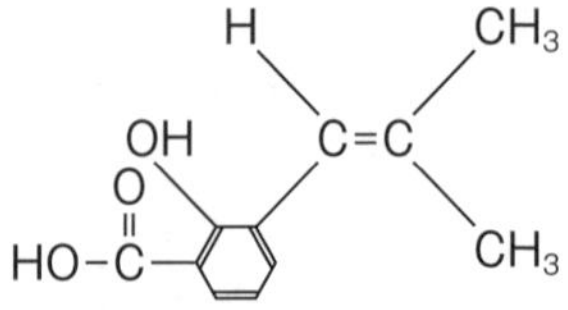

次の文章を読み，問1〜7に答えよ。ただし，構造式は記入例にならって示せ。なお，鏡像異性体は区別しなくてよい。

原子量：H＝1.0，C＝12，O＝16

身近な果物に含まれているヒドロキシ酸Aは，さわやかな酸味を有しており，その分子量は150以下，元素組成はC 35.8％，H 4.5％，O 59.7％である。加熱すると，ヒドロキシ酸Aの分子内で水1分子の脱水反応が起こり，シス−トランス異性体の関係であるカルボン酸Bとカルボン酸Cが得られる。酸Bと酸Cのそれぞれをさらに加熱すると，酸Bのみが分子内で脱水して酸無水物Dとなる。この酸無水物Dは，水2分子と反応してヒドロキシ酸Aに戻る。また，酸Bと酸Cに水素を付加することで，ジカルボン酸Eが得られる。この酸Eも，加熱によって分子内で脱水されて，酸無水物Fを生成する。

問1 酸Aの分子式を示せ。

問2 問題文中に出てくる化合物A〜Fの構造式を示せ。

問3 酸B，酸Cの化合物名を記せ。

問4 1分子の酸Cと2分子のメタノールとをエステル化して得られる化合物の構造式を示せ。また，その化合物をモノマー（単量体）として，付加重合した場合に生成するポリマー（重合体）の構造式を示せ。ただし，高分子の末端の構造は無視してよい。

問5 酸Eとヘキサメチレンジアミンの縮合重合によって高分子が得られるならば，どのようなものになるか。得られる高分子の構造式を記せ。ただし，高分子の末端の構造は無視してよい。

問6 酸Bと酸Cでは，どちらが融点が高いか。理由とともに説明せよ。

問7 酸Bと酸Cでは，どちらが水に対する溶解度が大きいか。理由とともに説明せよ。

〈滋賀県立大〉

[9] 油脂とセッケン

セッケンに関する次の文章を読み，問1〜5に答えよ。

(i) 油脂Aに水酸化ナトリウムを加えて加熱すると，高級脂肪酸のナトリウム塩（セッケン）Bと1,2,3−プロパントリオール（グリセリン）Cが生じる。

(ii) セッケンの水溶液は弱塩基性を示すが，これはセッケンが ［ ア ］ 酸と ［ イ ］ 塩基からなる塩で，この塩が ［ ウ ］ されるからである。セッケンは，疎水基と親水基をあわせもつ。このため，一定濃度以上のセッケン水中において，セッケンは ［ エ ］ 基を内側に向けて球状に集合する。これを，［ オ ］ という。油脂は水に溶けにくいが，セッケン水に油脂を加えると，油脂がセッケンの ［ オ ］ に包まれ，細かい粒子となって水中へ分散する。セッケンのこの作用を，［ カ ］ 作用という。

(iii) Ca^{2+} や Mg^{2+} などを多く含む水の中では，これらのイオンが，セッケンの ［ キ ］ と置き換わった不溶性の脂肪酸塩をつくるため，セッケンは使用できなくなる。

長い炭化水素基をもつ (iv) アルキル硫酸ナトリウムDやアルキルベンゼンスルホン酸

ナトリウムEは，セッケンと似た作用があり，合成洗剤とよばれる。これらの合成洗剤は，いずれも $\boxed{\text{ク}}$ 酸と $\boxed{\text{ケ}}$ 塩基からなる塩なので，$\boxed{\text{ウ}}$ は受けず，その水溶液は $\boxed{\text{コ}}$ 性を示す。これらは，Ca^{2+} や Mg^{2+} などを多く含む水の中でも沈殿をつくらないので，洗剤として使用できる。

問1 $\boxed{\text{ア}}$ ～ $\boxed{\text{コ}}$ に最も適する語句を記せ。

問2 油脂が1種類の高級脂肪酸 R-COOH(R は炭化水素基)からなるとき，下線(i)の A，B，C として適切な示性式を示し，次の化学反応式を完成させよ。また，$\boxed{\text{あ}}$ には適切な数字を記せ。

$$\boxed{\text{A}} + \boxed{\text{あ}}\,NaOH \longrightarrow \boxed{\text{あ}}\,\boxed{\text{B}} + \boxed{\text{C}}$$

問3 下線(ii)の反応式を示せ。ただし，セッケンの示性式は，問2でBとして記入したものを用いよ。

問4 下線(iii)の水の名称を記せ。

問5 下記の反応式は，下線(iv)で示される合成洗剤の合成法である。ただし，炭化水素基は $C_{12}H_{25}-$ とする。DとEの適切な構造式を示せ。

$$C_{12}H_{25}-OH \xrightarrow[\text{[エステル化]}]{H_2SO_4} \xrightarrow[\text{[中和]}]{NaOH} \boxed{\text{D}}$$

$$C_{12}H_{25}\bigcirc \xrightarrow[\text{[スルホン化]}]{H_2SO_4} \xrightarrow[\text{[中和]}]{NaOH} \boxed{\text{E}}$$

〈神戸薬科大〉

★ 10 油脂の分析

次の文章を読み，問1～4に答えよ。原子量：H = 1.0，C = 12，O = 16，Na = 23
標準状態における気体のモル体積：22.4 L/mol

油脂Aはグリセリンと2種類の脂肪酸からなる単一分子である。この油脂A 2.08 g を完全に加水分解するのに，水酸化ナトリウムが 0.300 g 必要であった。加水分解の後，反応溶液に塩酸を加え pH 1 としてからエーテルで抽出したところ，不飽和脂肪酸B および飽和脂肪酸Cがそれぞれ 1：2 の物質量比で得られた。一方，この油脂A 2.08 g に ニッケルを触媒として水素を反応させたところ，標準状態で 0.0560 L の水素が付加した。また，このとき生成した油脂を加水分解したところ，ステアリン酸($C_{17}H_{35}COOH$)と飽和脂肪酸Cが得られた。

問1 油脂Aの分子量を求め，整数で記せ。

問2 油脂Aに含まれている炭素-炭素二重結合の数を求めよ。

問3 飽和脂肪酸Cの構造を示性式で示せ。

問4 油脂Aの可能な構造式を2つ，記入例にならって示せ。

記入例：
$$CH_2-O-CO-C_4H_9$$
$$CH-O-CO-C_3H_7$$
$$CH_2-O-CO-C_5H_{11}$$

〈明治薬科大〉

11 フェノール，サリチル酸の合成

問1, 2 の文章を読み，Ⓐ ～ Ⓖ に
当てはまる有機化合物の構造式を示せ。ただ
し，構造式は記入例にならって示せ。

記入例：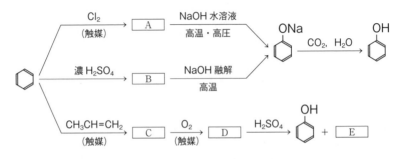（記入例の構造式）

問1 ベンゼンに触媒を用いて塩素を反応さ
せると化合物 A が，また，濃硫酸を反応させると化合物 B が得られる。ベンゼンに
触媒を用いてプロペンを反応させると化合物 C が，C を O_2 で酸化すると化合物 D
が得られる。化合物 A を高温・高圧で NaOH で処理しても，化合物 B を高温で
NaOH で処理しても，ナトリウムフェノキシドが生成し，これに二酸化炭素を通じ
ると，フェノールが得られる。化合物 D を硫酸で分解すると，フェノールと化合物
E が生成する。

問2 フェノールと水酸化ナトリウムとの反応で得られるナトリウムフェノキシドを高
温・高圧で二酸化炭素と反応させた後，希硫酸を作用させると，化合物 F が得られ，
F に無水酢酸を作用させると化合物 G が生成する。

〈近畿大〉

★ **12 染料と医薬品の合成**

Ⅰ　次の文章を読み，問1〜5に答えよ。

アニリンはベンゼンを原料として，次の(ⅰ)〜(ⅲ)の手順で合成できる。

(ⅰ)　(a)ベンゼンを濃硫酸と濃硝酸の混合物と約 60℃ で反応させ，ニトロベンゼンを
合成する。

(ⅱ)　(b)ニトロベンゼンにスズと塩酸を反応させる。

(ⅲ)　(ⅱ)の生成物に水酸化ナトリウム水溶液を加えると，アニリンが遊離する。

フェノールもベンゼンを原料として，次の(ⅳ)〜(ⅵ)の手順で合成できる。

(iv) ベンゼンに鉄と塩素を反応させる。

(v) (iv)の生成物に水酸化ナトリウム水溶液を高温・高圧の条件で反応させる。

(vi) (v)の反応後の水溶液に，常圧下で二酸化炭素を通じると，フェノールが遊離する。

　アニリンおよびフェノールは，染料や医薬品の原料である。例えば，氷冷下でアニリンに塩酸と　1　を反応させると，塩化ベンゼンジアゾニウムが生成する。(c)塩化ベンゼンジアゾニウムとナトリウムフェノキシドを反応させると，ジアゾカップリングが起こる。ジアゾカップリングで合成される芳香族アゾ化合物は，染料として用いられる。一方，ナトリウムフェノキシドと二酸化炭素の反応を高温・高圧で行った後，希硫酸を作用させると，　2　が生成する。　2　にメタノールと濃硫酸を反応させると，　3　が生成する。　3　は，消炎鎮痛剤として用いられる。

問1　　1　には当てはまる最も適切な化合物の化学式を，　2　，　3　には当てはまる最も適切な化合物の構造式を示せ。

問2　下線部(a)の反応をより高い温度で行うと，ニトロ基が2つ置換した化合物を生じる。その構造式を示せ。

問3　下線部(b)の反応は，次の化学反応式で表される。　ア　～　エ　には最も適切な係数を，　4　には最も適切な化合物の構造式を当てはめよ。

$$2 \bigcirc\text{NO}_2 + \boxed{ア} \text{Sn} + \boxed{イ} \text{HCl}$$
$$\longrightarrow 2 \boxed{4} + \boxed{ウ} \text{SnCl}_4 + \boxed{エ} \text{H}_2\text{O}$$

問4　下線部(c)の反応について，化学反応式を示せ。

問5　次の記述(A)～(F)のうち，アニリンとフェノールの性質としてそれぞれ適切なものをすべて選び，記号で答えよ。

(A) 水には溶けにくいが，塩酸に溶ける。

(B) 水には溶けにくいが，水酸化ナトリウム水溶液に溶ける。

(C) 塩基性条件下でヨウ素を反応させると，ヨードホルムの沈殿を生じる。

(D) 塩化鉄(Ⅲ)水溶液を加えると，紫色に呈色する。

(E) アンモニア性硝酸銀を加えると，銀が析出する。

(F) 無水酢酸と反応させると，アセチル化される。

Ⅱ　次の文章中の　A　，　B　に当てはまる有効数字3桁の数値を求めよ。ただし，濃塩酸の質量パーセント濃度は36.5%，密度は 1.20 g/cm^3 として計算せよ。また，　5　～　9　にはそれぞれあとの解答群から最も適当なものを選び，番号で答えよ。原子量：H = 1.0，C = 12，N = 14，O = 16，Cl = 35.5，Sn = 119

　p-ニトロフェノールに濃塩酸と Sn を作用させたところ，p-アミノフェノールの塩酸塩が生成した。13.9 g の p-ニトロフェノールを完全に反応させるためには，　A　g の Sn と，少なくとも　B　mL の濃塩酸が必要である。

　次に，p-アミノフェノールの塩酸塩に十分な量の　5　水溶液（0.5 mol/L）を加え，クロロホルム（トリクロロメタン）で抽出したところ，p-アミノフェノールの大部分がクロロホルム層から回収された。

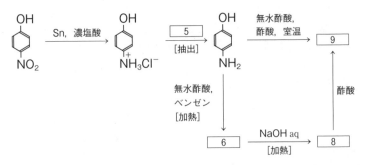

　得られた p-アミノフェノールをベンゼン中で無水酢酸と混合し，加熱したところ，化合物 ⬚5 が生成した。化合物 ⬚6 は，さらし粉水溶液と塩化鉄(Ⅲ)水溶液のいずれとも呈色反応を示さなかった。そこで，化合物 ⬚6 に水酸化ナトリウム水溶液を加えて加熱したところ， ⬚7 結合が加水分解されて化合物 ⬚8 が生成した。化合物 ⬚8 の水溶液に酢酸を加えると，化合物 ⬚9 が生成した。化合物 ⬚9 は，さらし粉水溶液では呈色しなかったが，塩化鉄(Ⅲ)水溶液で青色に呈色した。化合物 ⬚9 は，p-アミノフェノールを無水酢酸と酢酸の混合物と反応させても合成することができた。化合物 ⬚9 は，解熱鎮痛作用のある医薬品として知られている。

⬚5 の解答群

⓪ NaOH　① NaCl　② NaHCO₃　③ NaHSO₄　④ Na₂SO₄

⬚6 ， ⬚8 ， ⬚9 の解答群

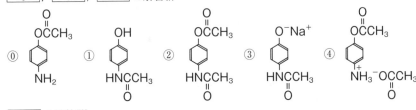

⬚7 の解答群

⓪ エーテル　① アミド　② エステル　③ 水素　　　〈新潟大，東京理科大〉

---

13 芳香族炭化水素の構造決定

　次の文章の ⬚ア ～ ⬚オ には当てはまる物質の構造式を， ⬚A には当てはまる数字を記せ。また，下線部の化学反応式を示せ。

　分子式が C₈H₁₀ の芳香族化合物には ⬚A 種類の構造異性体が存在する。構造異性体の一つである ⬚ア を酸化したところ， ⬚イ が生成した。 ⬚イ を加熱すると，分子内で脱水反応が起こり，酸無水物 ⬚ウ が生成した。また，別の構造異性体である ⬚エ を酸化したところ， ⬚オ が生成した。1 mol の ⬚オ を十分な量の炭酸水素ナトリウム水溶液に加えたところ，1 mol の二酸化炭素が発生し， ⬚オ のナトリウム塩が得られた。　　　　　　　　　　　　　　　　　　　　　　〈東京理科大〉

★ **14** **芳香族化合物の分離と構造決定**

次の文章中の ☐ 2 ☐ に当てはまる最も適当な
ものをあとの(ア)～(オ)から選び，記号で答えよ。ま
た，☐ 1 ☐ には分子式を，☐ 3 ☐～☐ 6 ☐には
記入例にならって構造式を，それぞれ示せ。なお，気体は理想気体とする。

記入例：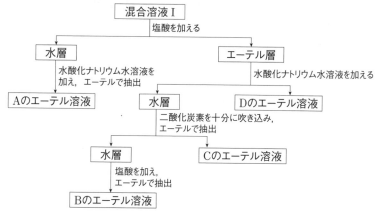

原子量：H＝1，C＝12，N＝14，O＝16

4種類の芳香族化合物 A，B，C，D を溶かしたジエチルエーテル混合溶液 I がある。
この混合溶液 I 中の各化合物を分離するため，次の図に示す操作を行った。なお，図の
エーテルはジエチルエーテルを表す。

A はベンゼン環をもつ，分子量 107 の化合物であり，元素分析の結果，質量百分率
は炭素が 78.5%，水素が 8.4%，窒素が 13.1% であった。このことから A の分子式は
☐ 1 ☐ である。A のベンゼン環に結合している水素原子1個を塩素原子に置換した化
合物には，2種類の構造異性体が考えられる。また，A の希塩酸溶液を冷やしながら，
亜硝酸ナトリウム水溶液を加えると，ジアゾ化が起こり，化合物 E が得られた。

B は分子量が 200 以下で，組成式は $C_4H_3O_2$ である。B 0.332 g を含む水溶液を，
1.00 mol/L の水酸化ナトリウム水溶液で過不足なく中和するには，4.00 mL 必要であっ
た。また，B を加熱すると，分子内で ☐ 2 ☐ 反応が起こり，酸無水物である化合物 F
が生成した。

C の水溶液に塩化鉄(Ⅲ)水溶液を加えると，呈色反応を示した。C は E の水溶液を
加熱し，分解しても得られる。

D は $C_{10}H_8$ の分子式をもち，昇華性のある無色の結晶である。D の水素原子1個を
ヒドロキシ基に置換した化合物には，2種類の構造異性体がある。それらは染料の原料
に用いられている。また，酸化バナジウムを触媒に用いて，D を酸化すると F が得ら
れる。

以上のことから，A の構造は ☐ 3 ☐，B の構造は ☐ 4 ☐，C の構造は ☐ 5 ☐，D
の構造は ☐ 6 ☐ であることがわかる。

(ア) 還元　　(イ) 水和　　(ウ) 脱水　　(エ) 酸化　　(オ) 付加　　　　〈関西大〉

第4章　有機化合物

第4章　有機化合物　　**65**

Ⅰ 分子式 C$_8$H$_8$O$_2$ で表される芳香族化合物のエステル A, B, C がある。

それぞれ，加水分解すると，A は D とメタノールを，B は E と酢酸を，C は F とギ酸を生成した。E に塩化鉄(Ⅲ)水溶液を加えると，紫色となった。F は酸化すると，中間体 G を経て，D を生成した。G にアンモニア性硝酸銀溶液を加え穏やかに加熱すると，銀イオンが還元され銀が析出した。

A～G は一置換ベンゼン誘導体である。

A～G の構造式を記入例にならって記せ。

記入例：HO-C-〈〉-C-CH$_2$-CH$_3$ （構造図）

Ⅱ サリチル酸メチルを合成する実験に関する次の文章を読み，問 1～8 に答えよ。

図1に示したように，試験管にサリチル酸を 0.5 g，メタノールを 5 mL，濃硫酸 1 mL を入れ，沸騰石を加える。この試験管に長いガラス管を取りつけ，熱水の入ったビーカーの中で 30 分加熱する。試験管を冷やした後，その内容物を飽和炭酸水素ナトリウム水溶液が入ったビーカーに少しずつ加える。次に，ビーカーの内容物を図2の分液漏斗に移し，エーテルを加えて振り混ぜる。エーテル層には主にサリチル酸メチルが溶けている。エーテル層を分離した後，このエーテル溶液からサリチル酸メチルを単離することができる。

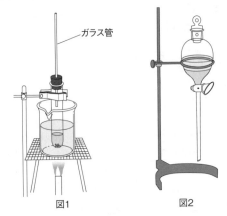

ガラス管

図1　　　　　図2

問1 サリチル酸とメタノールからサリチル酸メチルが生成する反応を化学反応式で示せ。

問2 図1のガラス管の役割を 30 字以内で説明せよ。

問3 濃硫酸の役割を記せ。

問4 沸騰石を加える理由を説明せよ。

問5 下線部で有機化合物が行う反応の化学反応式を示せ。

問6 図2の分液漏斗で，上層は水層とエーテル層のどちらか答えよ。

問7 水層に溶けている可能性のある有機化合物の構造式をすべて示せ。

問8 エーテル溶液からサリチル酸メチルを得るためには，エーテルとサリチル酸メチルのどんな性質の違いを利用すればよいのか説明せよ。 〈昭和大，奈良教育大〉

次の文章を読み，問1〜7に答えよ。ただし，構造式は例1にならって簡略化して記せ。計算問題を解答する場合には，有効数字に注意して必要ならば四捨五入すること。

原子量：H＝1.00，C＝12.0，O＝16.0

例1：

なお，文章中のオゾン分解とは，例2に示すように，アルケンとオゾンが反応することでオゾニドとよばれる反応中間体が生成し，最終的に2つのカルボニル化合物が生じる反応である。反応式中でR^1〜R^4はいずれも原子団または水素原子である。

例2：

オゾニド

化合物Aは分子式$C_{17}H_{16}O_2$をもつ有機化合物である。化合物Aの構造を決定するため，次の実験(1)〜(8)を行った。

実験

(1) 化合物Aを加水分解したところ，化合物Bと化合物Cが得られた。

(2) 化合物Bと化合物Cをエーテルに溶解させた。このエーテル溶液を分液漏斗に移し，炭酸水素ナトリウム水溶液を加えた。分液漏斗をよく振り，その後しばらく静置したところ(a)水層とエーテル層に分かれた。化合物Bは水層に移動し，化合物Cはエーテル層に残った。

(3) エーテル層と水層を分離した後，水層に塩酸を加えたところ，化合物Bが析出した。

(4) 化合物Bは，メチル基などのアルキル基を1つもつベンゼンを中性〜塩基性条件下過マンガン酸カリウムで酸化した後，塩酸で処理することでも得られた。

(5) 化合物Cをオゾン分解すると，化合物Dと化合物Eが得られた。(b)2.96gの化合物Cをオゾン分解したところ，化合物Cのうちのある割合が反応し，1.71gの化合物Dが得られた。

(6) 化合物Eは室温で無色の液体であり，水とよく混ざり合った。化合物Eは，ベンゼンをプロペン（プロピレン）でアルキル化することで得られるイソプロピルベンゼンを酸素で酸化した後，希硫酸で分解することでも得られた。

(7) 分析の結果，化合物Dは分子式$C_7H_6O_2$をもつ芳香族化合物であり，2つの異なる置換基が互いにp-（パラ）の位置に存在することがわかった。

(8) 化合物Dと金属ナトリウムを反応させたところ，(c)気体が発生した。

問1 化合物A〜Eの構造式を示せ。

問2 下線部(a)において，分液漏斗中で下の層は水層とエーテル層のどちらか答えよ。さらに，その理由を20字以内で説明せよ。

問3 化合物Eの名称を記せ。

問4 化合物 E の水溶液にヨウ素と水酸化ナトリウム水溶液を少量加えて温めると，黄色沈殿が生じた。この反応の反応式を示せ。

問5 下線部(b)の結果より，化合物 C が何％オゾン分解されたかを有効数字 2 桁で求めよ。

問6 下線部(c)において，発生した気体の名称を記せ。

問7 化合物 B は，水素結合により二量体を形成することが知られている。二量体の構造式を示せ。なお，水素結合は点線で表せ。 〈広島大〉

第5章 高分子化合物

1 生体高分子

解答 ➡ 別冊 101 頁

1 単糖類

次の文章を読み，**問 1～4** に答えよ。原子量：H＝1.0，C＝12，O＝16

糖類は一般式 $C_m(H_2O)_n$ で表される化合物であり，元素組成が炭素と水でできているように見えることから，［ア］ともよばれる。グルコースのように，それ以上加水分解されない糖類を［イ］という。また，スクロースのように，加水分解によって［イ］2分子を生じる糖類を［ウ］といい，デンプンのように，加水分解によって多数の［イ］を生じる糖類を［エ］という。

グルコースを水に溶かすと，下の図のように3種類の異性体 A，B，C が平衡状態で存在している。図において，六員環の1位の炭素の下側に－OH がある A を［オ］といい，上側に－OH がある C を［カ］という。

(i)グルコースの水溶液はフェーリング液を［キ］して，赤色沈殿を生じる。これは水溶液中に B が存在するためである。また，(ii)グルコースは，酵母のもつ酵素群チマーゼのはたらきで，アルコール発酵される。

スクロースは，砂糖の主成分で，代表的な甘味料である。スクロースはグルコースと［ク］が脱水縮合した構造をもち，フェーリング液を［キ］しない。スクロースを希酸と加熱すると，加水分解され，得られたグルコースと［ク］の等量混合物を［ケ］という。［ケ］は［キ］性を示す。

ラクトースは牛乳などに含まれる［ウ］であり，グルコースと［コ］が縮合した構造をもつ。スクロースは酵素［サ］で加水分解され，ラクトースは酵素［シ］で加水分解される。

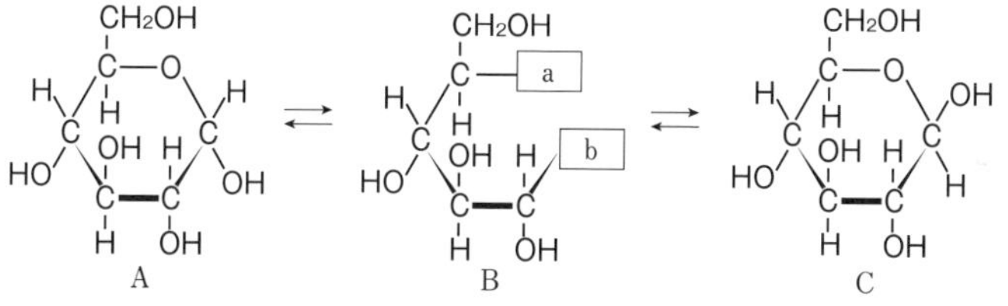

問 1 ［ア］～［シ］に適切な語句を記せ。

問 2 化合物 B の［a］，［b］に適切な原子または原子団を記せ。

問 3 下線部(i)において生じた赤色沈殿の化学式を示せ。

問 4 下線部(ii)のアルコール発酵において，グルコース 45 g から得られるエタノールの質量〔g〕はいくらか。有効数字 2 桁で求めよ。ただし，反応は完全に進行するものとする。

〈神戸薬科大〉

I 糖類に関する次の文章を読み, **問1～4**に答えよ。

二糖類は, 2分子の単糖が脱水縮合したもので, (a)これらの水溶液は還元性を示すものと示さないものに分けられる。

二糖Aは, (b)α-グルコースの1位の-OHとグルコースの4位の-OHで脱水縮合した構造をもつ。

二糖Bは, β-グルコースの1位の-OHとグルコースの4位の-OHで脱水縮合した構造をもつ。

二糖Cは, (c)α-グルコースの1位の-OHとβ-フルクトースの2位の-OHで脱水縮合した構造をもつ。

二糖Dは, β-ガラクトースの1位の-OHとグルコースの4位の-OHで脱水縮合した構造をもつ。

二糖Eは, 2分子のα-グルコースが1位の-OHどうしで脱水縮合した構造をもち, 食品や保湿剤などに使用される。

問1 二糖A～Eの名称を次のそれぞれ(1)～(5)から選び, 番号で答えよ。

(1) スクロース (2) セロビオース (3) トレハロース

(4) マルトース (5) ラクトース

問2 下線部(a)に関して, 二糖A～Eの水溶液は還元性を示すか, あるいは示さないか。当てはまるものをそれぞれ次の(1), (2)から選び, 番号で答えよ。ただし, 同じ番号を何度用いてもよい。

(1) 還元性を示す (2) 還元性を示さない

問3 下線部(b)および(c)を参考に, 二糖AおよびCの構造を次の(1)～(4)からそれぞれ選び, 番号で答えよ。

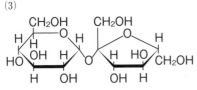

問4 デンプンに関する次の文章の ア ～ カ に適当な数字または語句, および キ に適切な化学式を記せ。なお, 単糖類を構成する炭素原子の位置番号を「位」と表現する。

デンプンはらせん構造をもつ ア と枝分かれ構造をもつ イ という2種類

の多糖類から構成されている。 ア は α-グルコースの ウ 位と エ 位の炭素原子に結合した −OH が次々と脱水縮合したものである。 イ はさらに α-グルコースの ウ 位と オ 位の炭素原子に結合した −OH でも縮合するため，枝分かれ構造をもつ。水溶液中のデンプンの検出には，鋭敏で青紫色を呈する カ 反応が用いられる。デンプンを加水分解したものにフェーリング液を加えて加熱すると， キ の赤色沈殿を生じる。

Ⅱ　次の文章を読み，問5～9に答えよ。原子量：H＝1.0，C＝12，N＝14，O＝16

セルロース$(C_6H_{10}O_5)_n$は，植物の細胞壁を構成する主成分である。その構造は，多数の ア 型のグルコース分子が イ した高分子である。 ア 型のグルコース分子には， ウ 個のヒドロキシ基が含まれ，そのうちの エ 個のヒドロキシ基が イ に関与している。このように，単糖が イ により多数連なった物質を オ という。

セルロースは，多数のヒドロキシ基を含んでいるが水に溶解しない。しかし， カ とよばれる濃アンモニア水に水酸化銅(Ⅱ)を溶解させた溶液には溶解し，深青色で粘性のある キ 溶液となる。この溶液を希硫酸中で細孔から押し出すと ク とよばれる再生繊維ができる。セルロースに無水酢酸を作用させ，ヒドロキシ基をすべてアセチル化すると ケ になる。セルロースに濃硫酸と コ の混合物を作用させると，ヒドロキシ基が部分的に硝酸エステル化されたニトロセルロースができる。

問5　 ア ～ コ に当てはまる最も適切な用語または数字を記せ。

問6　下線部の理由を簡潔に説明せよ。

問7　セルロース200 g を加水分解して，すべてグルコースにした。グルコースは，何 g 得られるか，有効数字3桁で求めよ。また，計算過程も示せ。

問8　セルロース200 g を完全にアセチル化した。反応に必要とされる無水酢酸は何 g になるか，有効数字3桁で求めよ。また，計算過程も示せ。

問9　セルロース200 g からニトロセルロース300 g が得られた。セルロースに存在するヒドロキシ基のうち，何％がエステル化されたか，有効数字3桁で求めよ。また，計算過程も示せ。　〈福岡大，愛媛大，埼玉大〉

---

3 アミノ酸

Ⅰ　アミノ酸に関する次の文章を読み，問1～3に答えよ。

1　生体の主要な成分の中で，その質量の割合が水に次いで多いのが ア である。 ア を構成する α-アミノ酸は，約20種類存在する。 イ 以外の α-アミノ酸は不斉炭素原子をもち，鏡像異性体が存在するが，天然の α-アミノ酸は，ほとんどが ウ 型の立体構造である。

2　アミノ酸は分子内に酸性の エ 基と塩基性の オ 基をもつ。結晶中では エ 基と オ 基が電離した カ イオンとして存在し， カ イオン間に静電気的な力が作用しているため，アミノ酸は一般の有機化合物に比べて融点が

　　キ　い。

3　アミノ酸の水溶液では，式(1)のように，イオン X，Y，Z が平衡状態にあり，pH によってその割合が変化する。これらの平衡混合物の電荷が全体として 0 となる特定の pH をそのアミノ酸の　ク　という。アミノ酸の水溶液を電気泳動させると，pH が　ク　より小さい水溶液中では，イオン X の割合が多くなるため，アミノ酸は　ケ　極側へ移動する。アミノ酸水溶液が　ク　と同じ pH のとき，アミノ酸はどちらの極にも移動しない。

$$\boxed{\text{X}} \underset{+\text{H}^+}{\overset{-\text{H}^+}{\rightleftharpoons}} \boxed{\text{Y}} \underset{+\text{H}^+}{\overset{-\text{H}^+}{\rightleftharpoons}} \boxed{\text{Z}} \quad \cdots(1)$$

問 1　　ア　～　ケ　に適切な語句を記せ。

問 2　式(1)中のイオン X，Y，Z の構造式を，次の α-アミノ酸の一般式を参考にして示せ。

α-アミノ酸の一般式（ただし，R は置換基である）：R-CH-COOH
　　　　　　　　　　　　　　　　　　　　　　　　　　　 |
　　　　　　　　　　　　　　　　　　　　　　　　　　 NH₂

問 3　アラニン，グルタミン酸，リシンを含む混合水溶液がある。この混合水溶液の 1 滴を pH 7.0 の緩衝液で湿らせた細長いろ紙の中央付近に吸着させた後，電気泳動を行い，ニンヒドリン溶液で発色させたところ，次の図の A，B，C の位置に呈色が観察された。A および B はいずれのアミノ酸か答えよ。

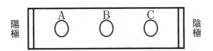

Ⅱ　次の文章の　ア　～　カ　に当てはまるものを下の①～⑮から選び，番号で答えよ。

　アミノ酸やタンパク質の呈色反応として次の反応が利用される。

呈色反応 1　ニンヒドリン水溶液を加えて温めると，赤紫～青紫色に呈色する。これは，アミノ酸やタンパク質に　ア　が存在するためである。

呈色反応 2　　イ　が存在するとき，　ウ　を加えて加熱すると，黄色になり，さらにアンモニア水を加えて塩基性にすると，橙黄色となる。この反応を，キサントプロテイン反応という。

呈色反応 3　　エ　分子以上のアミノ酸がペプチド結合で連なった化合物に，水酸化ナトリウム水溶液と　オ　の水溶液を加えると，赤紫色に呈色する。この反応を，ビウレット反応という。

呈色反応 4　硫黄原子が存在するとき，水酸化ナトリウム水溶液を加えて加熱した後，酢酸で中和し，酢酸鉛(Ⅱ)の水溶液を加えると　カ　の沈殿が生じる。

① ベンゼン環　　② カルボキシ基　　③ アミノ基　　④ ヒドロキシ基
⑤ 濃硫酸　　　　⑥ 濃硝酸　　　　　⑦ 硝酸銀　　　⑧ 硫酸銅(Ⅱ)
⑨ 白色　　⑩ 黄色　　⑪ 黒色　⑫ 2　　⑬ 3　　⑭ 4　　⑮ 5

〈神戸薬科大〉

★ **4** ペプチドの分析

次の文章を読み，**問1～5**に答えよ。原子量：H＝1，O＝16

タンパク質のポリペプチド鎖は，数十個から数千個のアミノ酸が ▢ A ▢ 結合により鎖状につながっている。このアミノ酸配列順序は，タンパク質の ▢ B ▢ 構造とよばれ，タンパク質の種類によって一定している。タンパク質を構成するアミノ酸のうち，▢ C ▢ 以外の α-アミノ酸は，不斉炭素原子をもつため ▢ D ▢ 異性体が存在する。

直鎖状テトラペプチド X_1-X_2-X_3-X_4 は，次の表の4種の異なる α-アミノ酸からなるペプチドである。このペプチドの配列を決定するために，酸で部分的に加水分解を行い，得られたペプチド（X_1-X_2-X_3 および X_2-X_3-X_4）および α-アミノ酸について，下の実験を行った。

α-アミノ酸	構造式	等電点	分子量
I	$HSCH_2CH(NH_2)COOH$	5.1	121
II	$HOOCCH_2CH_2CH(NH_2)COOH$	3.2	147
III	$H_2NCH_2CH_2CH_2CH_2CH(NH_2)COOH$	9.7	146
IV	$HO-\langle\bigcirc\rangle-CH_2CH(NH_2)COOH$	5.6	181

（**実験1**）　α-アミノ酸 X_1～X_4 について pH 4.0 の緩衝液中で電気泳動を行った。その結果，X_2 は陽極（＋）方向へ，X_1，X_3，X_4 は，陰極（－）方向へ移動した。

（**実験2**）　トリペプチド X_1-X_2-X_3 および X_2-X_3-X_4 に，水酸化ナトリウム水溶液を加えて加熱した後，酢酸鉛（II）水溶液を加えると，両ペプチドとも黒色沈殿が生じた。

（**実験3**）　トリペプチド X_1-X_2-X_3 に濃硝酸を加えて加熱すると，黄色になり，さらに濃アンモニア水を加えると，橙黄色に変化した。

問1 ▢ A ▢ ▢ B ▢ ▢ D ▢ に適切な語句を記せ。

問2 ▢ C ▢ の名称および構造式を記せ。

問3 **実験3**の反応の名称を記せ。

問4 この直鎖状テトラペプチド X_1-X_2-X_3-X_4 の分子量を求めよ。

問5 α-アミノ酸 X_1，X_2，X_3，X_4 は，表の α-アミノ酸 I ～IV のどれに該当するか。I ～IV から選び，記号で答えよ。　　　　　　　　　　　〈東邦大〉

5 タンパク質の構造

次の文章を読み，**問1～5**に答えよ。

タンパク質は，多数の α-アミノ酸がカルボキシ基とアミノ基との間で縮合した天然高分子化合物である。α-アミノ酸は，一般式 $R-CH(NH_2)-COOH$ で表され，R部分は，側鎖とよばれる。アミノ基とカルボキシ基が縮合して形成される共有結合を ▢ ア ▢ 結合といい，α-アミノ酸どうしが縮合してできる ▢ ア ▢ 結合を，特にペプチド結合という。アミノ酸2分子がペプチド結合した分子を①ジペプチド，アミノ酸3分子がペプチド結合した分子を，トリペプチドという。タンパク質は，多数のペプチド結合をもち，▢ イ ▢ ともよばれる。

タンパク質の分子構造には，②一次構造，二次構造，三次構造および四次構造がある。タンパク質の ┃ イ ┃ 鎖は，ペプチド結合の >N-H 基と，分子内のほかのペプチド結合の >C=O 基の間に ┃ ウ ┃ 結合が形成されることで，らせん状構造の ┃ エ ┃ や，ひだ状構造の ┃ オ ┃ などの立体構造をつくることがある。このような構造を，タンパク質の二次構造という。実際のタンパク質分子では，③側鎖どうしの間にイオン結合がつくられたり，システインの側鎖どうしの間に ┃ カ ┃ 結合がつくられたりして，複雑に折りたたまれ，特有の立体構造をとっていることが多い。このような構造を，タンパク質の三次構造という。三次構造をとった ┃ イ ┃ 鎖がいくつか集合して複合体をつくることがある。このような構造を，タンパク質の四次構造という。

　タンパク質水溶液に熱や酸，塩基，有機溶媒，重金属イオンなどを作用させると，④そのタンパク質特有の性質や生理的な機能が失われることが多い。この現象を，タンパク質の ┃ キ ┃ という。┃ キ ┃ したタンパク質は凝固したり沈殿したりすることがある。

問1　┃ ア ┃ ～ ┃ キ ┃ に当てはまる適切な語句を記せ。

問2　下線部①について，2つの同じアミノ酸 $R-CH(NH_2)-COOH$ で構成されるジペプチドを構造式で示せ。

問3　下線部②について，タンパク質の一次構造とは何か，10字以内で説明せよ。

問4　下線部③について，中性の水溶液中で互いにイオン結合をつくる可能性が最も高いアミノ酸側鎖を(a)～(f)の中から1組選び，それぞれの側鎖の記号(a)～(f)で答えよ。

(a) $-CH_3$ (b) $-CH_2-OH$ (c) $-(CH_2)_4-NH_2$

(d) $-(CH_2)_2-COOH$ (e) 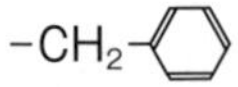 $-CH_2-\bigcirc$ (f) 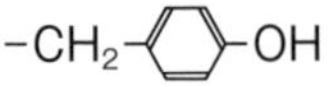 $-CH_2-\bigcirc-OH$

問5　下線部④について，このような変化が生じる理由を25字以内で説明せよ。

〈岐阜大〉

★ **6** **核酸**

次の文章を読み，**問1〜3**に答えよ。

　生物の細胞にはデオキシリボ核酸(DNA)とよばれる高分子化合物が存在しており，遺伝情報の伝達において中心的な役割を果たしている。①DNA は基本単位であるヌクレオチドどうしのエステル結合により鎖状構造を形成している。②ヌクレオチドはリン酸とデオキシリボースと核酸塩基が縮合したものであり，DNA 中の核酸塩基にはアデニン，グアニン，チミン，シトシンの4種類がある(次の図)。通常生体内では，DNA は2本鎖として存在している。③特定の組み合わせの2つの核酸塩基が水素結合によって塩基対を形成し，この2本鎖の構造が保たれている。

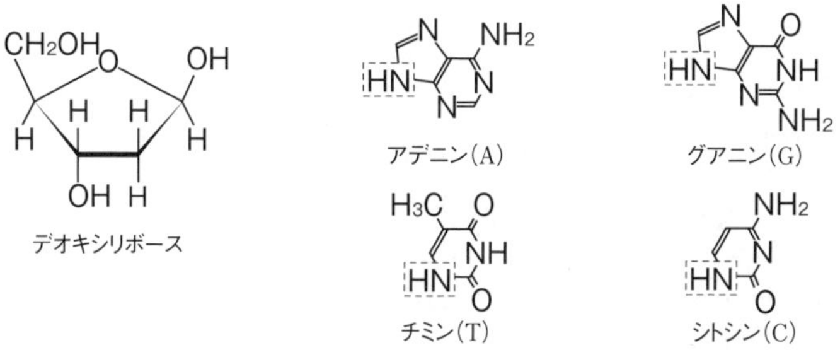

デオキシリボース

アデニン(A)

グアニン(G)

H₃C

チミン(T)

シトシン(C)

※ ┌┄┄┐ の NH がデオキシリボースと縮合している。

図　DNA を構成するデオキシリボースと核酸塩基(A,G,T,C)の構成

問1　核酸塩基がアデニンの場合，下線部②のヌクレオチドの構造を示せ。また，下線部①のエステル結合を形成する部位を丸で囲め。

問2　下線部③の塩基対には 2 種類が存在する。上図の核酸塩基の構造を基にして，2 種類の塩基対の構造を示せ。デオキシリボースとリン酸は書かなくてよい。また，水素結合は記入例にならって点線で表せ。

$$記入例：H_3C-\overset{|}{\underset{|}{C}}-H \quad \begin{array}{c} N-H\cdots O=C \\ \\ C=O\cdots H-N \end{array} \quad H-\overset{|}{\underset{|}{C}}-CH_3$$

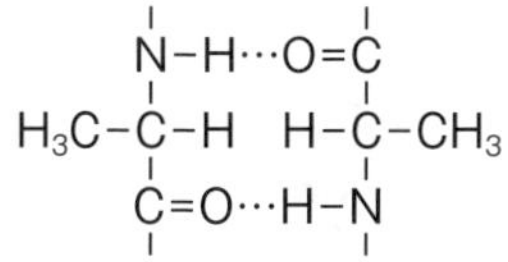

問3　DNA の塩基配列は，図の 4 種類の核酸塩基を A，G，T，C と略することによって，(a)や(b)のように表記できる。DNA の 2 本鎖のうち一方の鎖の塩基配列が(a)または(b)である DNA をそれぞれ作製した。これらの DNA を同じモル濃度になるように別々に水に溶かし，同じ速度でゆっくりと加熱すると，2 本鎖が 1 本鎖になる。このとき，先に 2 本鎖が完全に解離するのは(a)，(b)どちらの塩基配列を含む DNA と考えられるか，記号で答えよ。また，その理由を説明せよ。

(a)　ATGCGCTTTCTTTAAACC　　(b)　ATGTTCGCGGGGTTTCCC　〈九州大〉

2　合成高分子

解答 ▶ 別冊 108 頁

7　合成高分子化合物の原料

次の A 群〜C 群について，**問1〜4** に答えよ。ただし，A 群には各種の高分子化合物の名称を，B 群には高分子化合物の原料の構造式を，C 群には高分子化合物を合成する際の反応様式を示す。

A 群

(i)　ナイロン 6　　(ii)　フェノール樹脂　　(iii)　スチレンブタジエンゴム

(iv)　尿素樹脂　　(v)　天然ゴム　　(vi)　ポリエチレン　　(vii)　ポリ塩化ビニル

(viii)　ナイロン 6,6　　(ix)　ポリアクリロニトリル　　(x)　ポリエチレンテレフタラート

B群

(a) HOOC-(CH₂)₄-COOH
(b) H₂C=CH₂
(c) H₂C=CH-CH=CH₂
(d) H₂N-(CH₂)₆-NH₂
(e) HO-(CH₂)₂-OH
(f) ⬡-OH
(g) H₂C=CH-⬡
(h) H₂N-C-NH₂
         ‖
         O
(i) H₂C=CH-C=CH₂
            |
            CH₃
(j) H₂C=CH
         |
         Cl
(k) H₂C=CH
         |
         CN
(l) HCHO
(m) H₂C CH₂-CH₂-NH
        CH₂-CH₂-C=O
(n) HOOC-⬡-COOH

C群

(ア) 縮合重合　　(イ) 付加重合　　(ウ) 開環重合　　(エ) 共重合　　(オ) 付加縮合

問1　A群の(i)～(x)の高分子化合物について，原料となる物質をそれぞれB群から2つ以内で選び，記号で答えよ。ただし，同じものを2度以上選択してもよい。

問2　A群の(i)～(x)の高分子化合物について，それらを合成する際の反応様式をそれぞれC群から1つ選び，記号で答えよ。

問3　A群の中から熱硬化性樹脂であるものをすべて選び，記号で答えよ。

問4　分子中に(a)アミド結合，(b)エステル結合をもつものをそれぞれA群の中からすべて選び，記号で答えよ。　　　　　　　　　　　　　　　　　　　　　　　〈高知大〉

★　**8**　**合成高分子化合物の性質**

次の文章を読み，**問1～4**に答えよ。ただし，重合体の重合度は十分に大きく，末端について考慮する必要はないものとする。数値は，有効数字2桁で求めよ。

原子量：H＝1.0，C＝12　　標準状態における気体のモル体積：22.4 L/mol

熱や圧力を加えて成形することができる合成高分子化合物のことを，合成樹脂という。合成樹脂は，さらに熱可塑性樹脂と熱硬化性樹脂に分類される。一般に，熱可塑性樹脂は　ア　状の構造をもつ高分子からなる。加熱することでさまざまな形に成形することができ，繊維として利用されるものもある。一方，熱硬化性樹脂は，重合度が低くて軟らかい段階で成形し，そののちに加熱することで　イ　状の構造が発達して硬化する。耐熱性が要求される材料として用いられる。

弾性を示す高分子化合物のことをゴムという。ゴム材料を合成するとき，より高い弾性や耐久性を得るために，別の物質を加えて反応させ，高分子どうしを結びつけることがある。特に天然ゴムに対して，硫黄を用いて行うこの操作のことを　ウ　とよび，硫黄を数％加えると，弾性ゴムとなる。さらに硫黄を数十％加えて長時間加熱すると架橋が進み，　エ　とよばれる固いプラスチック状の材料となる。

問1　　ア　～　エ　に当てはまる最適な語句を記せ。

問2　フェノール樹脂は，優れた耐熱性をもつ熱硬化性樹脂である。次の文章について，　オ　～　コ　に当てはまる最適な語句を記せ。

　　フェノール樹脂は，一般にフェノールと　オ　を原料として，　カ　や　キ　とよばれる，成形可能な中間生成物を経由して合成される。そのうち　カ　は，　ク　触媒を用いて合成され，成形したのちにさらに加熱することでフェノール樹脂とする。一方，　キ　は　ケ　触媒を用いて合成されるが，加熱しただけでは軟化するだけであり，　コ　を加えて加熱成形することでフェノール樹脂となる。

問3　下線部のゴムの一つであるスチレン–ブタジエンゴム（SBR）は，スチレンおよび1,3–ブタジエンを用いて共重合によって合成され，タイヤなどに広く用いられている。SBR の構造式は下の図のように表される。m および n は，一つの重合体を構成するそれぞれの繰り返し単位の重合度を示すが，各繰り返し単位は重合体中で無秩序に並んでいる。

　　ある SBR を 200 g とり，適切な触媒を用いて水素を添加したところ，標準状態で 56.0 L に相当する水素が消費された。このとき，一つの重合体に含まれるスチレン単位およびブタジエン単位のそれぞれの重合度 m および n の比率を，最も簡単な整数比で答えよ。計算過程も示せ。ただし，水素はブタジエン単位にある二重結合のみと，完全に反応したとして考えよ。

$$\left[CH_2-CH\right]_m \left[CH_2-CH=CH-CH_2\right]_n$$

問4　問3の SBR の平均分子量は 8.0×10^4 であった。この SBR 1 分子中に，ベンゼン環は平均何個あるか。計算過程も示せ。　　　　　　　　　〈京都工芸繊維大〉

9　ビニロンとナイロン

　　次の文章を読み，**問1～3**に答えよ。原子量：H = 1.0，C = 12.0，O = 16.0

　　ビニロンやナイロンは天然高分子化合物と同じような構造をもち，天然繊維と似た性質を示す合成繊維として有名である。ビニロンは酢酸ビニルの　ア　重合で得た①ポリ酢酸ビニルを加水分解し，ポリビニルアルコールとした後，ホルムアルデヒドを含む水溶液を作用させて部分的に　イ　化して得られる。得られたビニロンはセルロースと同じように　ウ　構造とヒドロキシ基の両方をもち，木綿と似た性質をもつ。一方，ナイロンはケラチンやフィブロインなどの　エ　と同じ　オ　結合をもち，絹と似た性質をもつ。代表的なナイロンであるナイロン 66 は，②アジピン酸とヘキサメチレンジアミンの　カ　重合で得られる。

問1　　ア　～　カ　に当てはまる語句を記せ。

問2　下線部①，②の反応式を示せ。

問3　平均分子量 2.20×10^4 のポリビニルアルコールから平均分子量 2.29×10^4 のビニロンが得られた。このとき，ポリビニルアルコールのヒドロキシ基の何％がホルムアルデヒドと反応したか，計算過程とともに有効数字 2 桁で求めよ。　　　　　　　〈高知大〉

★ 10 **イオン交換樹脂**

次の文章を読み，問1〜4に答えよ。ただし，水のイオン積は$1.0 \times 10^{-14}\ mol^2/L^2$とする。

高分子化合物は，原子が数千個もつながった巨大な分子である。例えば，ポリエチレンは，その単位構造をつくる低分子の化合物である ア が重合した構造をもつ。高分子化合物は，低分子化合物とは異なり，明確な融点をもたない。

高分子化合物のうち，特別な機能を備えたものを，機能性高分子化合物という。例えば，イオン交換樹脂がある。スチレンに少量のp-ジビニルベンゼンを混ぜて重合させると，立体網目状構造をもつ合成樹脂ができる。このように，2種類以上の単量体を混ぜて重合を行うことを イ という。この合成樹脂に ウ を反応させた樹脂は，多くのスルホ基$-SO_3H$をもつため，塩化ナトリウム水溶液を通すと，樹脂中の エ と溶液中の オ が交換される。このような樹脂を カ イオン交換樹脂という。

一方，アルキルアンモニウム基と水酸化物イオンが結合した樹脂$-N^+R_3OH^-$（Rはアルキル基）に，塩化ナトリウム水溶液を通すと，樹脂中の キ と溶液中の ク が交換される。このような樹脂を ケ イオン交換樹脂という。

カ イオン交換樹脂と ケ イオン交換樹脂に，塩化ナトリウム水溶液を順次通じると，塩化ナトリウムが除去される。イオン交換樹脂のこの性質を利用することにより，塩を含む水溶液から コ が得られ，実験室などで蒸留水の代わりに用いられる。また，イオン交換は可逆的である。そのため，例えば，使用後の ケ イオン交換樹脂は， サ 性の水溶液で処理することによって，その機能が再生される。

問1 ア 〜 サ に当てはまる適切な語句を記せ。また， エ ， オ ， キ ， ク については，イオンの化学式を示せ。

問2 下線部について，高分子化合物の多くが一定の融点を示さず，加熱すると軟化する理由を60字以内で説明せよ。

問3 カ イオン交換樹脂を$R-SO_3H$と表し，塩化ナトリウムとの反応を化学反応式で記せ。

問4 カ イオン交換樹脂10 gを円筒ガラス管に詰め，上から0.010 mol/Lの塩化ナトリウム水溶液10.0 mLを通して完全にイオン交換し，さらに樹脂を水洗して，流出液をすべて集めた。同様に， ケ イオン交換樹脂15 gを円筒ガラス管に詰め，上から0.025 mol/Lの硫酸ナトリウム水溶液4.0 mLを通して完全にイオン交換した後，水洗し，流出液をすべて集めた。両方の円筒ガラス管から出てきた溶液を混合し，メスフラスコを用いて100 mLになるまで蒸留水を加えた。この水溶液の水素イオン濃度を，有効数字2桁で求めよ。また，計算過程も示せ。　　　　　　〈金沢大〉

別冊 解答

大学入試 全レベル問題集

化 学

[化学基礎・化学]

3 私大標準・
国公立大レベル

改訂版

Obunsha

目　次

第1章 物質の状態

1 化学基礎

1 問1　a：④　b：⑥　c：⑤　d：⑦　e：③　f：⑭
　　　g：⑰　h：⑧　i：⑨　j：⑩
　　問2　A：12　B：12　　問3　(1) 6.94　(2) 73.9

解説 問3　(1)　原子量や平均分子量など，平均の質量は以下の式で求める。

$$平均質量 = \left\{ 質量 \times \frac{存在比〔\%〕}{100} \right\} の和$$

これを原子量に当てはめると，以下のとおり。

> **Point**
> $$原子量 = \left\{ 同位体の相対質量 \times \frac{存在比〔\%〕}{100} \right\} の和$$

この式より，リチウムの原子量 M は，

$$M = 6.015 \times \frac{7.50}{100} + 7.016 \times \frac{92.5}{100} = 6.015 + 1.001 \times 0.925 = \underline{6.940}$$

(2)　原子量を合計すればよい。炭酸リチウムの組成式は Li_2CO_3 なので，

$$6.94 \times 2 + 12.0 + 16.0 \times 3 = \underline{73.88}$$

有効数字について

　数値の後の 0 は有効数字に入るが，数値の前の 0 は有効数字ではない。0.02 は有効数字 1 桁。200 は一般に有効数字 3 桁の表記。2.0×10^2 ならば有効数字 2 桁の表記である。有効数字の桁数指定がある場合，途中計算では指定より 1 桁多く算出して，以下は切り捨てる。

　例えば，(1)の 1.001×0.925 は，0.9259 まで算出して，以下を切り捨てる。これを 6.015 と足して 6.940 まで算出し，以下を切り捨てる。

　最後に，多く算出していた桁を四捨五入して指定の桁とする。

2 問1 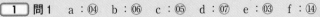　問2　元素記号：P　価電子数：5
　問3　元素記号：O, S　族：16族　　問4　Al_2O_3　　問5　(Ⅰ)
　問6　定義：気体状原子が電子を 1 個放出し，気体状の 1 価の陽イオンになるとき吸収するエネルギー。　元素記号：Ne
　問7　定義：気体状原子が電子を 1 個受け取り，気体状の 1 価の陰イオンになるとき放出するエネルギー。　元素記号：F
　問8　記号：(G)　理由：いずれも電子配置は同一だが，(G)は最も原子核中の陽子が多く，最外殻電子を強く原子核に引きつけるから。

2

解説 (A) $_3Li$, (B) $_6C$, (C) $_8O$, (D) $_9F$, (E) $_{10}Ne$, (F) $_{12}Mg$, (G) $_{13}Al$, (H) $_{15}P$, (I) $_{16}S$ である。

問1 　価電子とは，**最外殻電子のうち化学結合に関与しうる電子**である。貴ガス（希ガス）（18族）は，価電子数は0である。ほかの族は，価電子数＝最外殻電子数　である。

問2 　原子番号＝陽子数＝質量数−中性子数＝31−16＝15　なので P。

問3 　典型元素は族によって価電子数が変わるので，価電子数が一致するものを選ぶ。

問4 　(G)のアルミニウム Al は，価電子3個を放出して Al^{3+} になる。(C)の酸素 O は，最外殻に電子2個を取り込んで，O^{2-} になる。両者とも安定な Ne 型の電子配置になっている。この2つのイオンを電気的中性になるよう組み合わせればよいから Al_2O_3

問5 　アルゴンは，原子番号18＝原子の電子数18　だから，電子を2個追加して18個になる $_{16}S$ とわかる。

問6 　イオン化エネルギーは，周期表上で右上の元素ほど大の傾向で，最も大きな族は18族，最も小さな族は1族。

問7 　電子親和力は，18族を除いて周期表上で右上ほど大の傾向で，最大の族は17族である。イオン化エネルギーは「電子の出しにくさ」を表すので，18族が最大だが，電子親和力は「電子の奪いやすさ」を表すから，電子を1個受け取って安定化する17族が最大となる。

問8 　最外殻電子に中心から及ぶ電荷は，原子核中の陽子の電荷と，内殻電子の電荷の和である。(C)のイオン O^{2-} と(G)のイオン Al^{3+} を比べると，

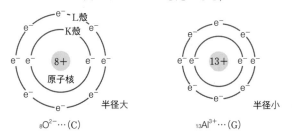

$_8O^{2-}\cdots$(C)　　　　　$_{13}Al^{3+}\cdots$(G)

O^{2-} では，L殻の電子 e^- に及ぶ正電荷は 8−2＝6 で 6＋ である。対して Al^{3+} では，13−2＝11 で 11＋ である。電子配置は同じでも，Al^{3+} のほうが最外殻電子を強く引きつけ半径が小さくなる。

論述は，「陽子数増→最外殻電子を強く引きつける」の部分だけを述べる。

---

3 Ⅰ 問1 　あ：④　い：③　う：⑮　え：⑫　お：①　か：⑯
　　　　き：⑩　く：⑦　け：⑤　こ：⑧　　問2 　A：①　B：②　C：①
　Ⅱ 問1 　(ア) イオン　(イ) 共有結合　(ウ) 分子　(エ) 金属
　　問2 　(オ) b　(カ) a　(キ) c　(ク) d
　　問3 　金属結晶では，金属原子を自由電子が結びつけており，原子の配列が変化しても結合は保たれるため。(46字)

解説 Ⅱ 　問2 　①金属元素のみからなる結晶は金属結晶である。

②非金属元素のみからなる結晶について，(i)アンモニウム塩はイオン結晶，(ii)ダイヤモンド C，黒鉛 C，ケイ素 Si，二酸化ケイ素 SiO_2，炭化ケイ素 SiC などは共有結合の結晶であり，(iii)ほかはすべて分子結晶である。

③金属元素と非金属元素とからなる結晶は，すべてイオン結晶である。

問3 金属結晶では①原子が自由電子によって結びつけられていること，②原子の位置がずれても結合が保たれることを述べればよい。

---

4 **問1** ア：共有電子対 　イ：無極性 　**問2** ウ：C=O エ：O-H
問3 SiH_4 　**問4** C
問5 分子量が小さく，ファンデルワールス力が小さいため。(25字)
問6 NH_3 　**問7** a
問8 分子間で水素結合を行い，分子間力が大きいため。(23字)

[解説] **問3** グラフ下の説明に 14 族元素の水素化合物とあるので，Si の水素化合物とわかる。

問4 メタン CH_4 などの 14 族元素の水素化合物は無極性分子である。無極性分子間にはたらく結びつきはファンデルワールス力のみであり，この力は分子量が増すほど大きくなる。よって，最も分子量の小さい CH_4 は最も分子間力が小さく，ばらばらの気体になりやすいため，沸点が低い。

問5 ①分子量小，②ファンデルワールス力小を述べればよい。

問7 F-H，O-H，N-H のいずれかの結合をもつ分子は，F，O，N 原子が H 原子を介して結びつく水素結合を分子間で行う。水素結合はファンデルワールス力よりも強い結びつきなので，沸点は分子量の割に高くなる。

　なお，ファンデルワールス力と水素結合を合わせて分子間力という。

問8 水素結合を行うことが述べられていればよいだろう。

---

5 **問1** 0.10 mol, $6.0×10^{22}$ 個 　**問2** 0.56 L 　**問3** 58.0(58 も可)
問4 1.00 mol(1.0 mol も可) 　**問5** $4.5×10^{-23}$ g, $2.2×10^{22}$ 個
問6 $2.5×10^{-2}$ mol/L 　**問7** $4.5×10^{-2}$ mol/L 　**問8** 1.12 L(1.1 L も可)
問9 10.0 mol/L(10 mol/L も可) 　**問10** 25 mL

[解説] 物質量〔mol〕は，質量〔g〕，個数，気体の体積〔L〕およびモル濃度〔mol/L〕より，以下のように算出できる。

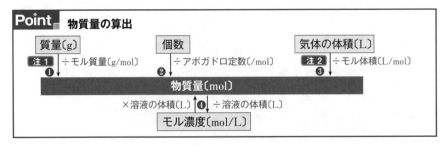

注1 図の意味は，$\dfrac{\text{質量}〔g〕}{\text{モル質量}〔g/mol〕}=\text{物質量}〔mol〕$ である。また，逆向きに計算したければ，÷と×を入れ替えればよい。

$\quad$ 物質量〔mol〕×モル質量〔g/mol〕＝質量〔g〕

$\quad$ モル質量〔g/mol〕の数値は，原子量，分子量，式量に等しい。

注2 標準状態(0℃，1.01×10^5 Pa)における気体のモル体積は 22.4 L/mol である。

問1 **Point** の**❶**より，

$$\frac{5.6\ \text{g}}{56\ \text{g/mol}}=\underline{0.10\ \text{mol}}$$

Point の**❷**の逆(上)向きより，

$$6.0\times10^{23}\ /\text{mol}\times0.10\ \text{mol}=\underline{6.0\times10^{22}}$$

問2 **Point** の**❶**と**❸**の逆(上)向きを組み合わせる。

$$\frac{1.1\ \text{g}}{44\ \text{g/mol}}\times22.4\ \text{L/mol}=\underline{0.56\ \text{L}}$$

問3 気体 1 L で 2.59 g という意味だから，**❸**と**❶**の逆(上)向きを組み合わせて，

$$\frac{1\ \text{L}}{22.4\ \text{L/mol}}\times M〔\text{g/mol}〕=2.59\ \text{g}\qquad M=\underline{58.01\ \text{g/mol}}$$

別解 22.4 L(1 mol 分)の質量を求めればよいから，

$$2.59\ \text{g/L}\times22.4\ \text{L/mol}=\underline{58.01\ \text{g/mol}}$$

問4 $CaCl_2$ 1 組の中に Cl が 2 個あるから，$CaCl_2$ の物質量〔mol〕を 2 倍すればよい。

$$\left.\frac{55.5\ \text{g}}{111\ \text{g/mol}}\right|_{CaCl_2〔mol〕\leftarrow}\times2=\underline{1.00\ \text{mol}}$$

問5 1 個の質量〔g〕：**❷**と**❶**の逆(上)向きを組み合わせる。

$$\left.\frac{1}{6.0\times10^{23}\ /\text{mol}}\right|_{Al〔mol〕\leftarrow}\times27\ \text{g/mol}=\underline{4.5\times10^{-23}\ \text{g}}$$

1.0 g 中の原子の数：**❶**と**❷**の逆(上)向きを組み合わせる。

$$\left.\frac{1.0\ \text{g}}{27\ \text{g/mol}}\right|_{Al〔mol〕\leftarrow}\times6.0\times10^{23}\ /\text{mol}=\underline{2.22\times10^{22}}$$

問6 **❶**と**❹**の下向きを組み合わせる。

1.0 mg ＝ 1.0×10^{-3} g$\qquad$1.0 mL ＝ 1.0×10^{-3} L$\quad$なので，

$$\left.\frac{1.0\times10^{-3}\ \text{g}}{40\ \text{g/mol}}\right|_{NaOH〔mol〕\leftarrow}\times\frac{1}{1.0\times10^{-3}\ \text{L}}=\underline{2.5\times10^{-2}\ \text{mol/L}}$$

問7 **❸**と**❹**の下向きを組み合わせる。

$$\left.\frac{1.0\times10^{-3}\ \text{L}}{22.4\ \text{L/mol}}\right|_{NH_3〔mol〕\leftarrow}\times\frac{1}{1.0\times10^{-3}\ \text{L}}=\underline{4.46\times10^{-2}\ \text{mol/L}}$$

問8 $CaCO_3 + 2HCl \longrightarrow CaCl_2 + H_2O + CO_2$

の反応が起こる。$CaCO_3$ と CO_2 の係数比は 1：1 なので，「係数比＝mol 比」より，

$$\mathrm{CaCO_3} : \mathrm{CO_2} = \frac{5.00}{100} : \underset{\text{mol比}}{\frac{V}{22.4}} = \underset{\text{係数比}}{1 : 1} \qquad V = \underline{1.12\ \mathrm{L}}$$

問9 密度や質量パーセント濃度の計算は以下のとおり。

$$\text{体積}[\mathrm{cm^3}] \times \text{密度}[\mathrm{g/cm^3}] = \text{質量}[\mathrm{g}] \quad \cdots \boldsymbol{5}$$

$$\frac{\text{溶質}[\mathrm{g}]}{\text{溶液}[\mathrm{g}]} = \frac{\text{質量パーセント濃度}[\%]}{100} \quad \cdots \boldsymbol{6}$$

mol の算出とあわせて図にすると，

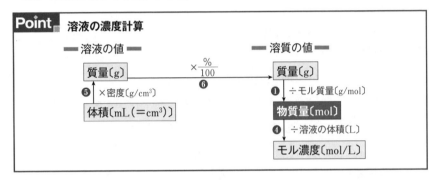

濃度は溶液量にはよらない値だから，都合のよい溶液量を仮定して計算すればよい。1 L と仮定すると，**5**→**6**→**1**→**4**より，

$$\underset{\substack{1\,\text{L の溶液}[\mathrm{g}]}}{1000\ \mathrm{mL} \times 1.16\ \mathrm{g/mL}} \bigg| \underset{\substack{1\,\text{L 中の溶質 HCl}[\mathrm{g}]}}{\times \frac{31.5}{100}} \bigg| \underset{\substack{1\,\text{L 中の HCl}[\mathrm{mol}]}}{\times \frac{1}{36.5\ \mathrm{g/mol}}} = \underline{10.01\ \mathrm{mol/L}}$$

問10 水を加えても溶質 HCl の量は変わらないので，

希釈前の溶質量＝希釈後の溶質量 より，

$$10.0\ \mathrm{mol/L} \times \frac{V}{1000}[\mathrm{L}] = 0.50\ \mathrm{mol/L} \times \frac{500}{1000}\ \mathrm{L} \qquad V = \underline{25\ \mathrm{mL}}$$

溶媒を加えて体積を x 倍にしたとき，モル濃度は $\frac{1}{x}$ 倍になる。これを「x 倍に希釈する」と表現する。

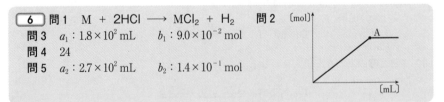

6 **問1** $\mathrm{M} + 2\mathrm{HCl} \longrightarrow \mathrm{MCl_2} + \mathrm{H_2}$ **問2**
問3 $a_1 : 1.8 \times 10^2\ \mathrm{mL}$　$b_1 : 9.0 \times 10^{-2}\ \mathrm{mol}$
問4 24
問5 $a_2 : 2.7 \times 10^2\ \mathrm{mL}$　$b_2 : 1.4 \times 10^{-1}\ \mathrm{mol}$

解説 **問2** **実験1**の結果より，発生した水素の体積は，途中までは滴下した塩酸の体積に比例している。しかし，塩酸を 200 mL 滴下したときは，2.24 L 発生するはずの水素が 2.02 L しか発生していない。これより，塩酸 150〜200 mL の間で金属 M が全部消費され，以降水素は発生しなくなるとわかる。

問3　M が全部消費されると 2.02 L の水素が発生するので，

$$b_1 = \frac{2.02}{22.4} = \underline{9.01 \times 10^{-2}\,\text{mol}}$$

「係数比＝mol 比」より，

$$\text{HCl : H}_2 = 1.00\,\text{mol/L} \times \frac{a_1}{1000}\,\text{[L]} : 9.01 \times 10^{-2}\,\text{mol} = 2 : 1 \quad a_1 = \underline{1.80 \times 10^2\,\text{mL}}$$
係数比

　　塩酸を 200 mL 加えたときは，180 mL までは反応するが，最後の 20 mL 分は反応せずに残ることになる。「係数比＝mol 比」の mol とは，加えた量ではなく，反応した量である。

問4　M の原子量を x とおくと，M と H_2 とで「係数比＝mol 比」より，

$$\text{M : H}_2 = \frac{2.16}{x} : 9.01 \times 10^{-2} = 1 : 1 \quad x = \underline{23.97}$$

　　用いた M の物質量は，9.0×10^{-2} mol とわかる。

問5　**実験2** で起こる反応の反応式は，

$$2\text{Al} + 6\text{HCl} \longrightarrow 2\text{AlCl}_3 + 3\text{H}_2$$

Al も 9.0×10^{-2} mol 用いるので，

$$\text{Al : HCl} = 9.0 \times 10^{-2}\,\text{mol} : 1.00\,\text{mol/L} \times \frac{a_2}{1000}\,\text{[L]} = 2 : 6 \quad a_2 = \underline{2.70 \times 10^2\,\text{mL}}$$
係数比

$$\text{Al : H}_2 = 9.0 \times 10^{-2}\,\text{mol} : b_2\,\text{[mol]} = 2 : 3 \quad b_2 = \underline{1.35 \times 10^{-1}\,\text{mol}}$$
係数比

---

7 問1　a，b：水素イオン（オキソニウムイオン），水酸化物イオン（順不同）
　　c：イオン積　d：7　e：小さい　f：3　g：11　　問2　⑦　問3　㊁
　問4　(1)　10.7　　計算過程：混合後の OH^- 濃度は，

$$\left(1.00 \times 10^{-3} \times \frac{30.0}{1000} - 5.00 \times 10^{-4} \times \frac{10.0}{1000} \times 2\right) \times \frac{1000}{40.0} = 5.00 \times 10^{-4}\,\text{mol/L}$$

　　　H^+ 濃度は，$\dfrac{1.00 \times 10^{-14}}{5.00 \times 10^{-4}} = 2.00 \times 10^{-11}\,\text{mol/L}$

　　　pH は，$-\log_{10}(2 \times 10^{-11}) = 10.7$
　(2)　2.50 mL　　計算過程：下線部(B)の水溶液の体積を V[mL]とおくと，

$$5.00 \times 10^{-4} \times \frac{1}{10} \times \frac{25.0}{1000} \times 2 = 1.00 \times 10^{-3} \times \frac{V}{1000} \times 1 \quad V = 2.50\,\text{mL}$$

解説 問1　d：25℃の水のイオン積は $1.00 \times 10^{-14}\,\text{mol}^2/\text{L}^2$ である。純水では
　　$[\text{H}^+] = [\text{OH}^-]$ なので，

　　$K_\text{w} = [\text{H}^+][\text{OH}^-]$ より，

　　　$1.00 \times 10^{-14} = [\text{H}^+]^2 \quad [\text{H}^+] = 1.00 \times 10^{-7}\,\text{mol/L}$

　　　$\text{pH} = -\log_{10}[\text{H}^+] = -\log_{10}(1.00 \times 10^{-7}) = \underline{7}$

注意　[A]の表記は，A のモル濃度の値という意味。

side
第1章　物質の状態

第1章　物質の状態　　7

f：特に指定がなければ，強酸の硫酸 H_2SO_4 は 2 段階目まで完全電離と考えて解く。

$$H_2SO_4 \longrightarrow 2H^+ + SO_4^{2-} \quad より，$$

$$[H^+] = 5.00 \times 10^{-4} \times 2 = 1.00 \times 10^{-3}\,mol/L$$

$$pH = -\log_{10}[H^+] = -\log_{10}(1.00 \times 10^{-3}) = \underline{3}$$

g：強塩基の NaOH も完全電離している。

$$NaOH \longrightarrow Na^+ + OH^- \quad より，$$

$$[OH^-] = 1.00 \times 10^{-3}\,mol/L$$

$$K_w = [H^+][OH^-] \quad より，$$

$$[H^+] = \frac{K_w}{[OH^-]} = \frac{1.00 \times 10^{-14}}{1.00 \times 10^{-3}} = 1.00 \times 10^{-11}\,mol/L$$

$$pH = -\log_{10}[H^+] = -\log_{10}(1.00 \times 10^{-11}) = \underline{11}$$

問 3　㋐　硫酸水素ナトリウム $NaHSO_4$ は，強酸(H_2SO_4)の H^+ が 1 個残った酸性塩である。水に溶けると Na^+ と HSO_4^- に電離するが，強酸由来の HSO_4^- はさらに

$$HSO_4^- \longrightarrow H^+ + SO_4^{2-}$$

のように電離して強酸性を示す。

一方，炭酸水素ナトリウム $NaHCO_3$ は，弱酸である炭酸 H_2CO_3 が H^+ を 1 個放出した炭酸水素イオン HCO_3^- をもつ。水に溶けると，まず Na^+ と HCO_3^- に電離する。弱酸由来の HCO_3^- はさらなる電離

$$HCO_3^- \rightleftharpoons H^+ + CO_3^{2-}$$

よりも，むしろ加水分解

$$HCO_3^- + H_2O \rightleftharpoons H_2CO_3 + OH^-$$

のほうをわずかに多く行うため，溶液は非常に弱い塩基性を示す。

なお，Na^+ は強塩基由来のイオンなので，加水分解を行わず，pH に影響しない。

㋑　酢酸 CH_3COOH は弱酸であり，水中で一部が電離し弱酸性を示す。

$$CH_3COOH \rightleftharpoons CH_3COO^- + H^+$$

一方，酢酸ナトリウム CH_3COONa は，弱酸と強塩基の中和で生じた正塩なので，水溶液は弱塩基性を示す。

つまり，Na^+ は pH に影響しないが，弱酸由来の CH_3COO^- は，一部が加水分解を行って OH^- を生じる。

$$CH_3COO^- + H_2O \rightleftharpoons CH_3COOH + OH^-$$

このように，

> **Point**　正塩の液性は，**元の酸，塩基のうち強いほうが影響を残す。**

と覚える。ただし，実際に液性に影響しているのは弱いほうの酸，塩基に由来するイオンである。

㋒　塩化アンモニウム NH_4Cl は，弱塩基のアンモニア NH_3 と強酸の塩化水素 HCl の中和で生じた正塩なので，水溶液は弱酸性を示す。NH_4^+ が加水分解を起こすためである。

$$NH_4^+ + H_2O \rightleftarrows NH_3 + H_3O^+$$

一方，酢酸アンモニウムは，弱塩基 NH_3 と弱酸 CH_3COOH の中和で生じた塩なので，少なくとも NH_4Cl ほど強い酸性は示さない。水溶液の pH は，ちょうど 7 ではないが，7 に近い。実際には，NH_4^+ と CH_3COO^- の加水分解がほぼ同量ずつ起こる。

　㋔　塩化ナトリウム $NaCl$ は，強塩基 $NaOH$ と強酸 HCl の中和で生じた正塩であり，Na^+，Cl^- とも加水分解を起こさないので，溶液はちょうど中性（pH＝7）になる。
　　一方，フェノールは弱酸なので，その水溶液は弱酸性を示す。

　㋕　強酸の HCl のほうが，弱酸のフェノールよりも強い酸性を示す。

問4　(1)　$H^+ + OH^- \longrightarrow H_2O$ の中和反応が起こるため，加えた H^+，OH^- のうち少ないほうが全部消費されると考える。加えた OH^- の物質量〔mol〕は，$NaOH$ と同量なので，

$$1.00 \times 10^{-3} \times \frac{30.0}{1000} = 3.00 \times 10^{-5} \text{ mol}$$

加えた H^+ の物質量は，H_2SO_4 の2倍量なので，

$$5.00 \times 10^{-4} \times \frac{10.0}{1000} \times 2 = 1.00 \times 10^{-5} \text{ mol}$$

H^+ のほうが少ない。残る OH^- の量は，

$$3.00 \times 10^{-5} - 1.00 \times 10^{-5} = 2.00 \times 10^{-5} \text{ mol}$$

その濃度は，溶液が計 40.0 mL になっているので，

$$[OH^-] = 2.00 \times 10^{-5} \text{ mol} \times \frac{1000}{40.0} / L = 5.00 \times 10^{-4} \text{ mol/L}$$

一方，H^+ は限りなく0に近いが，水の電離によりわずかに生じている。その濃度 $[H^+]$ は，水のイオン積の式 $K_w = [H^+][OH^-]$ より，

$$[H^+] = \frac{K_w}{[OH^-]} = \frac{1.00 \times 10^{-14}}{5.00 \times 10^{-4}} = 2.00 \times 10^{-11} \text{ mol/L}$$

$$pH = -\log_{10}[H^+] = -\log_{10}(2 \times 10^{-11})$$
$$= -\log_{10} 2 + 11 = \underline{10.7}$$

(2)　中和滴定の計算である。酸と塩基が過不足なく反応するときは，
$H^+ + OH^- \longrightarrow H_2O$ より，

Point　酸が出す H^+〔mol〕＝塩基が出す OH^-〔mol〕

である。H_2SO_4 は2価の酸（H^+ を2個ずつ出す），$NaOH$ は1価の塩基なので，

$$\underbrace{5.00 \times 10^{-4} \times \frac{1}{10}}_{\substack{10倍希釈後の \\ H_2SO_4〔mol/L〕}} \times \frac{25.0}{1000} L \times \underset{〔価〕}{2} = 1.00 \times 10^{-3} \text{ mol/L} \times \frac{V}{1000}〔L〕 \times \underset{〔価〕}{1}$$

$$\underbrace{\qquad\qquad\qquad\qquad}_{H_2SO_4 が出す H^+〔mol〕} \qquad \underbrace{\qquad\qquad\qquad\qquad}_{NaOH が出す OH^-〔mol〕}$$

$V = \underline{2.50 \text{ mL}}$

問1 コニカルビーカー中の溶質の物質量は変化しないから。(25字)

問2 シュウ酸：1.00×10^{-3} mol 水酸化ナトリウム：2.00×10^{-3} mol

問3 フェノールフタレイン **問4** 0.125 mol/L **問5** 7.00×10^{-2} mol/L

問6 4.20 g **問7** 密度：1.05 g/cm^3 質量パーセント濃度：4.00%

解説 **問1** 滴定値(反応量)は，コニカルビーカーにはかり取られた溶質の量で決まる。水が加わると濃度は薄まるが，溶質の物質量は変わらないので，滴定値は変わらない。

問2 シュウ酸の物質量：$0.0500 \text{ mol/L} \times \dfrac{20.0}{1000} \text{ L} = \underline{1.00 \times 10^{-3} \text{ mol}}$

水酸化ナトリウムの物質量：

シュウ酸が出す H^+〔mol〕＝水酸化ナトリウムが出す OH^-〔mol〕 より，

$$\underset{\substack{\text{シュウ酸} \\ }}{1.00 \times 10^{-3} \text{ mol}} \times \underset{\text{〔価〕}}{2} = \underset{\substack{\text{水酸化ナト} \\ \text{リウム}}}{x\text{〔mol〕}} \times \underset{\text{〔価〕}}{1} \qquad x = \underline{2.00 \times 10^{-3} \text{ mol}}$$

問3 酸性側では無色で，水酸化ナトリウムが余り出し塩基性になると，赤色に変化する指示薬はフェノールフタレインである。

中和点では，弱酸のシュウ酸と強塩基の水酸化ナトリウムから生じた正塩であるシュウ酸ナトリウムが加水分解を行い，溶液は弱塩基性を示す。フェノールフタレインは弱塩基性に変色域をもつため，中和点で変色が起こる。

問4 〔**実験1**〕で滴下した 16.0 mL 中に，**問2**で求めた 2.00×10^{-3} mol の水酸化ナトリウムが含まれているので，

$$2.00 \times 10^{-3} \text{ mol} \times \dfrac{1000}{16.0} \text{/L} = \underline{0.125 \text{ mol/L}}$$

問5 食酢中の酢酸(1価の酸)が出す H^+〔mol〕＝水酸化ナトリウムが出す OH^-〔mol〕より，10倍希釈後の酢酸濃度を y〔mol/L〕とおくと，

$$y\text{〔mol/L〕} \times \dfrac{20.0}{1000} \text{ L} \times \underset{\text{〔価〕}}{1} = 0.125 \text{ mol/L} \times \dfrac{11.2}{1000} \text{ L} \times \underset{\text{〔価〕}}{1} \qquad y = \underline{7.00 \times 10^{-2} \text{ mol/L}}$$

問6 10倍希釈前の酢酸のモル濃度は，$7.00 \times 10^{-2} \times 10 = 0.700$ mol/L なので，100 mL 中に含まれる酢酸 CH_3COOH の質量は，

$$0.700 \text{ mol/L} \times \dfrac{100}{1000} \text{ L} \times 60.0 \text{ g/mol} = \underline{4.20 \text{ g}}$$

問7 $\dfrac{21.0 \text{ g}}{20.0 \text{ cm}^3} = \underline{1.05 \text{ g/cm}^3}$

100 mL ＝ 100 cm^3 の食酢の質量は，

$$100 \text{ cm}^3 \times 1.05 \text{ g/cm}^3 = 105 \text{ g}$$

この中に 4.20 g の CH_3COOH が含まれるので，

$$\dfrac{\text{溶質〔g〕}}{\text{溶液〔g〕}} = \dfrac{4.20}{105} = \dfrac{z\text{〔%〕}}{100} \qquad z = \underline{4.00 \text{〔%〕}}$$

9 問1 ③ 問2 ⑤
問3 a：S b：H_2O c：SO_4^{2-} d：Mn^{2+} e：H^+
問4 (1) い：② ろ：⑥ (2) ④ (3) $1.60×10^{-2}\,mol/L$

解説 問2 各原子の**酸化数**は以下のとおり。

$\underset{+2\ +6\ -2}{Cu\ S\ O_4}$ ① $\underset{-3\ +1}{N\ H_3}$ ② $\underset{+1\ +3\ -2}{H\ N\ O_2}$ ③ $\underset{-3\ +1\ +5\ -2}{N\ H_4\ N\ O_3}$

④ $\underset{0}{O_3}$ ⑤ $\underset{+1\ +6\ -2}{K_2\ Cr_2\ O_7}$ ⑥ $\underset{+1\ +7\ -2}{K\ Mn\ O_4}$

問3 還元剤，酸化剤の**半反応式**（はたらきを示す e^- を含んだ反応式）から，それぞれのイオン反応式をつくると以下のとおり。

(i) 還元剤 　$(H_2S \longrightarrow S + 2H^+ + 2e^-)×2$
　　酸化剤 +) $SO_2 + 4H^+ + 4e^- \longrightarrow S + 2H_2O$
　　イオン反応式 　$SO_2 + 2H_2S \longrightarrow 3\underset{a}{S} + 2\underset{b}{H_2O}$

(ii) 還元剤 $(SO_2 + 2H_2O \longrightarrow SO_4^{2-} + 4H^+ + 2e^-)×5$
　　酸化剤 +)$(MnO_4^- + 8H^+ + 5e^- \longrightarrow Mn^{2+} + 4H_2O)×2$
　　イオン反応式 $5SO_2 + 2MnO_4^- + 2H_2O \longrightarrow 5\underset{c}{SO_4^{2-}} + 2\underset{d}{Mn^{2+}} + 4\underset{e}{H^+}$

問4 シュウ酸（還元剤）と，過マンガン酸カリウム（酸化剤）の反応式は以下のとおり。

　　還元剤 $(H_2C_2O_4 \longrightarrow 2CO_2 + 2H^+ + 2e^-)×5$ ……Ⓐ

　　酸化剤 +)$(MnO_4^- + 8H^+ + 5e^- \longrightarrow Mn^{2+} + 4H_2O)×2$ ……Ⓑ
　　イオン反応式 $2MnO_4^- + 5H_2C_2O_4 + 6H^+ \longrightarrow 2Mn^{2+} + 10CO_2 + 8H_2O$

さらに，左辺のイオン（$2MnO_4^-$，$6H^+$）を生じる式

　　$2KMnO_4 \longrightarrow 2K^+ + 2MnO_4^-$
　　$3H_2SO_4 \longrightarrow 6H^+ + 3SO_4^{2-}$

を辺々足すと，

化学反応式 $2KMnO_4 + 5H_2C_2O_4 + 3H_2SO_4$
　　　　$\longrightarrow 2MnSO_4 + K_2SO_4 + 10CO_2 + 8H_2O$ ……Ⓒ

(2) $KMnO_4$ と $H_2C_2O_4$ の反応 mol 比は，上式（Ⓒ式）の係数比 $2:5$ に等しい。

(3) 上記半反応式（Ⓐ，Ⓑ式）より，シュウ酸は2価の還元剤（e^- を2個ずつ出す），過マンガン酸カリウムは5価の酸化剤（e^- を5個ずつ奪う）なので，

　　$H_2C_2O_4$ が出す e^- 〔mol〕 ＝ $KMnO_4$ が奪う e^- 〔mol〕 より，

$$\underbrace{\frac{0.756}{126}\,mol × \frac{1000}{100.0}\,/L}_{シュウ酸〔mol/L〕} × \frac{10.0}{1000}\,L × \underset{〔価〕}{2} = x〔mol/L〕 × \frac{15.0}{1000}\,L × \underset{〔価〕}{5}$$

　　$x = 1.60×10^{-2}\,mol/L$

　　シュウ酸水溶液は，100.0 mL 中 10.0 mL をはかりとっていることに注意する。

10 問1 $SO_2 + 2H_2O \longrightarrow SO_4^{2-} + 4H^+ + 2e^-$

問2 7.0×10^{-3} mol 　問3 　ⓑ 　問4 　1.6×10^{-2} mol/L

解説 問2 ヨウ素 I_2 は，以下のように2倍モルの電子 e^- を奪う（2価の酸化剤）。

$$I_2 + 2e^- \longrightarrow 2I^-$$

二酸化硫黄 SO_2 は，問1の式より2倍モルの e^- を出す。

チオ硫酸ナトリウム $Na_2S_2O_3$ は，式1より同モルの e^- を出すとわかる（2価の I_2 と1:2で反応するため）。

実験1での還元剤が出す e^-，酸化剤が奪う e^- の量は，右のように整理できる。

SO_2 が出す e^-〔mol〕 + $Na_2S_2O_3$ が出す e^-〔mol〕

　　　　 = I_2 が奪う e^-〔mol〕　より，

SO_2 の物質量を x〔mol〕とおくと，

$$\underbrace{x\,〔\text{mol}〕}_{SO_2〔\text{mol}〕} \times \underbrace{2}_{〔価〕} + \underbrace{0.080\,\text{mol/L} \times \frac{25}{1000}\,\text{L}}_{Na_2S_2O_3〔\text{mol}〕} \times \underbrace{1}_{〔価〕}$$

$$= \underbrace{0.080\,\text{mol/L} \times \frac{100}{1000}\,\text{L}}_{I_2〔\text{mol}〕} \times \underbrace{2}_{〔価〕} \qquad x = \underline{7.0 \times 10^{-3}\,\text{mol}}$$

```
                    ⟶出入 e⁻〔mol〕
        ┌──────────┐
        │   SO₂    │（還元剤）
        └──────────┘
        ┌──────────┐
        │   I₂     │（酸化剤）
        └──────────┘
        ┌──────────┐
        │ Na₂S₂O₃  │（還元剤）
        └──────────┘
```

問3 反応終了時に I_2 がなくなると，ヨウ素デンプン反応の発色が消える。

問4 実験2では，H_2O_2 は酸化剤としてはたらき，加えた I^- の一部を酸化して I_2 にする。

$$H_2O_2 + 2I^- + 2H^+ \longrightarrow 2H_2O + I_2 \quad \cdots①$$

この I_2 を $Na_2S_2O_3$ で滴定する。

$$I_2 + 2S_2O_3^{2-} \longrightarrow 2I^- + S_4O_6^{2-} \quad\quad \cdots②$$

①+②より，$H_2O_2 + 2H^+ + 2S_2O_3^{2-} \longrightarrow 2H_2O + S_4O_6^{2-}$

いったん生じた I_2 は全部 I^- に戻るから，

H_2O_2 が奪う e^-〔mol〕= $Na_2S_2O_3$ が出す e^-〔mol〕　と考えればよいことになる。

H_2O_2 は2価の酸化剤だから，過酸化水素（H_2O_2）水の濃度を y〔mol/L〕とおくと，

$$\underbrace{y〔\text{mol/L}〕 \times \frac{50}{1000}\,\text{L}}_{H_2O_2〔\text{mol}〕} \times \underbrace{2}_{〔価〕} = \underbrace{0.080\,\text{mol/L} \times \frac{20}{1000}\,\text{L}}_{Na_2S_2O_3〔\text{mol}〕} \times \underbrace{1}_{〔価〕}$$

$$y = \underline{1.6 \times 10^{-2}\,\text{mol/L}}$$

2 気体

11 (i) ② (ii) ③ (iii) ⑤

[解説] 物質の状態(固体, 液体, 気体)は, **温度と圧力で決まる**。この関係を表したのが状態図である。右の図のように, 状態図は, **蒸気圧曲線, 昇華圧曲線, 融解曲線**からなり, これらはそれぞれ**液体 — 気体, 固体 — 気体, 固体 — 液体の境界線**に相当する。温度や圧力を変化させてこの境界線を越えるとき, 状態変

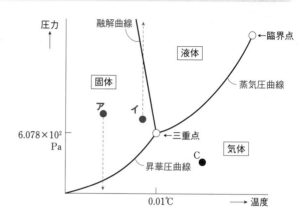

化が起こる。境界線上の温度, 圧力にすると, 2つの状態が共存する。三重点では**固体, 液体, 気体の3つの状態が共存**する。

(i) 上図点アから圧力を下げると, 昇華圧曲線のところで**昇華が起こる**。誤り。

(ii) 三重点以上の圧力ならば, 温度しだいで**液体の水は存在できる**。正しい。

(iii) 上図点イから圧力を増加させていくと, 融解曲線を越えて**液体になる**。正しい。

なお, 水の融解曲線の傾きは負だが, 二酸化炭素など通常の物質の場合は正の傾きになる。

---

12 1 : ⑦ 2 : ⑨ 3 : $\dfrac{T_3 - T_2}{3(T_2 - T_1)}$

[解説] 純物質の固体を圧力一定で加熱すると, 一定温度で融解や沸騰が起こる。したがって, 図の水平部分で融解, 沸騰が進行する。

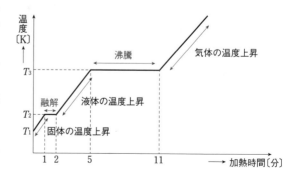

1, 2 : 1.0 g の物質Aに毎分 Q〔kJ〕の熱量を$(2-1)$分間加えているので, 1 mol の物質Aを融解させるのに必要な熱量は,

$$\underset{\substack{\text{1.0 g に加えた}\\\text{熱量〔kJ〕}}}{(2-1)Q} \times M = \underline{QM\,〔\text{kJ/mol}〕}_{1}$$

同じく 1 mol の物質 A を沸騰(蒸発)させるのに必要な熱量は，

$$(11-5) \, Q \times M = 6QM \, (kJ/mol)_2$$

3：定数の単位は，公式そのものである。両辺の単位が合うように公式をつくる。

固体 A の比熱を $C_s (J/(g \cdot K))$ とおくと，1 g の固体 A の温度を $T_1 (K)$ から $T_2 (K)$ に上昇させるのに 1 分間かかっているから，

$$C_s (J/(g \cdot K)) = \frac{Q \times 10^3 (J)}{1 \, g \times (T_2 - T_1) (K)} = \frac{Q \times 10^3}{T_2 - T_1} (J/(g \cdot K))$$

同様に，液体 A の比熱を $C_l (J/(g \cdot K))$ とおくと，1 g の液体 A の温度を $T_2 (K)$ から $T_3 (K)$ に上昇させるのに $5-2=3$ 分間かかっているから，

$$C_l (J/(g \cdot K)) = \frac{3Q \times 10^3 (J)}{1 \, g \times (T_3 - T_2) (K)} = \frac{3Q \times 10^3}{T_3 - T_2} (J/(g \cdot K))$$

両者の比は，

$$\frac{C_s}{C_l} = \frac{Q \times 10^3 / (T_2 - T_1)}{3Q \times 10^3 / (T_3 - T_2)} = \frac{T_3 - T_2}{3(T_2 - T_1)}$$

---

13 問1　$1.3 \, g/L$　　**問2**　$7.0 \times 10^4 \, Pa$　　**問3**　$2.2 \times 10^5 \, Pa$
問4　$1.7 \times 10^5 \, Pa$

解説 問1　はじめの A 中 CO
と B 中 O_2 の数値は右のとお
り。気体の密度を $d (g/L)$ と
おくと，

$$PV = \frac{w}{M} RT$$

$$\Leftrightarrow PM = \frac{w(g)}{V(L)} RT$$

$$\Leftrightarrow PM = dRT$$

O_2 について，

$$1.0 \times 10^5 \times 32$$

$$= d \times 8.3 \times 10^3 \times 300 \qquad d = \underline{1.28 \, g/L}$$

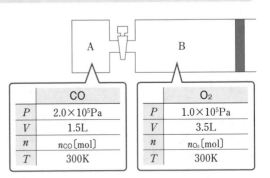

問2　混合後の CO，O_2 の数値は右のとおり。
　　O_2 について，問1の混合前と比べると，
n，T 一定である。$PV = nRT$　より，

$$R = \frac{P_1 V_1}{n_1 T_1} = \frac{P_2 V_2}{n_2 T_2}$$

混合前　混合後

$n_1 = n_2$，$T_1 = T_2$ だと，

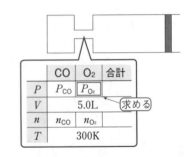

$$P_1V_1 = P_2V_2$$
混合前　混合後

ボイルの法則で求められることがわかる。

$$1.0 \times 10^5 \times 3.5 = P_{O_2} \times 5.0 \qquad P_{O_2} = \underline{7.0 \times 10^4 \, Pa}$$

問3 ピストンを押した後の CO, O_2 の数値は右のとおり。

各分圧を求める。**問1**の混合前と比べると, n, T 一定なので, $P_1V_1 = P_2V_2$ より,

$$2.0 \times 10^5 \times 1.5 = P_{CO}' \times 3.0$$
$$P_{CO}' = 1.0 \times 10^5 \, Pa$$
$$1.0 \times 10^5 \times 3.5 = P_{O_2}' \times 3.0$$
$$P_{O_2}' = 1.16 \times 10^5 \, Pa$$
$$P = P_{CO}' + P_{O_2}' = (1.0 + 1.16) \times 10^5$$
$$= \underline{2.16 \times 10^5 \, Pa}$$

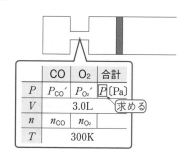

	CO	O_2	合計
P	P_{CO}'	P_{O_2}'	P〔Pa〕
V		3.0L	
n	n_{CO}	n_{O_2}	
T		300K	

問4 反応量に関する計算問題なので, 反応式の下に物質量, またはそれに比例する数値を整理する。反応前後で V, T 一定なので,

$$R = \frac{P_1 V_1}{n_1 T_1} = \frac{P_2 V_2}{n_2 T_2} \Rightarrow \frac{P_1}{n_1} = \frac{P_2}{n_2}$$

この場合, 圧力が物質量に比例するとわかる。

そこで, 反応式の下に分圧を直接整理する。

	2CO	+	O_2	$\longrightarrow$	2CO$_2$	合計
はじめ	1.0×10^5		1.16×10^5		0	$2.16 \times 10^5 \, Pa$
増減	-1.0×10^5		-0.5×10^5		$+1.0 \times 10^5$	
反応後	0		0.66×10^5		1.0×10^5	$\underline{1.66 \times 10^5 \, Pa}$

---

14 問1　③　　問2　$3.2 \times 10^3 \, Pa$
問3　$C_6H_{12} + 9O_2 \longrightarrow 6CO_2 + 6H_2O$
問4　$4.8 \times 10^3 \, Pa$　　問5　$3.4 \times 10^3 \, Pa$

解説 問1　X は, 容器 A 中で 400 K に加熱されたとき全部気体になったので,

$$PV = \frac{w}{M} RT \quad \text{より,}$$

$$9.60 \times 10^3 \times 1.0 = \frac{0.243}{M} \times 8.3 \times 10^3 \times 400 \qquad M = 84.0$$

この分子量に合う分子式は, ③の C_6H_{12} である。なお, 分子量 84 の炭化水素(C と H を含む)かつ飽和の H 原子数を超えない分子式は, C_6H_{12} 以外に考えられない。

問2 操作1~3の数値を表に整理する。

操作1

	A中X	B中Ar	C中O_2
P			8.40×10^4 Pa
V	1.0 L	2.0 L	1.0 L
n		n_{Ar}〔mol〕	n_{O_2}〔mol〕
T	300 K	300 K	300 K

昇温

操作2　A，B

	A中X	B中Ar
P	9.60×10^3 Pa	
V	1.0 L	2.0 L
n	n_X〔mol〕	n_{Ar}〔mol〕
T	400 K	400 K

コックD開

操作3　A，B

	X	Ar	合計
P	P_X〔Pa〕	P_{Ar}〔Pa〕	1.92×10^4 Pa
V		3.0 L	
n	n_X〔mol〕	n_{Ar}〔mol〕	
T		400 K	

　上記 P_X を算出すればよい。**操作2**のXと，**操作3**のXを比べると，n，T 一定なので，

$$\frac{P_1 V_1}{\cancel{n_1} \cancel{T_1}} = \frac{P_2 V_2}{\cancel{n_2} \cancel{T_2}} \Rightarrow P_1 V_1 = P_2 V_2$$

ボイルの法則で解けることがわかる。

$$9.60 \times 10^3 \times 1.0 = P_X \times 3.0 \qquad P_X = \underline{3.2 \times 10^3 \text{ Pa}}$$

これにより，**操作3**の後の Ar 分圧 P_{Ar} は，

$$1.92 \times 10^4 - 3.2 \times 10^3 = \underline{1.6 \times 10^4 \text{ Pa}} \quad \text{と求められる。}$$

問4　まず**操作4**の反応前（127℃）の状況を整理する。

	X	Ar	O_2
P	$P_X{}'$〔Pa〕	$P_{Ar}{}'$〔Pa〕	P_{O_2}〔Pa〕
V		4.0 L	
n	n_X〔mol〕	n_{Ar}〔mol〕	n_{O_2}〔mol〕
T		400 K	

　$P_X{}'$，$P_{Ar}{}'$ を求める。**操作3**と比べると，n，T 一定だから，**ボイルの法則**より，

$$3.2 \times 10^3 \times 3.0 = P_X{}' \times 4.0 \qquad P_X{}' = \underline{2.4 \times 10^3 \text{ Pa}}$$
$$1.6 \times 10^4 \times 3.0 = P_{Ar}{}' \times 4.0 \qquad P_{Ar}{}' = \underline{1.2 \times 10^4 \text{ Pa}}$$

次に P_{O_2} を求める。**操作1**の O_2 と比べると，n は一定なので，

$$\frac{P_1 V_1}{\cancel{n_1} T_1} = \frac{P_2 V_2}{\cancel{n_2} T_2} \Rightarrow \frac{P_1 V_1}{T_1} = \frac{P_2 V_2}{T_2}$$

ボイル・シャルルの法則で解ける。

$$\frac{8.4 \times 10^4 \times 1.0}{300} = \frac{P_{O_2} \times 4.0}{400} \qquad P_{O_2} = \underline{2.8 \times 10^4 \text{ Pa}}$$

反応生成量を整理する。仮に反応後も127℃であるとすると，反応前後で V，T 一

定だから，分圧を反応式の下に整理できる。

$$C_6H_{12} \quad + \quad 9O_2 \quad \longrightarrow \quad 6CO_2 \quad + \quad 6H_2O \quad \text{(127℃)}$$

	C_6H_{12}	$9O_2$	$6CO_2$	$6H_2O$
はじめ	2.4×10^3	2.8×10^4	0	0
増減	-2.4×10^3	-2.16×10^4	$+1.44 \times 10^4$	$+1.44 \times 10^4$
反応後	0	6.4×10^3	1.44×10^4	1.44×10^4 単位：Pa

⬇

操作4 反応後127℃のとき

	O_2	CO_2	H_2O	Ar
P	6.4×10^3 Pa	1.44×10^4 Pa	1.44×10^4 Pa	1.2×10^4 Pa
V	4.0 L			
n	$n_{O_2}{}'$〔mol〕	n_{CO_2}〔mol〕	n_{H_2O}〔mol〕	n_{Ar}〔mol〕
T	400 K			

反応に無関係な Ar を忘れないようにする。

これを 300 K に冷却すれば，**操作4** の終了時の状態になる。このとき，H_2O は一部凝縮する。

操作4 反応後27℃に冷却

	O_2	CO_2	H_2O	Ar	合計
P	$P_{O_2}{}'$〔Pa〕	P_{CO_2}〔Pa〕	P_{H_2O}〔Pa〕	$P_{Ar}{}''$〔Pa〕	2.80×10^4 Pa
V	4.0 L				
n	$n_{O_2}{}'$〔mol〕	n_{CO_2}〔mol〕	一部凝縮	n_{Ar}〔mol〕	
T	300 K				

冷却前と比べると，H_2O 以外は n，V 一定なので，

$$\frac{P_1 \cancel{V_1}}{\cancel{n_1} T_1} = \frac{P_2 \cancel{V_2}}{\cancel{n_2} T_2} \Rightarrow \frac{P_1}{T_1} = \frac{P_2}{T_2}$$

絶対温度と圧力が比例することがわかる。

$$O_2 : \frac{6.4 \times 10^3}{400} = \frac{P_{O_2}{}'}{300} \qquad P_{O_2}{}' = \underline{4.8 \times 10^3 \text{ Pa}}$$

$$CO_2 : \frac{1.44 \times 10^4}{400} = \frac{P_{CO_2}}{300} \qquad P_{CO_2} = \underline{1.08 \times 10^4 \text{ Pa}}$$

$$Ar : \frac{1.2 \times 10^4}{400} = \frac{P_{Ar}{}''}{300} \qquad P_{Ar}{}'' = \underline{9.0 \times 10^3 \text{ Pa}}$$

問5 分圧の和＝全圧 より，

$$4.8 \times 10^3 + 1.08 \times 10^4 + P_{H_2O} + 9.0 \times 10^3 = 2.80 \times 10^4 \qquad P_{H_2O} = \underline{3.4 \times 10^3 \text{ Pa}}$$

H_2O は，全部気体のままだったとしたら，CO_2 と同じく 1.08×10^4 Pa の分圧となるはずだが，このうち 7.4×10^3 Pa 分が凝縮し，3.4×10^3 Pa 分が気体のまま残っている。この 3.4×10^3 Pa を飽和蒸気圧といい，飽和蒸気圧を超える分が凝縮する。

15 問1　A

　問2　A　　理由：液体が共存しているときは，気体の圧力は飽和蒸気圧を示す。
25℃で最も飽和蒸気圧が高いのは A だから。

　問3　$4.0×10^4$ Pa　　計算過程：C が全部気体になると仮定して圧力 P を求めると，

　　　　$P×1.0=0.020×8.3×10^3×350$　　　$P=5.81×10^4$ Pa

　　　この値は C の飽和蒸気圧の値を超えているため，実際には気液平衡状態と
なり，C は飽和蒸気圧を示す。

解説　問1　沸点とは，**飽和蒸気圧が外圧と等しくなり，液体の中からも気体が発生し
だす温度**である。$1.0×10^5$ Pa における沸点は，図より，A が約37℃，B が約78℃，
C が約100℃である。

問2

> **Point**　飽和蒸気圧とは**蒸気の限界圧力**であり，これを超える量の蒸気を容器
> に入れると，超えた分は凝縮する。

　容器内で液体が生じているとき，その蒸気の圧力は飽和蒸気圧になっている。

　図より，25℃の飽和蒸気圧は，A が $7×10^4$ Pa 弱，B が $1×10^4$ Pa 弱，C は B 以下
であり，A が最も高圧である。

問3　蒸気とは，**凝縮しうる気体**である。

> **Point**　一部凝縮していれば，蒸気の圧力は飽和蒸気圧を示す。
> 　一方，全部気体であれば，蒸気の圧力は飽和蒸気圧以下である。

　そこで，最初にこの 2 つのうちのどちらの状態をとるのかを確定する必要がある。
このため，容器に入れた物質が全部気体になると仮定して圧力を算出し，これを飽和
蒸気圧と比べてみる。あとは解答に示したとおりに考える。

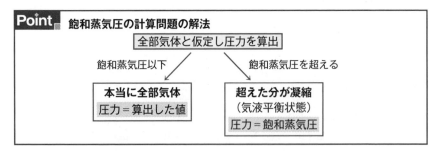

Point　飽和蒸気圧の計算問題の解法

16 問1　②　　問2　⑤　　問3　④　　問4　⑤

解説　問1　前問 15 に示した **Point** **飽和蒸気圧の計算問題の解法**どおり，ジエチル
エーテルが全部気体になると仮定して圧力を算出する。300 K での圧力の値 p_{300} は状
態方程式より，

$$p_{300} \times 8.31 = 5.00 \times 10^{-2} \times 8.31 \times 10^3 \times 300 \qquad p_{300} = 1.50 \times 10^4 \text{ Pa}$$

240 K での圧力の値 p_{240} を算出する。全部気体とすると，次表に示すとおり，300 K と比べて n, v 一定だから，

$$\frac{p_1 v_1}{n_1 T_1} = \frac{p_2 v_2}{n_2 T_2} \Rightarrow \frac{p_1}{T_1} = \frac{p_2}{T_2} \quad \text{より,} \quad \frac{p_{240}}{240} = \frac{1.50 \times 10^4}{300} \qquad p_{240} = 1.20 \times 10^4 \text{ Pa}$$

全部気体と仮定したときの値

	240 K		300 K
p	$p_{240} = 1.20 \times 10^4$ Pa	p	$p_{300} = 1.50 \times 10^4$ Pa
v	8.31 L	v	8.31 L
n	5.00×10^{-2} mol	n	5.00×10^{-2} mol
T	240 K	T	300 K

全部気体と仮定すれば，圧力 p は絶対温度 T に比例して変化する。一方，飽和蒸気圧は，蒸気圧曲線に沿って指数関数的に変化する。冷却していくと，両者の交点で凝縮が始まる。

次の図より，凝縮開始点である交点は約 260 K とわかる。この場合，グラフを描くまでもなく，飽和蒸気圧が 1.20×10^4 Pa と 1.50×10^4 Pa の間になる温度を選んで答えとしてもよい。

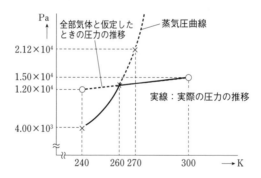

問2　240 K で全部気体と仮定したときと，実際に一部凝縮したときとを比べる。はじめのジエチルエーテルのうち，凝縮したものの割合を x とおくと，

	全部気体と仮定		実際
p	1.20×10^4 Pa	p	4.00×10^3 Pa（飽和蒸気圧）
v	8.31 L	v	8.31 L
n	5.00×10^{-2} mol	n	$5.00 \times 10^{-2}(1-x)$ 〔mol〕
T	240 K	T	240 K

両者を比べると，v, T 一定だから，「圧力比＝mol 比」で解ける。

$$\frac{p_1 v_1}{n_1 T_1} = \frac{p_2 v_2}{n_2 T_2} \Rightarrow \frac{p_1}{n_1} = \frac{p_2}{n_2} \quad \text{より,}$$

$$\frac{1.20 \times 10^4}{5.00 \times 10^{-2}} = \frac{4.00 \times 10^3}{5.00 \times 10^{-2}(1-x)} \qquad x = 0.666 \underline{(66.6\%)}$$

問3 求める点を A 点と比べる。両方とも飽和状態かつ全部気体の状態だから，圧力は飽和蒸気圧，気体の量は最初に入れた 5.00×10^{-2} mol である。

	A 点
p	p_A[Pa]
v	$v_A = 8.31$ L
n	5.00×10^{-2} mol
T	$T_A = 260$ K

	求める点
p	p_B[Pa]
v	v[L]
n	5.00×10^{-2} mol
T	T_B[K]

n 一定なので，**ボイル・シャルルの法則**が使える。

$$\frac{p_1 v_1}{n_1 T_1} = \frac{p_2 v_2}{n_2 T_2} \ \Rightarrow \ \frac{p_1 v_1}{T_1} = \frac{p_2 v_2}{T_2} \ \text{より，}$$

$$\frac{p_A v_A}{T_A} = \frac{p_B v}{T_B} \ \Leftrightarrow \ v = \frac{T_B p_A}{T_A p_B} v_A$$

問4 飽和蒸気圧は温度によって変わるが，体積や物質の量には関係ない。温度が T_A（$= 260$）[K]だから，ジエチルエーテルの量によらず飽和蒸気圧は p_A[Pa]である。

凝縮開始点では，飽和かつ全部気体である。問3の凝縮開始点 A 点と比べると，

	問3の A 点
p	p_A[Pa]
v	$v_A = 8.31$ L
n	5.00×10^{-2} mol
T	T_A[K]

	問4 凝縮開始点
p	p_A[Pa]
v	v[L]
n	0.100 mol
T	T_A[K]

T，p 一定だから，

$$\frac{p_1 v_1}{n_1 T_1} = \frac{p_2 v_2}{n_2 T_2} \ \Rightarrow \ \frac{v_1}{n_1} = \frac{v_2}{n_2}$$

より，「体積比 = mol 比」で解ける。

$$\frac{v_A}{5.00 \times 10^{-2}} = \frac{v}{0.100} \qquad v = \underline{2v_A}$$

なお，図は，温度一定で圧縮していったときの圧力の推移を表している。

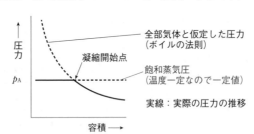

17 問1 1.25倍　　問2 0.400倍　　問3 0.250倍　　問4 0.625倍

解説 問1　反応前後の量関係についての問題なので，反応式の下に物質量〔mol〕を整理してから考える。

$$A \longrightarrow B + C \mid 合計$$

	A	→	B	+	C	合計
はじめ	n_0		0		0	n_0
反応後	$0.750n_0$		$0.250n_0$		$0.250n_0$	$1.25n_0$　単位：mol

気体全体の数値を反応前後で比較すると，

	P	V	n	T
反応前	P_1	V_1	n_0	T_1

	P	V	n	T
反応後	xP_1	V_1	$1.25n_0$	T_1

Point 反応前後で V，T 一定のときは，「圧力比＝mol比」が成り立つ。

$$\frac{P_1 \cancel{V_1}}{n_1 \cancel{T_1}} = \frac{P_2 \cancel{V_2}}{n_2 \cancel{T_2}} \Rightarrow \frac{P_1}{n_1} = \frac{P_2}{n_2}$$

$$\frac{P_1}{n_0} = \frac{xP_1}{1.25n_0} \qquad x = 1.25 \qquad \underline{1.25 倍}$$

問2　再度物質量を反応式の下に整理する。

	A	→	B	+	C	合計
はじめ	n_0		0		0	n_0
反応後	$n_0(1-\alpha)$		$n_0\alpha$		$n_0\alpha$	$n_0(1+\alpha)$　単位：mol

気体全体の数値を反応前後で比較すると，

	P	V	n	T
反応前	P_2	V_0	n_0	T_2

	P	V	n	T
反応後	P_2	$1.60V_0$	$n_0(1+\alpha)$	T_2

Point 反応前後で P，T 一定のときは，「体積比＝mol比」が成り立つ。

$$\frac{\cancel{P_1} V_1}{n_1 \cancel{T_1}} = \frac{\cancel{P_2} V_2}{n_2 \cancel{T_2}} \Rightarrow \frac{V_1}{n_1} = \frac{V_2}{n_2}$$

$$\frac{V_0}{n_0} = \frac{1.60V_0}{n_0(1+\alpha)} \qquad \alpha = 0.600 \qquad A の物質量は，1 - 0.600 = \underline{0.400}〔倍〕$$

問3　問2で整理した値からモル濃度を算出して比べると，

$$\underbrace{\frac{n_0〔\mathrm{mol}〕}{V_0〔\mathrm{L}〕}}_{\substack{反応前のAの \\ モル濃度〔mol/L〕}} \times x = \underbrace{\frac{n_0 \times 0.400〔\mathrm{mol}〕}{1.60V_0〔\mathrm{L}〕}}_{\substack{反応後のAの \\ モル濃度〔mol/L〕}} \qquad x = \underline{0.250}〔倍〕$$

問4　ここでは凝縮は起こらないので，**質量保存の法則**より，反応前後で気体の総質量は変わらない。総質量を w〔g〕とおくと，

$$\underbrace{\frac{w〔\mathrm{g}〕}{V_0〔\mathrm{L}〕}}_{\substack{反応前の \\ 気体の密度〔g/L〕}} \times y = \underbrace{\frac{w〔\mathrm{g}〕}{1.60V_0〔\mathrm{L}〕}}_{\substack{反応後の \\ 気体全体の密度〔g/L〕}} \qquad y = \underline{0.625}〔倍〕$$

第1章 物質の状態

18 **問1** 1.0 L **解法**：アセトンが全部気体と仮定し，A室の体積を V_A〔L〕とおくと，A室とB室で T, P 一定だから，

$$\frac{V}{n} = \frac{V_A}{2.00 \times 10^{-2}} = \frac{4.00 - V_A}{(1.00 + 3.00) \times 10^{-2}} \qquad V_A = \frac{4}{3} \text{ L}$$

アセトンの圧力 P_A〔Pa〕を求めると，

$$P_A \times \frac{4}{3} = 2.00 \times 10^{-2} \times 8.31 \times 10^3 \times 300 \qquad P_A = 3.73 \times 10^4 \text{ Pa}$$

これは27℃の飽和蒸気圧 3.33×10^4 Pa を超えるので，アセトンは一部凝縮し飽和蒸気圧を示す。B室もこの圧力になるから，体積を V_B〔L〕とおくと，

$$3.33 \times 10^4 \times V_B = (1.00 + 3.00) \times 10^{-2} \times 8.31 \times 10^3 \times 300$$

$$V_B = 2.99 \text{ L} \qquad V_A = 4.00 - 2.99 = 1.01 \fallingdotseq 1.0 \text{ L}$$

問2 32% **解法**：アセトンのうち，凝縮したものの割合を x とおくと，A室とB室で T, P 一定なので，

$$\frac{V}{n} = \frac{4.00 - 2.99}{2.00 \times 10^{-2}(1-x)} = \frac{2.99}{(1.00 + 3.00) \times 10^{-2}} \qquad x = 0.324$$

$$0.324 \times 100 = 32.4 \fallingdotseq 32\%$$

問3 3.0 L **解法**：アセトンが全部気体と仮定し，A室の圧力，体積を $P_A{}'$〔Pa〕，$V_A{}'$〔L〕とおくと，A室とB+C室で T, P 一定だから，

$$\frac{V}{n} = \frac{V_A{}'}{2.00 \times 10^{-2}} = \frac{4.00 + 2.00 - V_A{}'}{(1.00 + 3.00 + 6.00) \times 10^{-2}} \qquad V_A{}' = 1.00 \text{ L}$$

問1の全部気体の状態と比べると，n 一定なので，

$$\frac{PV}{T} = \frac{3.73 \times 10^4 \times \frac{4}{3}}{300} = \frac{P_A{}' \times 1.00}{320} \qquad P_A{}' = 5.30 \times 10^4 \text{ Pa}$$

この値は47℃の飽和蒸気圧 7.30×10^4 Pa 以下なので，アセトンは実際に全部気体で存在する。よって，Bの体積は，

$$4.00 - 1.00 = 3.0 \text{ L}$$

問4 5.2×10^4 Pa **解法**：反応生成量を整理すると，

$$\text{CH}_4 \quad + \quad 2\text{O}_2 \quad \longrightarrow \quad \text{CO}_2 \quad + \quad 2\text{H}_2\text{O}$$

はじめ 4.00×10^{-3}　　1.20×10^{-2}　　　　 0　　　　　　 0

反応後　　 0　　　　　 4.00×10^{-3}　　4.00×10^{-3}　　8.00×10^{-3}　　単位：mol

ほかに N_2　2.40×10^{-2} mol

H_2O について，全部気体と仮定した圧力を P_{H_2O}〔Pa〕とすると，反応前後で T, V 一定であり，反応前の気体の全量は 4.00×10^{-2} mol，圧力はA室と同じ 5.30×10^4 Pa だから，

$$\frac{P}{n} = \frac{5.30 \times 10^4}{4.00 \times 10^{-2}} = \frac{P_{H_2O}}{8.00 \times 10^{-3}} \qquad P_{H_2O} = 1.06 \times 10^4 \text{ Pa}$$

この値は47℃の H_2O の飽和蒸気圧 9.60×10^3 Pa を上回るので，実際の H_2O の分圧は 9.60×10^3 Pa である。

ほかの気体の分圧の合計を P〔Pa〕とおくと，

$$\frac{P}{n} = \frac{5.30 \times 10^4}{4.00 \times 10^{-2}} = \frac{P}{3.20 \times 10^{-2}} \qquad P = 4.24 \times 10^4 \text{ Pa}$$

したがって，全圧は，$4.24 \times 10^4 + 9.60 \times 10^3 = 5.2 \times 10^4$ Pa

解説 問1〜3は，ピストンの左右で温度 T，圧力 P が同じであることから，「体積比 ＝mol 比」を使うことができる。

$$R = \frac{P_1 V_1}{n_1 T_1} = \frac{P_2 V_2}{n_2 T_2} \;\Rightarrow\; \frac{V_1}{n_1} = \frac{V_2}{n_2}$$

一方，**問4** の反応前と後では，温度 T，体積 V が同じなので，「圧力比＝mol 比」を使うことができる。

$$R = \frac{P_1 V_1}{n_1 T_1} = \frac{P_2 V_2}{n_2 T_2} \;\Rightarrow\; \frac{P_1}{n_1} = \frac{P_2}{n_2}$$

この2つの解法を使い分けることがこの問題を解くポイントである。

なお，**操作2** では，C室(2.00 L)で反応を行うため，各々の気体の物質量は，コックを閉める前(3.00＋2.00＝5.00 L)の $\frac{2.00}{5.00} = 0.400$ 倍になっている。

---

19 ⓐ，ⓑ，ⓔ

解説 理想気体は**分子自身に体積がなく，分子間に引力や反発力がはたらかない**。質量はある。気体の状態方程式に厳密に従う仮想的な気体である。

一方，**実在気体**(現実に存在する気体)には，**分子自身に体積があり，分子間力がはたらくため液体や固体に状態変化しうる**。これらの影響は，体積が大きくなったり，分子の熱運動が活発になると，無視できるようになるため，実在気体は，高温・低圧の下では理想気体に近づく。

---

20 **問1** 分子自身の体積の影響により，同条件の理想気体よりも大きな体積を占めるようになるため。(42字)

問2 分子間力の影響により，同条件の理想気体よりも小さな体積を占めるようになるため。(39字)

解説 図の縦軸の数値 $\dfrac{PV}{nRT}$ は，理想気体であれば1となるが，

$PV = nRT$ が厳密に成り立たない実在気体では，1からずれてくる。

理想気体と同じ圧力 P，物質量 n，温度 T としたとき，理想気体よりも大きな体積を占めるのであれば，

V が大きくなる分 $\dfrac{PV}{nRT}$ 値も大きくなる。これは，分子自身の体積の影響による。

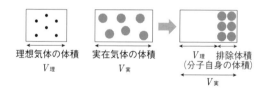

理想気体の体積 $V_{理}$ ／ 実在気体の体積 $V_{実}$ ／ $V_{理}$ 排除体積(分子自身の体積) $V_{実}$

一方，理想気体と同じ圧力 P，物質量 n，温度 T としたとき，理想気体よりも小さな体積を占めるのであれば，

V が小さくなる分 $\dfrac{PV}{nRT}$ 値も小さくなる。これは，分子間力の影響による。

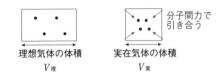

理想気体の体積
$V_{理}$

分子間力で引き合う

実在気体の体積
$V_{実}$

　低圧では，気体の体積は増大する。すると，排除体積（分子自身の体積）の影響は減少する。また，分子間の距離が増すため分子間力も小さくなり，理想気体に近づく。一方，温度を高くしても気体は膨張し，また分子運動が激しくなるため，理想気体に近づく。

このため，$\dfrac{PV}{nRT}$ 値は低圧や高温で1に近づく。

3 溶液

21 (1) 1：4.3 2：0.26 3：0.25 (2) 4：17 5：74（または73）
(3) 6：26 7：37

解説 計算に必要な式を整理すると，以下のとおりになる。

Point

●密度 ➡ $\dfrac{溶液の質量〔g〕}{溶液の体積〔cm^3〕} = 溶液の密度〔g/cm^3〕$ …❶

●質量パーセント濃度 ➡ $\dfrac{溶質の質量〔g〕}{溶液の質量〔g〕} = \dfrac{質量パーセント濃度〔\%〕}{100}$ …❷

●物質量 ➡ $\dfrac{質量〔g〕}{モル質量〔g/mol〕} = 物質量〔mol〕$ …❸

●モル濃度 ➡ $\dfrac{溶質の物質量〔mol〕}{溶液の体積〔L〕} = モル濃度〔mol/L〕$ …❹

●質量モル濃度 ➡ $\dfrac{溶質の物質量〔mol〕}{溶媒の質量〔kg〕} = 質量モル濃度〔mol/kg〕$ …❺

●固体の溶解度 ➡ $\dfrac{溶質の質量〔g〕}{溶媒の質量〔g〕} = \dfrac{溶解度}{100}$ …❻
〈飽和溶液のとき成立〉 $\dfrac{溶質の質量〔g〕}{溶液の質量〔g〕} = \dfrac{溶解度}{100+溶解度}$ …❼

上記の式について図にまとめると，次のとおりになる。

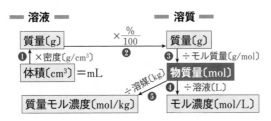

(1)　溶液の数値は，以下のとおり。

18g	400g
溶質（グルコース）	溶媒（水）

418g…密度 1.1g/cm³

1：**Point** の式❷より，$\dfrac{18}{418}=\dfrac{x〔\%〕}{100}$　　$x=\underline{4.30\%}$

2：式❶より，溶液の体積は $\dfrac{418}{1.1}$ mL なので，さらに式❸，❹より，

$$\dfrac{18}{180}\,\text{mol} \times \dfrac{1000}{\dfrac{418}{1.1}}〔/\text{L}〕=\underline{0.263\ \text{mol/L}}$$

3：式❸，❺より，$\dfrac{18}{180}\,\text{mol} \times \dfrac{1000}{400}〔/\text{kg}〕=\underline{0.250\ \text{mol/kg}}$

(2)　4：溶液の体積を V〔L〕とおくと，式❶，❷，❸，❹より，

$$1000V〔\text{mL}〕\times 1.8\ \text{g/cm}^3 \underset{\text{溶液〔g〕}}{\Big|} \times \dfrac{93}{100}\underset{\text{溶質〔g〕}}{\Big|} \times \dfrac{1}{98}\underset{\text{溶質〔mol〕}}{\Big|} \times \dfrac{1}{V}〔/\text{L}〕 = \underline{17.0\ \text{mol/L}}$$

5：水を加えても溶質の量は変わらないため，

薄める前の溶質量〔mol〕＝薄めた後の溶質量〔mol〕

で解く。必要な濃硫酸の体積を x〔mL〕とおくと，式❹の逆向きより，

$$17.0\ \text{mol/L} \times \underset{\substack{\text{薄める前の}\\ \text{H}_2\text{SO}_4〔\text{mol}〕}}{\dfrac{x}{1000}〔\text{L}〕} = 5.0\ \text{mol/L} \times \underset{\substack{\text{薄めた後の}\\ \text{H}_2\text{SO}_4〔\text{mol}〕}}{\dfrac{250}{1000}\,\text{L}}　　x=\underline{73.5\ \text{mL}}$$

この式からわかるとおり，希釈前後で体積とモル濃度は反比例する。たとえば，

10 倍に希釈する(体積を 10 倍にする)と，モル濃度は $\frac{1}{10}$ 倍になる。

(3)　6：40% KNO_3 水溶液 100 g に x〔g〕の KNO_3 を加えて飽和溶液になったとすると，

式❷より，$100 \times \dfrac{40}{100}$ g

| KNO_3 | KNO_3 | 水 |

…飽和溶液

x〔g〕　　　　　100g

式❻より，$\dfrac{溶質〔g〕}{溶媒〔g〕} = \dfrac{x + 100 \times \dfrac{40}{100}}{100 - 100 \times \dfrac{40}{100}} = \dfrac{110}{100}$　　$x = \underline{26\ g}$

別解　式❼より，$\dfrac{溶質〔g〕}{溶液〔g〕} = \dfrac{x + 100 \times \dfrac{40}{100}}{x + 100} = \dfrac{110}{100 + 110}$　　$x = \underline{26\ g}$

7：水 100 g を用いて 60℃の飽和溶液をつくり，20
℃まで冷却したときの析出量は，右のとおり。

飽和溶液 210 g（100 + 溶解度〔g〕）あたり 78 g
（溶解度差〔g〕）析出することがわかる。両者は比
例関係にあるので，

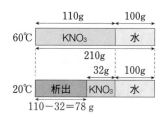

$$\frac{析出量〔g〕}{冷却前の飽和溶液〔g〕} = \frac{78}{210} = \frac{x}{100}$$

$x = \underline{37.1\ g}$

このように，水和水をもたず，かつ飽和溶液を冷却する場合は，以下の式によっ
て，飽和溶液の量から直接析出量を求めることができる。

$$\frac{析出量〔g〕}{冷却前の飽和溶液〔g〕} = \frac{溶解度差}{100 + 冷却前の溶解度}$$

22　問 1　②　　問 2　⑥　　問 3　⑤　　問 4　⑥　　問 5　④

解説　問 2　図より，溶解度は 40 と読める。p.24 **Point** の式❷と❼より，

$$\frac{溶質〔g〕}{溶液〔g〕} = \frac{40}{100 + 40} = \frac{x〔\%〕}{100}　　x = \underline{28.57\%}$$

問 3　図より，溶解度は 40℃で 60，60℃で 110 と読める。40℃の飽和溶液 120 g 中に
含まれる KNO_3 の質量を a〔g〕とおくと，p.24 **Point** の式❼より，

$$\frac{溶質〔g〕}{溶液〔g〕} = \frac{60}{100 + 60} = \frac{a}{120}　　a = 45\ g$$

60℃で KNO_3 b〔g〕を追加して飽和溶液にすると，式❼より，

$$\frac{溶質〔g〕}{溶液〔g〕} = \frac{110}{100 + 110} = \frac{45 + b}{120 + b}　　b = \underline{37.5\ g}$$

問4 水和物を水に溶かす場合,水和水は溶媒の一部になり,無水物の部分だけが溶質になる。

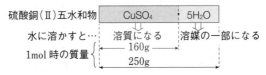

この質量比 160：250 は一定なので,

$$\frac{CuSO_4〔g〕}{CuSO_4 \cdot 5H_2O〔g〕} = \frac{160}{250} \iff CuSO_4〔g〕 = CuSO_4 \cdot 5H_2O〔g〕 \times \frac{160}{250}$$

一般化すると,

> **Point**
> 無水物〔g〕＝水和物〔g〕× $\dfrac{無水物の式量}{水和物の式量}$ …❽

一方,p. 24 **Point** の式❼より,

$$\frac{溶質〔g〕}{飽和溶液〔g〕} = \frac{溶解度}{100 + 溶解度}$$

$\iff$
> **Point**
> 溶質〔g〕＝飽和溶液〔g〕× $\dfrac{溶解度}{100 + 溶解度}$ …❼′

図より,溶解度は 20℃で 20,60℃で 40 と読める。求める質量を x〔g〕とおき,式❼′,❽を用いて $CuSO_4$ 部分の質量を表すと,

式❽より,$x \times \dfrac{160}{250}$〔g〕

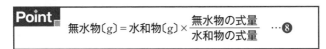

式❼′より,$(100 + x) \times \dfrac{40}{100 + 40}$〔g〕

$CuSO_4$ の量は水を加えても変わらないので,

$$x \times \frac{160}{250} = (100 + x) \times \frac{40}{100 + 40} \qquad x = \underline{80.64 \text{ g}}$$

このように,固体の溶解度の込み入った問題は,溶質量を求めていき,最後に溶質量の等式を立てて解くとよい。式❼′,❽を図に表すと,次のとおり。

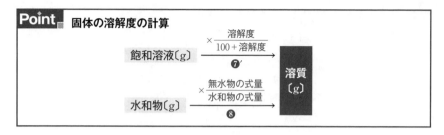

問5 求める質量をa〔g〕とおき，上の **Point** ❼′，❽によって溶質部分の質量を表すと，

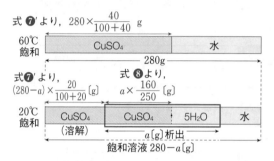

析出分まで合わせれば，$CuSO_4$量は冷却前後で不変だから，

$$280 \times \frac{40}{100+40} = (280-a) \times \frac{20}{100+20} + a \times \frac{160}{250} \qquad a = \underline{70.42 \text{ g}}$$

このように，水和水をもつ場合は，p.26 ㉑ (3)7の解き方は使えない。析出により溶媒も減るからである。このようなときは，溶質の量を1つずつ求めていって解く。

㉓ **問1** ㋑ **問2** A：㋒ B：㋑ C：㋐ **問3** ㋒ **問4** ㋒

解説 気体の溶解は発熱なので，**ルシャトリエの原理**により，溶解度は低温のほうが大きくなる。表で確認してみよう。

問1 溶媒（水）にあまり溶けない気体であれば，**一定温度で一定量の溶媒に溶ける気体の物質量は，その気体の圧力（混合気体のときは分圧）に比例する。**これをヘンリーの法則という。

問2 N_2，CO_2，NH_3の水に対する溶解度は，$N_2 < CO_2 < NH_3$である。理由は以下のとおり。

　N_2：**無極性分子**なので，極性溶媒の水には溶けにくい。

　CO_2：**無極性分子**だが，一部が水と以下のように反応してイオンに変わるため，この分だけ溶ける。

$$CO_2 + H_2O \rightleftarrows H^+ + HCO_3^-$$

　NH_3：**極性分子**であり，水とは水素結合を行うため，非常によく溶ける。

　したがって，A：CO_2，B：N_2，C：NH_3である。

問3 水に溶けやすい気体ほど，ヘンリーの法則は成り立ちにくいので，選択肢より，

アンモニアのみとわかる。

問4

> **Point** **ヘンリーの法則の計算の解法**
>
> **手順1** 溶解度が体積表示の場合は，物質量〔mol〕に直す。標準状態の体積に換算した数値の場合は，22.4 L/mol で割る。それ以外の場合は状態方程式を使う。
>
> **手順2** 以下の式で，溶解量〔mol〕を求める。
>
> $$\underset{\text{〔mol〕}}{\text{溶解量}} = \underset{\text{溶解度}}{\text{mol 換算した}} \times \frac{\overset{\text{その気体の}}{\text{圧力(分圧)}}}{1.01 \times 10^5} \times \frac{\text{溶媒量〔L〕}}{1.00}$$
>
> 1.01×10^5 Pa で溶媒 1 L に溶ける量〔mol〕
>
> 「溶解度の条件」と比べて何倍の数値になったかを当てはめる
>
> ⇑
>
> 1.0×10^5 Pa あたりや，1 mL あたりで与えられることもある
>
> **手順3** 溶解量〔mol〕から，指定の数値(質量や体積など)に換算する。

窒素の分圧は，$3.03 \times 10^5 \times \dfrac{80}{100}$ Pa なので，**手順2** の式より，

$$\underset{\text{溶解量〔mol〕}}{6.79 \times 10^{-4} \times \frac{3.03 \times 10^5 \times \frac{80}{100}}{1.01 \times 10^5} \times \frac{5.00}{1.00}} \overset{\text{手順3}}{\left| \times 22.4 \times 10^3 \text{ mL/mol} \right.} = \underline{1.825 \times 10^2 \text{ mL}}$$

24 1：2.0×10^{-2}　　2：8.0×10^{-2}　　3：1.3　　4：4.0×10^{-2}

解説 密閉容器に溶媒と気体を入れた場合は，溶解の進行により，気体の量や圧力が減少していく。このような問題の場合は，最終的な(溶解平衡に達したときの)圧力を未知数でおくとよい。①容器に入れた瞬間，②圧縮前の溶解平衡時，③圧縮後の溶解平衡時の値を整理すると，

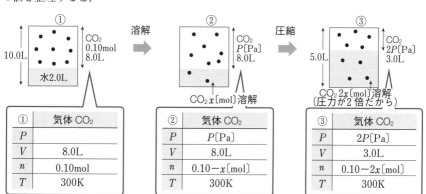

1：前ページの図の x〔mol〕を求める。②の気体 CO_2 と③の気体 CO_2 とで式をつくると，T 一定だから，

$$R = \frac{P_1 V_1}{n_1 T_1} = \frac{P_2 V_2}{n_2 T_2} \quad \Rightarrow \quad \frac{P_1 V_1}{n_1} = \frac{P_2 V_2}{n_2} \quad \text{より，}$$

$$\frac{P \times 8.0}{0.10 - x} = \frac{2P \times 3.0}{0.10 - 2x} \qquad x = \underline{2.0 \times 10^{-2} \text{ mol}}$$

2：$0.10 - x = 0.10 - 2.0 \times 10^{-2} = \underline{8.0 \times 10^{-2} \text{ mol}}$

3：$\dfrac{0.10 - x}{0.10 - 2x} = \dfrac{0.10 - 2.0 \times 10^{-2}}{0.10 - 2 \times 2.0 \times 10^{-2}} = \underline{1.33}$

4：mol換算した溶解度を y とおく。②の条件について，ヘンリーの法則より，

$$y \times \underbrace{\frac{P}{1.0 \times 10^5}}_{\text{圧力〔倍〕}} \times \underbrace{\frac{2.0}{1.0}}_{\text{水の量〔倍〕}} = \underbrace{2.0 \times 10^{-2}}_{\text{溶解量〔mol〕}}$$

└─1.0×10^5 Pa で水 1 L に溶ける〔mol〕

一方，②の条件について，状態方程式より，

$$P \times 8.0 = 8.0 \times 10^{-2} \times 8.3 \times 10^3 \times 300$$

両式より，$y = \underline{4.01 \times 10^{-2} \text{〔mol〕}} \ (P = 2.49 \times 10^4 \text{ Pa})$

25 問1　1.013×10^5 Pa　　問2　蒸気圧降下：②　沸点上昇：⑥
問3　2.0×10^{-2} mol/kg　　問4　2.1×10^{-2}℃　　問5　3.6 g

解説 問1，2　揮発性溶媒（水など）に，不揮発性（＝蒸発しない）溶質を加えた溶液は，元の溶媒と比べて，飽和蒸気圧が下がり（蒸気圧降下），沸点が上がる（沸点上昇）。

　　グルコース，塩化カルシウムともに不揮発性であり，それらの濃度はⅢ（純水）＜Ⅰ＜Ⅱである。よって，図の蒸気圧曲線(A)はⅢ，(B)はⅠ，(C)はⅡのものである。Ⅲ（純水）の沸点は，$\underline{1.013 \times 10^5 \text{ Pa}}_{\text{問1}}$ で100℃である。沸点とは，飽和蒸気圧が大気圧に到達し，液体の中からも気泡が発生しはじめる温度のことである。

問3　p.24 **Point** に示した式❸，❺を使う。

g ─(÷モル質量〔g/mol〕 ❸)→ **mol** ─(÷溶媒〔kg〕 ❺)→ mol/kg

1.11　111　　$\dfrac{500}{1000}$ kg

$$\frac{1.11}{111} \text{ mol} \times \frac{1000}{500} \text{ /kg} = \underline{2.0 \times 10^{-2} \text{ mol/kg}}$$

　　なお，「塩化カルシウムの濃度」と言う場合は，イオンではなく，電離前の $CaCl_2$ の濃度である。

問4　(B)＝溶液Ⅰの沸点は，$100 + \Delta t_1$〔℃〕，(C)＝溶液Ⅱの沸点は，$100 + \Delta t_2 = 100 + 0.052$ ℃ とされている。ここでの Δt_1，Δt_2 を，沸点上昇度という。**沸点上昇度 Δt_b〔K〕は，溶質粒子の質量モル濃度 m〔mol/kg〕に比例する。**比例定数 K_b〔K・kg/mol〕は，モル沸点上昇とよばれる。

Point 沸点上昇の計算式

$$\underset{\substack{沸点上昇度\\〔K〕}}{\Delta t_b} = \underset{\substack{モル沸点上昇\\〔K\cdot kg/mol〕}}{K_b} \cdot \underset{\substack{溶質粒子の質量モル濃度\\〔mol/kg〕}}{m}$$

注1 ここでは，温度差を計算しているので，温度の単位は K でも℃でもよい。

注2 電解質の場合は，m として電離後のイオンの総濃度〔mol/kg〕を用いる。溶媒以外の独立な粒子すべてを数えるという意味。

注3 K_b は，溶媒によって変わるが，溶質の種類には関係ない。よって，溶質粒子は，種類を問わず，まとめて数えればよい。

塩化カルシウムは，以下のように電離する。電離度 $\alpha = 1.0$ なので完全電離である。

$$CaCl_2 \longrightarrow Ca^{2+} + 2Cl^- \quad | \quad 合計$$

はじめ	2.0×10^{-2}	0	0	
電離後	0	2.0×10^{-2}	4.0×10^{-2}	6.0×10^{-2} 単位：mol/kg

グルコース（非電解質）の濃度を x〔mol/kg〕とすると，$K_b = 0.52$ K·kg/mol と与えられているから，上式より，

I（＝曲線(B)）について，

$$\Delta t_1 = 0.52 \times x$$

II（＝曲線(C)）について，

$$\Delta t_2 = 0.052 = 0.52 \times (x + \underset{Ca^{2+}+Cl^-濃度}{6.0 \times 10^{-2}}) \qquad x = 4.0 \times 10^{-2}, \ \Delta t_1 = \underline{2.08 \times 10^{-2} \text{ K}}$$

問5 グルコース濃度 $x = 4.0 \times 10^{-2}$ mol/kg とわかったので，問3の解法より，

$$\frac{w}{180}〔mol〕 \times \frac{1000}{500}/kg = 4.0 \times 10^{-2} \text{ mol/kg} \qquad w = \underline{3.6 \text{ g}}$$

---

26 問1 (1) C　　(2) 過冷却（状態）　　(3) 凝固点降下度

(4) 凝固熱が急激に放出されたため。(15字)

(5) 溶媒の凝固により溶液の濃度が増大し，凝固点がさらに低下するため。(32字)

問2 (1) 5.63%　　(2) 982 g　　(3) 1.02 mol/kg　　(4) 0.96　　(5) 38 g

解説 問1 (1)〜(3) 理想的には，図のBやB′点から凝固が始まるはずだが，実際には，凝固点を下回っても固体が析出せず，全部液体のままの状態を経る。この状態を過冷却（状態）といい，図のB—CやB′—C′間の状態に相当する。

(4) 実際の凝固はCやC′点から起こり，その後急激に固体が析出するため，凝固熱（融解熱）も急激に放出される。このため，温度が急激に上昇し，本来の凝固点に到達する。これがC—D間やC′—D′間の状態である。DやD′点以降は，冷却によって熱を奪った分だけ凝固が進行していく。

(5) 溶液が凝固するときは，溶媒のみが固体になっていく。溶質はすべて，残った液体の中に存在するため，凝固の進行とともに濃縮されていく。

問2 (1) $\dfrac{58.5}{1.040 \times 10^3} \times 100 = \underline{5.625\%}$

(2) $1.040 \times 10^3 - 58.5 = \underline{981.5\ \text{g}}$

(3) $\dfrac{58.5}{58.5} \times \dfrac{1000}{981.5} = \underline{1.018\ \text{mol/kg}}$

(4) 操作③で，溶媒の水の量〔kg〕は，操作①の 10 倍になる。このため質量モル濃度は操作①の溶液の $\dfrac{1}{10}$ 倍になる。したがって，質量モル濃度を c〔mol/kg〕とおくと，

$$c = 1.018 \times \dfrac{1}{10}\ \text{mol/kg}$$

電離度を α とおいて量関係を整理すると，

	NaCl	$\rightleftarrows$	Na$^+$	+	Cl$^-$	合計	
はじめ	c		0		0	c	
電離平衡時	$c(1-\alpha)$		$c\alpha$		$c\alpha$	$c(1+\alpha)$	単位：mol/kg

凝固点降下のときにも，p. 31 **Point** の沸点上昇の計算式と同様の式が成り立つ。質量モル濃度 m には，電離後のイオンと，未電離の粒子を合わせた全溶質粒子数を代入する。

Point 凝固点降下の計算式

$$\underset{\substack{\text{凝固点降下度}\\ \text{〔K〕}}}{\Delta t_{\text{f}}} = \underset{\substack{\text{モル凝固点降下}\\ \text{〔K·kg/mol〕}}}{K_{\text{f}}} \cdot \underset{\substack{\text{溶質粒子の質量モル濃度}\\ \text{〔mol/kg〕}}}{m}$$

$$0 - (-0.370)\ \text{K} = 1.85\ \text{K·kg/mol} \times 1.018 \times \dfrac{1}{10} \times (1+\alpha)\ \text{〔mol/kg〕}$$

$$\alpha = \underline{0.964}$$

(5) 尿素は電離も会合も行わない分子からなる物質である。氷が x〔g〕析出したとすると，残る溶媒の量は，$100 - x$〔g〕である。上式より，

$$0 - (-1.00)\ \text{K} = 1.85\ \text{K·kg/mol} \times \dfrac{2.00}{60}\ \text{mol} \times \dfrac{1000}{100-x}\ \text{〔/kg〕} \qquad x = \underline{38.3\ \text{g}}$$

---

27 問1　①，⑤
問2　ア：チンダル　イ：ブラウン　ウ：電気泳動　エ：凝析　オ：透析
問3　③　問4　FeCl$_3$ + 2H$_2$O $\longrightarrow$ FeO(OH) + 3HCl
問5　物質量：5.0×10^{-6} mol　モル濃度：5.0×10^{-5} mol/L　　問6　左側

解説 問1　ゼリーは，ゼラチン（主成分はタンパク質）のコロイド溶液がゲル化したものである。牛乳は，タンパク質や脂質のコロイド溶液，墨汁は，炭素コロイドに有機質の保護コロイドを加えて安定化したもの，煙は，コロイド粒子が空気中に分散したエアロゾル（エーロゾル）である。

問3　このコロイドは，電気泳動で陰極に移動したので，正コロイドである。また，水酸化鉄(Ⅲ)（酸化水酸化鉄(Ⅲ)）は無機質のコロイドなので，疎水コロイドである。疎水コロイドは，その電荷と反対符号のイオンによって凝析される。その効果は，イオ

ンの価数が大きくなるほど大きくなる。$K_4[Fe(CN)_6]$は，電離して$[Fe(CN)_6]^{4-}$を生じる。

問5 浸透圧は，**ファントホッフの法則**により，状態方程式$\Pi V = nRT$（Π：浸透圧〔Pa〕）で算出できる。

$$1.25 \times 10^2\,Pa \times \frac{100}{1000}\,L = n\text{〔mol〕} \times 8.3 \times 10^3\,Pa\cdot L/(mol\cdot K) \times 300\,K$$

$$n = \underline{5.02 \times 10^{-6}\,mol}$$

モル濃度は，$5.02 \times 10^{-6}\,mol \times \dfrac{1000}{100}\,/L = \underline{5.02 \times 10^{-5}\,mol/L}$

問6 $\Pi V = nRT \iff \Pi = \dfrac{n\text{〔mol〕}}{V\text{〔L〕}}RT = c\text{〔mol/L〕}RT$ より，一定温度では，浸透圧はモル濃度c〔mol/L〕に比例する。ただし，沸点上昇や凝固点降下と同じく，

電解質ならば，電離後の総粒子数（イオン＋未電離の粒子）を用いなければならない。

塩化ナトリウムは，$NaCl \longrightarrow Na^+ + Cl^-$ のように，ほぼ完全に電離する。したがって，塩化ナトリウム水溶液の溶質総粒子濃度は，約$9.0 \times 10^{-5}\,mol/L$となり，コロイド溶液の濃度$5.0 \times 10^{-5}\,mol/L$を上回る。このため，塩化ナトリウム水溶液の浸透圧のほうがより大きくなり，左側の液面のほうが上昇する。

---

28 **問1** $6.7 \times 10^{-4}\,mol/L$　　**問2** $7.6 \times 10^{-4}\,mol/L$

問3 (1) h'：小さい　C'：大きい

(2) $P = \dfrac{40}{40 + h'} \times 10^5$〔Pa〕

導出過程：$1.0 \times 10^5 \times 20 \times 10 = P \times \left(20 + \dfrac{h'}{2}\right) \times 10$

(3) $\pi' = 98h' + \dfrac{h'}{40 + h'} \times 10^5$〔Pa〕

導出過程：$1.0 \times 10^5 + h' \times 98 = \dfrac{40}{40 + h'} \times 10^5 + \pi'$

解説 半透膜をはさんで溶液と溶媒を接触させると，溶液側（濃度の大きいほう）に溶媒が移動し，溶液側の体積が増す。この**溶液の体積増加をくい止めるために，溶液側に余分にかけなければならない圧力が，浸透圧**である。

浸透圧は，実験を行って液面差等から算出することもできるし，ファントホッフの式（$\Pi V = nRT \iff \Pi = CRT \cdots$ p.32 **27** の解説を参照）からも算出できる。

問1 液面差から浸透圧を算出すると，題意より，

$$\pi = h \times 98 = 16.6 \times 98\,\text{〔Pa〕}$$

この浸透圧を使って，ファントホッフの式より，モル濃度を算出すると，

$$16.6 \times 98\,Pa = C'\text{〔mol/L〕} \times 8.3 \times 10^3\,Pa\cdot L/(mol\cdot K) \times 294\,K$$

$$C' = \underline{6.66 \times 10^{-4}\,mol/L}$$

グルコースは非電解質だから，この値がそのままグルコース濃度である。

問2 グルコースは半透膜を通れないから，溶液側のグルコースの物質量 n〔mol〕は，液面差が生じる前後で変わらない。溶液の液面上昇は，$\dfrac{16.6}{2} = 8.3$ cm であり，体積増加は，$8.3 \times 10 = 83$ cm^3 だから，

$$n = C〔\text{mol/L}〕\times \frac{600}{1000}\,\text{L} = 6.66 \times 10^{-4}\,\text{mol/L} \times \frac{600 + 83}{1000}\,\text{L}$$

$$\underline{C = 7.58 \times 10^{-4}\,\text{mol/L}}$$

問3 蓋をしない実験では，液面差の分だけ溶液側に余分にのしかかっている液体の重さによる下向きの圧力と，溶液の体積が増加する向きにはたらく浸透圧とがつり合っている。

蓋なし

蓋をした実験では，左右の液面にかかる気体圧力を考慮して，圧力のつり合いの式を立てる必要がある。

蓋あり

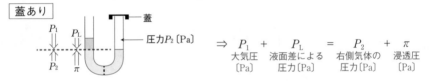

(1) 右側は液面が下がると減圧になるから，$P_1 > P_2$

したがって，P_L は蓋がないときよりも低い圧力でよいから，液面差は 16.6 cm より小さくなる。

よって，**問1**と比べて，グルコース水溶液の体積は小さくなるから，そのモル濃度は大きくなる。

(2) 上記 P_2 を算出する。液面差が生じる前後で T，n 一定だから，

$$R = \frac{P_1 V_1}{n_1 T_1} = \frac{P_2 V_2}{n_2 T_2} \;\Rightarrow\; P_1 V_1 = P_2 V_2 \quad \text{より，}$$

$$1.0 \times 10^5\,\text{Pa} \times 20 \times 10\,\text{cm}^3 = P_2〔\text{Pa}〕\times \left(20 + \frac{h'}{2}\right) \times 10〔\text{cm}^3〕$$

$$P_2 = \frac{40}{40 + h'} \times 10^5〔\text{Pa}〕$$

(3) $P_L = h' \times 98$〔Pa〕だから，(2)の圧力のつり合いより，

$$\underset{P_1〔\text{Pa}〕}{1.0 \times 10^5} + \underset{P_L〔\text{Pa}〕}{h' \times 98} = \underset{P_2〔\text{Pa}〕}{\frac{40}{40 + h'} \times 10^5} + \underset{\text{浸透圧〔Pa〕}}{\pi'}$$

$$\pi' = 98h' + \left(1.0 - \frac{40}{40 + h'}\right) \times 10^5 = \underline{98h' + \frac{h'}{40 + h'} \times 10^5〔\text{Pa}〕}$$

4 結晶格子

29 問1　A：体心立方格子　B：面心立方格子（または立方最密構造）
　　C：六方最密構造
　問2　A：2個　B：4個　　問3　1.3×10^{-8} cm
　問4　4.3×10^{-22} g　　問5　9.1 g/cm³

解説 問1　Cは六方最密格子と答えても正解とする。**六方最密構造**の単位格子は，六角柱ではなく，3分割した四角柱（右の図の赤色部分）である。六角柱自体は単位格子ではないので，「格子」といわず「構造」といわれることが多い。

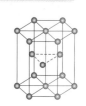

問2　立方体の内部に入り込む分だけ数えるから，頂点の原子は1ヶ所につき $\dfrac{1}{8}$ 個，面上の原子は $\dfrac{1}{2}$ 個，内部の原子は1個と数える。

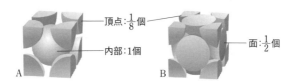

頂点：$\dfrac{1}{8}$個
内部：1個
面：$\dfrac{1}{2}$個
A
B

A（体心立方格子）：$\dfrac{1}{8} \times 8 + 1 = 2$〔個〕

B（面心立方格子）：$\dfrac{1}{8} \times 8 + \dfrac{1}{2} \times 6 = 4$〔個〕

　なお，六方最密構造は，右上の図の単位格子（四角柱）中に2個分の原子を含む。

問3　面心立方格子の単位格子の1辺 a〔cm〕と，原子半径 r〔cm〕との関係は右の通り。

$$r = \frac{1.41}{4} \times 3.6 \times 10^{-8} = \underline{1.26 \times 10^{-8}} \text{ cm}$$

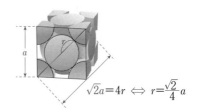

$$\sqrt{2}a = 4r \iff r = \frac{\sqrt{2}}{4}a$$

問4　原子の個数と総質量〔g〕は比例するから，

$$\frac{\text{総質量〔g〕}}{\text{個数}} = \boxed{\underset{\text{1 mol あたり}}{\frac{64}{6.0 \times 10^{23}}}} = \boxed{\underset{\text{4 個あたり}}{\frac{x}{4}}} \qquad x = \underline{4.26 \times 10^{-22}} \text{ g}$$

$$\left[\begin{array}{l} \text{または，} \dfrac{\text{個数}}{\text{アボガドロ定数}} = \dfrac{\text{質量}}{\text{モル質量}} (= \text{物質量}) \text{より，} \\[2mm] \dfrac{4}{6.0 \times 10^{23}} = \dfrac{x}{64} \qquad x = 4.26 \times 10^{-22} \text{ g} \end{array} \right.$$

問5　密度〔g/cm³〕 = $\dfrac{\text{質量〔g〕}}{\text{体積〔cm³〕}}$ なので，単位格子の数値を当てはめると，

$$\text{密度〔g/cm}^3\text{〕} = \frac{4.26 \times 10^{-22} \text{ g}}{(3.6 \times 10^{-8})^3 \text{ cm}^3} = \underline{9.13} \text{ g/cm}^3$$

30 問1

問2

1辺の長さ：$2\sqrt{2}R$ 　　　　半径比：$\dfrac{r}{R}=\sqrt{2}-1$

問3

問4

1辺の長さ：$2R$ 　　　　半径比：$\dfrac{r}{R}=\sqrt{3}-1$

問5 　NaCl 型　　　　　　　　　　　CsCl 型

	陰イオン どうし	陽イオンと 陰イオン
$\dfrac{r}{R}<a$	○	×
$\dfrac{r}{R}>a$	×	○

	陰イオン どうし	陽イオンと 陰イオン
$\dfrac{r}{R}<b$	○	×
$\dfrac{r}{R}>b$	×	○

問6 　NaCl 型：6　　CsCl 型：8

問7 　$a<\dfrac{r}{R}<b$：NaCl 型が安定　　　$b<\dfrac{r}{R}$：CsCl 型が安定

解説 イオン結晶の構造がどのように決まるかを考察した問題である。同符号イオンどうしが接触しない範囲内で，なるべく多くの異符号イオンと接触する構造をとろうとして，イオン結晶の構造が決まる。

問1

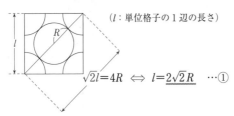

（l：単位格子の1辺の長さ）

$\sqrt{2}l=4R \iff l=\underline{2\sqrt{2}R}$ 　…①

問2

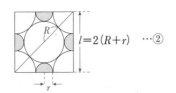

$l=2(R+r)$ 　…②

①，②より，

$$2\sqrt{2}R=2(R+r) \iff \dfrac{r}{R}=\sqrt{2}-1$$

問4

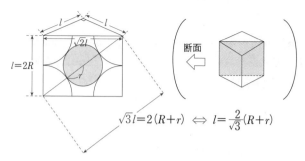

$$\sqrt{3}\,l = 2(R+r) \iff l = \frac{2}{\sqrt{3}}(R+r)$$

$$l = 2R = \frac{2}{\sqrt{3}}(R+r) \iff \frac{r}{R} = \sqrt{3} - 1$$

問5 $\frac{r}{R} < a$ のときは，陽イオンの半径が**問2**のときよりも小さくなるので，右の図1のような状態になる。同符号イオンが接し，異符号イオンは離れている。逆に，$\frac{r}{R} > a$ のときは，右の図2のような状態になる。同符号イオンが離れ，異符号イオンが接している。

CsCl 型も同様である（下の図3，4）。

図1（不安定）

図2（安定）

$\frac{r}{R} < b$ のとき

図3（不安定）

$\frac{r}{R} > b$ のとき

図4（安定）

問6 配位数とは，1個の粒子に接している（最も近い位置にある）他の粒子の数である。中心のイオンから見ると，NaCl 型では各面上の6個，CsCl 型では各頂点上の8個の異符号イオンが最近接している。

●に6個の●が最近接
NaCl 型

●に8個の●が最近接
CsCl 型

問7 $a < \frac{r}{R} < b$ のときは，NaCl 型は**問5**の図2の状態となり，同符号イオンが離れるので安定だが，CsCl 型は図3の状態となり，同符号イオンが接して不安定になる。

一方，$b < \frac{r}{R}$ のときは，NaCl 型は図2，CsCl 型は図4の状態となり，いずれも同符号イオンは接触しなくなる。このようなときは，より配位数（接する異符号イオンの数）が多い CsCl 型のほうが安定となる。

第2章　物質の変化

1　エネルギーと電気化学

1　問1　②　　問2　③　　問3　③

解説　物質は固有のエンタルピー(潜在的なエネルギー)をもつ。化学反応によって物質のエンタルピーが減少すると，外部に熱エネルギーが放出される。これが発熱反応である。

問1　結合エネルギーとは，共有結合 1 mol を切断して原子にするときのエンタルピー増加量(吸熱量)である。次の図の上端を見るとよい。

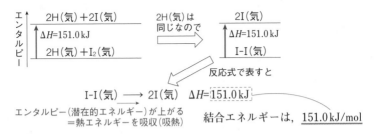

$$I\text{-}I(気) \longrightarrow 2I(気) \quad \Delta H = \boxed{151.0\,\text{kJ}}$$

エンタルピー(潜在的エネルギー)が上がる
＝熱エネルギーを吸収(吸熱)

結合エネルギーは，151.0 kJ/mol

問2　$H\text{-}I(気) \longrightarrow H(気) + I(気) \quad \Delta H = Q\,[\text{kJ}]$

の Q を求めればよいことになる。Q は右の図の色矢印の部分に相当する。

ヘスの法則より，

$$436.0 + 151.0 = -62.3 + 52.7 + 2Q$$
$$Q = 298.3\,\text{kJ}$$

H-I 結合エネルギーは，298.3 kJ/mol

問3　右の図の下部を見る。

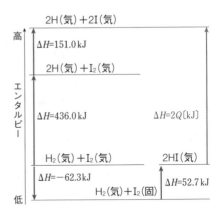

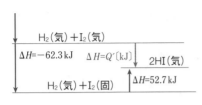

$$-62.3 + 52.7 = Q' \qquad Q' = -9.6\,\text{kJ}$$
$$H_2(気) + I_2(気) \longrightarrow 2HI(気) \quad \Delta H = \underline{-9.6\,\text{kJ}}$$

エンタルピー(潜在エネルギー)が
下がるから符号は－(発熱反応)

2　(i)　1：②　　2：⑥　　3：⑨　　4：①　　5：④
　　(ii)　6：①　　7：ⓐ　　8：⑤

38

解説 (i) 1, 2：黒鉛の燃焼エンタルピーと水素の燃焼エンタルピーを表す式は，次のとおり。

$$C(黒鉛) + O_2(気) \longrightarrow CO_2(気) \quad \Delta H = -394 \text{ kJ} \quad \cdots(2)$$

$$H_2(気) + \frac{1}{2}O_2(気) \longrightarrow H_2O(液) \quad \Delta H = -286 \text{ kJ} \quad \cdots(3)$$

エタノールの生成エンタルピーを表す式は，次のとおり。

$$2C(黒鉛) + 3H_2(気) + \frac{1}{2}O_2(気) \longrightarrow C_2H_5OH(液) \quad \Delta H = -276 \text{ kJ} \cdots(4)$$

式(1)＝式(2)×2＋式(3)×3－式(4) より，

$$2C(黒鉛) + 2O_2(気) \longrightarrow 2CO_2(気) \quad \Delta H = -394 \times 2 \text{ kJ}$$

$$3H_2(気) + \frac{3}{2}O_2(気) \longrightarrow 3H_2O(液) \quad \Delta H = -286 \times 3 \text{ kJ}$$

$$+\underline{)\quad C_2H_5OH(液) \longrightarrow 2C(黒鉛) + 3H_2(気) + \frac{1}{2}O_2(気) \quad \Delta H = 276 \text{ kJ}}$$

$$C_2H_5OH(液) + 3O_2(気) \longrightarrow 2CO_2(気) + 3H_2O(液) \quad \Delta H = Q_1 \text{[kJ]}$$

$$-394 \times 2 - 286 \times 3 + 276 = Q_1 \quad Q_1 = -1370 \text{ kJ}$$

よって，エタノールの燃焼エンタルピーは，$\underline{-1370 \text{ kJ/mol}}_1$

別解 エネルギー図で解く方法もある。与式(1)と，上記式(2)〜(4)をエネルギー図にすると，下記のとおり。

式(1)のエネルギー図

$$\underline{C_2H_5OH(液) + 3O_2(気)}$$
$$\Delta H = Q_1 \text{[kJ]} \downarrow \quad 2CO_2(気) + 3H_2O(液)$$

式(2)のエネルギー図

$$\underline{C(黒鉛) + O_2(気)}$$
$$\Delta H = -394 \text{ kJ} \downarrow \quad CO_2(気)$$

式(3)のエネルギー図

$$\underline{H_2(気) + \frac{1}{2}O_2(気)}$$
$$\Delta H = -286 \text{ kJ} \downarrow \quad H_2O(液)$$

式(4)のエネルギー図

$$\underline{2C(黒鉛) + 3H_2(気) + \frac{1}{2}O_2(気)}$$
$$\Delta H = -276 \text{ kJ} \downarrow \quad C_2H_5OH(液)$$

最も複雑な式(1)の図を中心に，4つの図を組み合わせて2通りの経路をつくると，次の図ができる。

高 ｜ $2C(黒鉛) + 3H_2(気) + \frac{7}{2}O_2(気)$

エ｜ $\Delta H = -276 \text{ kJ}$
ン｜ $\downarrow$
タ｜ $C_2H_5OH(液) + 3O_2(気)$ $\Delta H = -394 \times 2 - 286 \times 3 \text{ kJ}$
ル｜ $\Delta H = Q_1 \text{[kJ]}$
ピ｜ $\downarrow$
ー｜ $2CO_2(気) + 3H_2O(液)$
低 ｜

$\underline{\text{ヘスの法則}}_2$ より，$-276 + Q_1 = -394 \times 2 - 286 \times 3 \quad Q_1 = -1370 \text{ kJ}$

$$3 : \underset{\overset{|}{H}}{\overset{\overset{|}{H}}{H-C-H}}(\text{気}) \longrightarrow C(\text{気}) + 4H(\text{気}) \quad \Delta H = Q_3 \text{ kJ}$$

の Q_3 を求めればよい。C-H 結合 4 mol 分を切断すればよいので，

$$Q_3 = 411 \times 4 = \underline{1644 \text{ kJ}}$$

4：H_2 は $\dfrac{2 \text{ g}}{2.0 \text{ g/mol}} = 1 \text{ mol}$，$Cl_2$ は $\dfrac{35.5 \text{ g}}{71 \text{ g/mol}} = 0.5 \text{ mol}$ なので，

$H_2 + Cl_2 \longrightarrow 2HCl$ の反応は，Cl_2 0.5 mol 消費分 = HCl 1 mol 生成分

だけ起こる。

$$H_2(\text{気}) + Cl_2(\text{気}) \longrightarrow 2HCl(\text{気}) \quad \Delta H = Q_4 \text{[kJ]}$$

の Q_4 を結合エネルギーから求めると，

$$432 + 238 = Q_4 + 428 \times 2 \qquad Q_4 = -186 \text{ kJ}$$

これは HCl(気)が 2 mol 生成するときの熱量である。

生成する HCl は 1 mol なので， $-186 \times \dfrac{1}{2} = \underline{-93 \text{ kJ}}$

5：ダイヤモンドは，C 原子が 4 方向に共有結合してできる。1 本
の共有結合を C 2 原子でつくっているので，$C_①$-$C_②$ の 1 本の結
合は，$C_①$ に 0.5 本分，$C_②$ に 0.5 本分所属することになる。C 1 原
子は 4 本の結合手をもつので，それぞれを上記の要領で各原子に
振り分けると，C 1 原子につき 0.5 × 4 = 2〔本〕分の結合が所属す
ることになる。

ダイヤモンド

したがって，ダイヤモンドの C 1 mol を昇華させ原子にすると
きは，C-C 共有結合は 2 mol 切断されることになる。716 kJ は，C-C 結合エネル
ギーの 2 倍に相当するとわかる。よって，C-C 結合エネルギーの値は，

$$\frac{716}{2} = \underline{358〔kJ/mol〕}$$

(ii) 6，7：Na の<u>イオン化エネルギー</u>を表すのは，図の左上部分である。

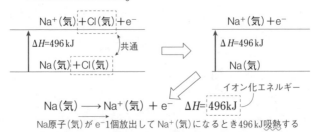

同様に，Cl の電子親和力〔7〕によるエンタルピー変化を表すのは，図の右上部分である。

$$Na^+(気)+Cl(気)+e^-$$
$$\downarrow \Delta H=-349\,kJ$$
$$Na^+(気)+Cl^-(気)$$

$$Cl(気)+e^-$$
$$\downarrow \Delta H=-349\,kJ$$
$$Cl^-(気)$$

電子親和力に相当

$$Cl(気) + e^- \longrightarrow Cl^-(気) \quad \Delta H=-\boxed{349\,kJ}$$

Cl原子(気)が e^- 1個受け取り Cl^-(気)になるとき349 kJ発熱する

8：NaCl(固)1 mol を気体のイオンに分解する反応のエンタルピー変化を表す式とエネルギー図は，以下のとおり。

$$NaCl(固) \longrightarrow Na^+(気) + Cl^-(気) \quad \Delta H=772\,kJ$$

NaCl(固)1 mol をイオンに分解するためには 772 kJ 必要

$$Na^+(気)+Cl^-(気)$$
$$\uparrow \Delta H=772\,kJ$$
$$NaCl(固)$$

同様に，NaCl(固)の生成エンタルピー（Q〔kJ/mol〕とする）は，以下のとおり。

$$Na(固) + \frac{1}{2}Cl_2(気) \longrightarrow NaCl(固) \quad \Delta H=Q\,〔kJ〕$$

$$Na(固)+\frac{1}{2}Cl_2(気)$$
$$\downarrow \Delta H=Q〔kJ〕$$
$$NaCl(固)$$

この2つの図を問題文の図に組み込むと，以下のとおり。

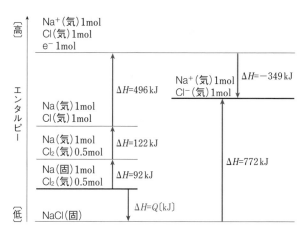

$$92 + 122 + 496 - 349 = Q + 772 \qquad Q = -411\,kJ$$

よって，NaCl(固)の生成エンタルピーは，$-411\,kJ/mol$

問1　1：②　2：①　**問2**　3：①　4：⑦
問3　5：②　**問4**　6：④　**問5**　7：④

解説　電池とは，**酸化還元反応**で起こる電子の移動を電気回路に取り出し，反応で**発生する熱量を電気エネルギーの形で取り出す**ものである。

問1　1：負極では，還元剤が**電子 e⁻ を放出する酸化反応**が起こる。$\underline{H_2}$ は e⁻ を放出してH⁺になる。

　2：正極では，酸化剤が **e⁻ を受け取る還元反応**が起こる。$\underline{O_2}$ は e⁻ を受け取りH_2O になる。

問4　燃料電池全体では，以下のように H_2 の燃焼反応が進行する。これは水の電気分解の逆反応である。

$$負極：(H_2 \longrightarrow 2H^+ + 2e^-) \times 2$$
$$+)\underline{正極：O_2 + 4H^+ + 4e^- \longrightarrow 2H_2O}$$
$$全体：2H_2 + O_2 \xrightarrow{4e^-} 2H_2O$$

この式より，e⁻ が 4 mol 流れると H_2O が 2 mol 生成するとわかる。「係数比 = mol比」の要領で解く。

$$e^- : H_2O = x : \frac{180}{18} = 4 : 2 \qquad x = \underline{20\ \mathrm{mol}}$$
$$\text{mol 比}\qquad\text{係数比}$$

問5　電気量〔C〕= 流れた e⁻〔mol〕× ファラデー定数〔C/mol〕
　また，電気エネルギー〔J〕= 電気量〔C〕× 電圧〔V〕
と与えられているので，

$$\underbrace{20\ \mathrm{mol} \times 9.65 \times 10^4\ \mathrm{C/mol}}_{\text{電気量〔C〕}} \times 0.80\ \mathrm{V} = \underline{1.54 \times 10^6\ \mathrm{J}}$$
$$\text{電気エネルギー〔J〕}$$

問1　**イオン化傾向**　**問2**　い：⑦　う：②　え：⑨　お：④　か：⑧
き：⑪　**問3**　(1)　$Cu^{2+} + Zn \longrightarrow Cu + Zn^{2+}$　(2)　7.7 A
問4　②　**問5**　②　**問6**　充電　**問7**　①，④
問8　(1)　29 g 増加　(2)　19 g 増加　**問9**　20%

解説　**問2**　$\underline{ダニエル電池}_{き}$ は，イオン化傾向の大きな Zn が$\underline{負極}_{お}$で e⁻ を放出してイオンになり，イオン化傾向の小さな Cu^{2+} が$\underline{正極}_{う}$で e⁻ を受け取り単体になる。
　　負極で起こる反応は，還元剤自身が酸化されて e⁻ を放出する$\underline{酸化}_{か}$反応である。

問3　(1)　負極と正極の反応を足し合わせる。

$$負極：Zn \longrightarrow Zn^{2+} + 2e^-$$
$$+)\underline{正極：Cu^{2+} + 2e^- \longrightarrow Cu}$$
$$全体：Cu^{2+} + Zn \xrightarrow{2e^-} Cu + Zn^{2+}$$

(2)　電流〔A〕× 時間〔s〕= 電気量〔C〕
　　流れた e⁻〔mol〕× ファラデー定数〔C/mol〕= 電気量〔C〕

である。電子 y〔mol〕が流れ，x〔A〕の電流が流れたとすると，

$$x〔A〕\times 50\ s = y〔mol〕\times 9.65\times 10^4\ C/mol \quad \cdots ①$$

一方，$Zn \longrightarrow Zn^{2+} + 2e^-$ より，負極で溶けた Zn の質量は，

$$\underbrace{y\times \frac{1}{2}}_{\text{溶けた Zn〔mol〕}} \times 65.4\ g$$

$Cu^{2+} + 2e^- \longrightarrow Cu$ より，正極に析出した Cu の質量は，

$$\underbrace{y\times \frac{1}{2}}_{\text{析出した Cu〔mol〕}} \times 63.5\ g$$

両極板を合わせた質量減少量は 3.8 mg なので，

$$y\times \frac{1}{2}\times 65.4 \ - \ y\times \frac{1}{2}\times 63.5 \ = \ 3.8\times 10^{-3} \quad \cdots ②$$

①，②より，$x = \underline{7.72\ A}$　　$(y = 4.0\times 10^{-3})$

問4　Cu^{2+} を含む溶液に Zn 板を入れると，Zn 板上に Cu が析出する。

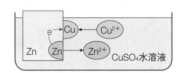

ダニエル電池は，素焼き板などを用いて両極の電解液が混ざらないようにする。これは，上記の反応が起こって外部回路に e^- が流れなくなるのを防ぐためである。

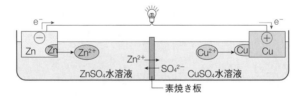

電極で反応が起こると，イオンが生成，消費されるために，電解液は正または負に帯電する。この帯電を打ち消すために，素焼き板を通って，Zn^{2+} が正極側，$SO_4{}^{2-}$ が負極側へ移動する。これにより各電解液が電気的中性に保たれ，反応が進行する。

問5　塩橋を用いたときは，塩橋中のイオンが左右の電解液へと移動することにより，両方の電解液を電気的中性に保つ。

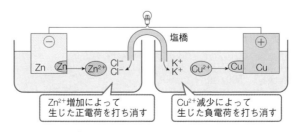

問7 鉛蓄電池の各極の反応式と反応量は，以下のとおり。

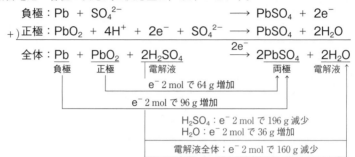

$$負極：Pb + SO_4^{2-} \longrightarrow PbSO_4 + 2e^-$$

$$+)\ 正極：PbO_2 + 4H^+ + 2e^- + SO_4^{2-} \longrightarrow PbSO_4 + 2H_2O$$

$$全体：\underline{Pb} + \underline{PbO_2} + \underline{2H_2SO_4} \xrightarrow{2e^-} \underline{2PbSO_4} + \underline{2H_2O}$$

負極　　　正極　　　電解液　　　　　　　　　両極　　電解液

e⁻ 2 mol で 64 g 増加

e⁻ 2 mol で 96 g 増加

H₂SO₄：e⁻ 2 mol で 196 g 減少
H₂O：e⁻ 2 mol で 36 g 増加

電解液全体：e⁻ 2 mol で 160 g 減少

右向きの反応が放電，左向きの反応が充電である。

② 左向きの反応の際，負極では $PbSO_4$ が Pb に還元される。

③ 右向きの反応の際，水に溶けにくい $PbSO_4$(白色)が生じて，両極の表面に析出していく。

問8 流れた e^-〔mol〕を a〔mol〕とおくと，

$$1.0\ A \times 965 \times 60\ s = a〔mol〕\times 9.65 \times 10^4\ C/mol \qquad a = 0.60\ mol$$

(1) 問7の反応式より，負極では e^- 2 mol 流れるごとに Pb 1 mol が $PbSO_4$ 1 mol に変わり，極板の質量は SO_4 1 mol 分の 96 g 増えるから，放電による質量増加を b〔g〕とおくと，

$$\frac{質量増加〔g〕}{e^-〔mol〕} = \frac{96}{2} = \frac{b}{0.60} \qquad b = \underline{28.8\ g\ 増加}$$

(2) (1)と同様に，正極では e^- 2 mol 流れるごとに PbO_2 1 mol が $PbSO_4$ 1 mol に変わり，極板の質量は SO_2 1 mol 分の 64 g 増えるから，放電による質量増加を c〔g〕とおくと，

$$\frac{質量増加〔g〕}{e^-〔mol〕} = \frac{64}{2} = \frac{c}{0.60} \qquad c = \underline{19.2\ g\ 増加}$$

問9 問7の反応式より，e^- 2 mol 流れるごとに，電解液の H_2SO_4 は 2 mol(196 g)減少し，電解液全体は 160 g 減少する。放電による H_2SO_4 減少量を d〔g〕，電解液の減少量を e〔g〕とおくと，

$$\frac{196}{2} = \frac{d}{0.60} \qquad d = 58.8\ g$$

$$\frac{160}{2} = \frac{e}{0.60} \qquad e = 48\ g$$

放電前の H_2SO_4 は，$500 \times \dfrac{30}{100} = 150\ g$ なので，

$$\frac{H_2SO_4〔g〕}{電解液〔g〕} = \frac{150 - 58.8}{500 - 48} = \frac{x〔\%〕}{100} \qquad x = \underline{20.1\ \%}$$

5 問1 1.93×10^3 C　　問2 1.61 A　　問3 B：O_2　D：Cl_2
問4 0.200 mol/L

解説 電気分解とは充電と同様で，起こりにくい**吸熱の酸化還元反応を，電気エネルギ**ーを与えて進行させることである。

まず，両極で起こる反応は以下のとおり。

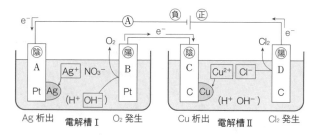

A極：$Ag^+ + e^- \longrightarrow Ag$
B極：$2H_2O \longrightarrow O_2 + 4H^+ + 4e^-$
C極：$Cu^{2+} + 2e^- \longrightarrow Cu$
D極：$2Cl^- \longrightarrow Cl_2 + 2e^-$

電極 A に析出した Ag の量〔mol〕と，流れた e^- の量〔mol〕は同じなので，

$$e^-\text{〔mol〕} = \frac{2.16}{108} = 2.00 \times 10^{-2} \text{ mol}$$

問1 流れた e^-〔mol〕×ファラデー定数〔C/mol〕＝電気量〔C〕 より，

$$2.00 \times 10^{-2} \times 9.65 \times 10^4 = \underline{1.93 \times 10^3 \text{ C}}$$

問2 電流〔A〕×時間〔s〕＝電気量〔C〕 より，

$$x\text{〔A〕} \times 20.0 \times 60 \text{ s} = 1.93 \times 10^3 \text{ C} \qquad x = \underline{1.608 \text{ A}}$$

問4 反応式より，e^- 2 mol 流れるごとに Cu^{2+} 1 mol と Cl^- 2 mol が消費され，$CuCl_2$ が 1 mol 減少するとわかる。よって，電気分解により減少した $CuCl_2$ の量は，

$$2.00 \times 10^{-2} \times \frac{1}{2} = 1.00 \times 10^{-2} \text{ mol}$$

減少量をモル濃度で表すと，

$$\frac{1.00 \times 10^{-2} \text{ mol}}{0.100 \text{ L}} = 0.100 \text{ mol/L}$$

よって，電解後の濃度は，$0.300 - 0.100 = \underline{0.200 \text{ mol/L}}$

---

6 問1 O_2
　問2 陽極：$2Cl^- \longrightarrow Cl_2 + 2e^-$
　　　陰極：$2H_2O + 2e^- \longrightarrow H_2 + 2OH^-$
　問3 $7.5 \times 10^{-2} \text{ mol}$　　問4 13

解説 問1 **陽イオン交換膜**は，**陽イオンのみを通す膜**である。水の電離で生じる H^+ は非常に低濃度なので，ここでは食塩由来の Na^+ のみが陽イオン交換膜を通過することにより，電解液を電気的中性に保つ。各電極の反応を示すと，以下のとおり。

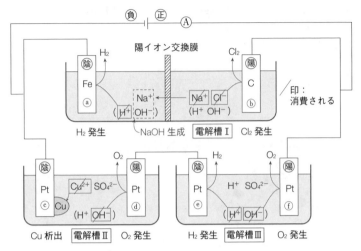

問2 問1の図より，電解槽 I の陰極側溶液では，H_2O が消費され，$NaOH$ が生成することがわかる。陽極側溶液では $NaCl$ が消費される。反応式は以下のとおり。

$$I 陰極：2H_2O + 2e^- \longrightarrow H_2 + 2OH^-$$
$$+) \quad I 陽極：2Cl^- \longrightarrow Cl_2 + 2e^-$$
$$\overline{\quad I 全体：2Cl^- + 2H_2O \longrightarrow H_2 + Cl_2 + 2OH^- \quad}$$

$2NaCl \longrightarrow 2Na^+ + 2Cl^-$ を足すと，

$$2NaCl + 2H_2O \xrightarrow{2e^-} H_2 + Cl_2 + 2NaOH$$

電解槽 I の陰極側溶液には，流れた e^- と同 mol の $NaOH(OH^-)$ が生じることがわかる。

問3 下の経路（電解槽 II と III）を流れた e^-〔mol〕は，電解槽 III の陰極で発生する H_2 の量より，$(2H^+ + 2e^- \longrightarrow H_2)$

$$\underset{\substack{\uparrow \\ \text{発生 } H_2〔mol〕}}{\frac{1.68}{22.4}} \underset{\substack{\uparrow \\ \text{流れた } e^-〔mol〕}}{\times 2} = 0.150 \text{ mol}$$

である。電解槽 II の ⓒ極，ⓓ極，電解槽 III の ⓔ極，ⓕ極すべてに e^- が 0.15 mol ずつ流れている。

電解槽 II の陰極に析出する Cu の量は，$(Cu^{2+} + 2e^- \longrightarrow Cu)$

$$\underset{\substack{\uparrow \\ e^-〔mol〕}}{0.15} \underset{\substack{\uparrow \\ \text{析出 } Cu〔mol〕}}{\times \frac{1}{2}} = \underline{0.075 \text{ mol}}$$

問4 並列接続では，**各経路を流れた電気量の和が全電気量に等しい**。電池が流した e^- の全量を電流と時間から求めると，

$$\frac{9.65 \text{ A} \times 2.00 \times 10^3 \text{ s}}{9.65 \times 10^4 \text{ C/mol}} = 0.200 \text{ mol}$$

これは，図の上の経路（電解槽 I）を流れた e^-〔mol〕と，下の経路（電解槽 II，III）

を流れた e^-〔mol〕の合計に等しい。よって電解槽Ⅰを流れた e^-〔mol〕は，

$$0.200 - 0.150 = 0.050 \text{ mol}$$

OH^- が 0.050 mol 生成することになる。そのモル濃度は，

$$[OH^-] = \frac{0.050 \text{ mol}}{0.50 \text{ L}} = 0.10 \text{ mol/L}$$

水のイオン積 $K_w = [H^+][OH^-]$ より，

$$[H^+] = \frac{K_w}{[OH^-]} = \frac{1.0 \times 10^{-14}}{0.10} = 1.0 \times 10^{-13} \text{ mol/L}$$

$$pH = -\log_{10}[H^+] = -\log_{10}(1.0 \times 10^{-13}) = \underline{13}$$

2 反応速度と平衡

〔7〕 **問1** $1.0 \times 10^{-3} \text{ mol/(L·min)}$　　**問2** 0.25 mol/L　　**問3** $3.7 \times 10^{-3} / \text{min}$

解説 **問1**　スクロースのモル濃度の減少量（$-\Delta[s]$）を時間の差 Δt で割って算出する。

$$\bar{v} = -\frac{\Delta[s]}{\Delta t} = -\frac{0.256 - 0.316}{60 - 0} = \underline{1.0 \times 10^{-3} \text{ mol/(L·min)}}$$

問2　$\overline{[s]} = \dfrac{0.256 + 0.238}{2} = \underline{0.247 \text{ mol/L}}$

問3　80〜140 min の区間において上記の方法で式をつくり，$\bar{v} = k\overline{[s]}$ の式に代入すると，

$$-\frac{0.190 - 0.238}{140 - 80} = k \times \frac{0.238 + 0.190}{2} \qquad k = \underline{3.73 \times 10^{-3} / \text{min}}$$

〔8〕 **問1** $v = k[A]^2[B]$　　**問2** $2.3 \text{ L}^2/(\text{mol}^2 \cdot \text{s})$　　**問3** 触媒
　問4　活性化エネルギー以上の運動エネルギーをもつ分子の割合が，急激に増大するから。

解説 **問1**　実験1と2の比較により，Cの生成速度 v はBのモル濃度[B]に比例することがわかる。さらに，実験2と3の比較により，v はAのモル濃度[A]の2乗に比例することがわかる。比例定数は反応速度定数 k なので，$\underline{v = k[A]^2[B]}$

問2　どの実験値でもよいが，例えば実験1の数値を問1の式に代入すると，

$$4.5 \times 10^{-3} \text{ mol/(L·s)} = k[\text{L}^2/(\text{mol}^2 \cdot \text{s})] \times (0.10)^2 (\text{mol/L})^2 \times 0.20 \text{ mol/L}$$

$$k = \underline{2.25 \text{ L}^2/(\text{mol}^2 \cdot \text{s})}$$

問4　反応物質の濃度を増した場合は，その衝突頻度が増す分だけ反応速度が増す。一方，温度を上昇させた場合は，衝突頻度の増大はむしろ副要因であり，活性化エネルギー以上の運動エネルギーをもつ分子の割合が，急激に増すことが主要因となって，反応速度が急激に増す。なお，触媒を加えたときは，活性化エネルギー自体が低下するため反応速度が増す。

解説 ルシャトリエの平衡移動の原理で考える。平衡時に以下の条件を変えると，その変化を打ち消す方向に平衡が移動する。

刺激（条件）	平衡の移動方向
❶ 温度を上げる	吸熱反応（$\Delta H > 0$）の側
❷ 物質を添加してその濃度を上げる	増加した物質を減少させる側
❸ 圧力を下げる	気体分子数を増やす側

(a) 反応に無関係な物質(Ar)は，加えられたとしても，その存在を無視して考える。

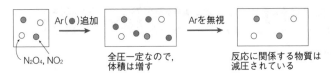

⇨ N_2O_4 ＋ NO_2 の分子数が増大する右側に平衡移動する。正しい。

(b)

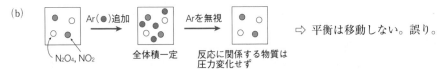

⇨ 平衡は移動しない。誤り。

(c) 上記❶より，吸熱側である右側に平衡移動する。正しい。

(d) 体積減少により圧力が増加するので，上記❸より，気体分子数が減少する左側に平衡移動する。正しい。

解説 問1 (1) 図1より，同圧では，500℃よりも300℃のほうが，平衡時のＣの量が増している。つまり，低温で平衡が右に移動している。低温では，発熱側に平衡が移動するので，右向きは発熱反応である。

(2) 図1より，いずれの温度でも，高圧でＣ生成側に平衡が移動している。高圧では，上昇した圧力を下げようとして，気体分子数が減少する側に平衡が移動するので，$x + y > z$ である。

問2 (1) 横軸に時間，縦軸にその時点でのＣの量をとった図2では，反応初期の傾きの大きさが反応速度の大きさを表し，水平になったときの高さが平衡の位置を表している。

触媒は，反応速度を増大させるが，平衡には影響しない。したがって，ⓐの曲線になる。

(2) 温度を上げれば，反応速度は増大する。一方，この反応は，右向きが発熱，左向きが吸熱なので，高温では左に平衡移動し，平衡時のＣの量は減る。したがってⓔの曲線になる。

11 問1 $K_c = \dfrac{[\text{HI}]^2}{[\text{H}_2][\text{I}_2]}$ 　問2 　36 　問3 　0.25 mol

解説 問1 　可逆反応 A $\rightleftharpoons$ B が平衡に達したとき，反応物質と生成物質の濃度比は一定になり，$K = \dfrac{[\text{B}]}{[\text{A}]}$（[ ] は mol/L 値という意味）の式が成り立つ。K は平衡定数とよばれる。

この問題の反応式 $\text{H}_2 + \text{I}_2 \rightleftharpoons 2\text{HI}$ の平衡定数 K_c は，反応式中の足し算部分を mol/L のかけ算に変え，左辺の濃度を分母にとって，次のように表される。

$$K_c = \frac{[\text{HI}]^2}{[\text{H}_2][\text{I}_2]}$$

問2 　平衡定数を用いる計算問題は，以下の **Point** のように解く。

Point 　**手順1** 　反応式の下に，はじめと平衡時の物質量（または mol に比例する値）を整理する。
手順2 　平衡時の値を mol/L として，化学平衡の法則（$K = $ の式）に代入する。

手順1 　　H_2 　+ 　I_2 　$\rightleftharpoons$ 　2HI

はじめ	2.0	2.0	0 〔mol〕
増減	-1.5	-1.5	$+3.0$ 〔mol〕
平衡時	0.5	0.5	3.0 〔mol〕

手順2 　平衡時の各モル濃度〔mol/L〕は，

$$[\text{H}_2] = [\text{I}_2] = \frac{0.5\text{ mol}}{4.0\text{ L}} \qquad [\text{HI}] = \frac{3.0\text{ mol}}{4.0\text{ L}}$$

$$K_c = \frac{[\text{HI}]^2}{[\text{H}_2][\text{I}_2]} \quad \text{より，} \quad K_c = \frac{\left(\dfrac{3.0}{4.0}\right)^2}{\left(\dfrac{0.5}{4.0}\right)^2} = \underline{36}$$

問3 　**手順1** 　　H_2 　+ 　I_2 　$\rightleftharpoons$ 　2HI

はじめ	0	0	2.0 〔mol〕
平衡時	x	x	$2.0 - 2x$ 〔mol〕

手順2

$$K_c = \frac{[\text{HI}]^2}{[\text{H}_2][\text{I}_2]} \quad \text{より，} \quad 36 = \frac{\left(\dfrac{2.0-2x}{2.0}\right)^2}{\left(\dfrac{x}{2.0}\right)^2}$$

$$6 = \frac{2.0 - 2x}{x} \qquad x = 0.25$$

$$\text{H}_2〔\text{mol}〕 = x = \underline{0.25\text{ mol}}$$

12 問1 　2.0 mol 　問2 　4.0 　問3 　4.0
問4 　A : 1.8 mol 　B : 0.80 mol 　C : 2.4 mol 　問5 　1.6×10^4 Pa
問6 　2.0 : 1.0 　または 　2.0 　問7 　発熱 　問8 　②

第2章　物質の変化

第2章　物質の変化　　49

解説 問1　**実験2**の隔壁除去前と**実験3**で全物質量が等しいので，気体Aの物質量を x〔mol〕とおくと，

$$x + 0.50 + 0.50 + 2.0 = 1.5 + 0.50 + 3.0 \qquad x = \underline{2.0\ \text{mol}}$$

問2　平衡（Ⅰ）での各濃度は，$[A] = \dfrac{2.0}{V}$〔mol/L〕，$[B] = \dfrac{0.50}{V}$〔mol/L〕，$[C] = \dfrac{2.0}{V}$〔mol/L〕である。これをこの反応の**化学平衡の法則** $K = \dfrac{[C]^2}{[A][B]}$ に代入すると，

$$K = \frac{\left(\dfrac{2.0}{V}\right)^2}{\dfrac{2.0}{V} \times \dfrac{0.50}{V}} = \underline{4.0}$$

問3　平衡定数は，温度を変えない限り一定である。

問4　前問 **11** の **Point** の **手順1**，**手順2** に従って解く。

手順1　隔壁除去直後と平衡時の量を整理すると，

	A	+	B	⇌	2C	
はじめ	2.0		0.50 + 0.50		2.0	〔mol〕
平衡時	2.0 − x		1.0 − x		2.0 + 2x	〔mol〕

手順2

$$K = \frac{[C]^2}{[A][B]} \quad より，\quad 4.0 = \frac{\left(\dfrac{2.0 + 2x}{2V}\right)^2}{\dfrac{2.0 - x}{2V} \times \dfrac{1.0 - x}{2V}} \qquad x = 0.20$$

したがって，平衡時の各物質量は，

A：$2.0 - 0.20 = \underline{1.8\ \text{mol}}$

B：$1.0 - 0.20 = \underline{0.80\ \text{mol}}$

C：$2.0 + 2 \times 0.20 = \underline{2.4\ \text{mol}}$

問5　分圧 = 全圧 × モル分率　より，

$$P_B = 1.0 \times 10^5 \times \frac{0.80}{1.8 + 0.80 + 2.4} = \underline{1.6 \times 10^4\ \text{Pa}}$$

問6　平衡（Ⅰ）でのCと，平衡（Ⅲ）でのCについて，気体の数値を整理すると，

	ⅠのC	ⅢのC	
P	P_C	P_C'	…Cの分圧
V	V	V	…全体積
n	2.0	3.0	
T	T_1	T_2	$T_1 = 3T_2$

両者を比較

$$R = \frac{P_1 V_1}{n_1 T_1} = \frac{P_2 V_2}{n_2 T_2}$$

$$\Rightarrow \frac{P_1}{n_1 T_1} = \frac{P_2}{n_2 T_2} \quad \cdots ①$$

上の式①より，$\dfrac{P_C}{2.0 \times 3T_2} = \dfrac{P_C'}{3.0 \times T_2}$

平衡（Ⅰ）：平衡（Ⅲ）$= P_C : P_C' = \underline{2.0 : 1.0}$　　または，$\dfrac{P_C}{P_C'} = \underline{2.0}$

問7　T_2〔K〕における平衡定数を，平衡（Ⅲ）の数値から求めると，

$$K=\frac{[\mathrm{C}]^2}{[\mathrm{A}][\mathrm{B}]}=\frac{\left(\dfrac{3.0}{V}\right)^2}{\dfrac{1.5}{V}\times\dfrac{0.50}{V}}=12$$

　この数値は，T_1〔K〕のときの 4.0 よりも増大しているので，温度低下（$T_1{\to}T_2$）により平衡は右に移動しているとわかる。**ルシャトリエの原理**より，低温では発熱側に平衡移動するので，右向きの反応は発熱反応であるとわかる。

問8　問7のとおり，ルシャトリエの原理で説明される。化学平衡の法則では，温度変化による平衡の移動方向までは説明できない。

　問1　ア，イ：CH_3COO^-, H^+（順不同）　ウ：CH_3COOH
　　エ：$C(1-\alpha)$　オ：$C\alpha$　カ：$C\alpha$　キ：$C\alpha^2$　ク：$1-\alpha$
　問2　1.00×10^{-2}　計算過程：$K_\mathrm{a}=\dfrac{C\alpha^2}{1-\alpha}$ より，$1.00\times10^{-5}=\dfrac{0.100\alpha^2}{1-\alpha}$
　　　$1-\alpha\fallingdotseq1$ と近似してみると，
　　　　$\alpha=1.00\times10^{-2}$
　　　$\alpha<0.050$ なので，近似は妥当である。
　問3　3.00　計算過程：$[\mathrm{H^+}]=C\alpha=0.100\times1.00\times10^{-2}=1.00\times10^{-3}\,\mathrm{mol/L}$
　　　　$\mathrm{pH}=-\log_{10}[\mathrm{H^+}]=-\log_{10}(1.00\times10^{-3})=3.00$

解説　**問1**　電離前後の量関係を整理すると，

$$\underset{ウ}{\mathrm{CH_3COOH}}\ \rightleftharpoons\ \underset{ア}{\mathrm{CH_3COO^-}}\ +\ \underset{イ}{\mathrm{H^+}}$$

はじめ　　　　　C　　　　　　　　0　　　　　　0　　〔mol/L〕
電離平衡時　$\boxed{C(1-\alpha)}_{\text{エ}}$　　　$\boxed{C\alpha}_{\text{オ}}$　　$\boxed{C\alpha}_{\text{カ}}$　〔mol/L〕

化学平衡の法則に代入すると，

Point
$$K_\mathrm{a}=\frac{[\mathrm{CH_3COO^-}][\mathrm{H^+}]}{[\mathrm{CH_3COOH}]}=\frac{C\alpha\times C\alpha}{C(1-\alpha)}=\frac{C\alpha^2}{1-\alpha}\qquad\cdots\text{式3}$$

問2　弱酸は一般に電離度 α が 1 よりも非常に小さいので，$1-\alpha\fallingdotseq1$ と近似すると，

Point
$$K_\mathrm{a}=\frac{C\alpha^2}{1-\alpha}\fallingdotseq C\alpha^2$$

　実際の値を代入してみると，
　　$1.00\times10^{-5}\fallingdotseq0.100\alpha^2$　　$\alpha=1.00\times10^{-2}$
　$\alpha<0.050$ を満たすので，近似は妥当だとわかる。よって，電離度 $\underline{\alpha=1.00\times10^{-2}}$

問3　問1より，平衡時は $[\mathrm{H^+}]=C\alpha$ なので，
　　$[\mathrm{H^+}]=0.100\times1.00\times10^{-2}=1.00\times10^{-3}\,\mathrm{mol/L}$
　または，$[\mathrm{H^+}]=C\alpha$ と $K_\mathrm{a}\fallingdotseq C\alpha^2$ より，α を消去して，

Point $[H^+] \fallingdotseq \sqrt{C \cdot K_a}$

とし，この式に代入してもよい。

$$[H^+] \fallingdotseq \sqrt{0.100 \times 1.00 \times 10^{-5}} = 1.00 \times 10^{-3} \, \text{mol/L}$$

$$pH = -\log_{10} [H^+] = -\log_{10} (1.00 \times 10^{-3}) = \underline{3.00}$$

14 問1　ア：緩衝(溶)液　イ：$\dfrac{c\alpha^2}{1-\alpha}$　ウ：$\sqrt{cK_a}$

問2　2.5　計算過程：$[H^+] \fallingdotseq \sqrt{0.400 \times 2.70 \times 10^{-5}} = 2.0 \times \sqrt{2.7} \times 10^{-3}$

$\qquad\qquad pH = -\log_{10}(2 \times \sqrt{2.7} \times 10^{-3}) = 2.48 \fallingdotseq 2.5$

問3　0.10 mol/L

$\quad$計算過程：$\left(0.400 \times \dfrac{50.0}{1000} - 0.200 \times \dfrac{50.0}{1000}\right) \times \dfrac{1000}{100.0} = 0.10 \, \text{mol/L}$

問4　4.6　計算過程：$K_a = \dfrac{[\text{CH}_3\text{COO}^-][\text{H}^+]}{[\text{CH}_3\text{COOH}]}$　より，

$\qquad 2.70 \times 10^{-5} = \dfrac{0.100 \times [\text{H}^+]}{0.100} \qquad [\text{H}^+] = 2.70 \times 10^{-5} \, \text{mol/L}$

$\qquad pH = -\log_{10}(2.7 \times 10^{-5}) = 4.56 \fallingdotseq 4.6$

問5　4.4　計算過程：$K_a = \dfrac{[\text{CH}_3\text{COO}^-][\text{H}^+]}{[\text{CH}_3\text{COOH}]}$　より，

$\qquad 2.70 \times 10^{-5} = \dfrac{\left(0.100 - 2.00 \times \dfrac{1.00}{100}\right) \times [\text{H}^+]}{0.100 + 2.00 \times \dfrac{1.0}{100}} \qquad [\text{H}^+] = \dfrac{3.0}{2.0} \times 2.70 \times 10^{-5}$

$\qquad pH = -\log_{10}\left(\dfrac{3.0}{2.0} \times 2.70 \times 10^{-5}\right) = 4.38 \fallingdotseq 4.4$

問6　0.18 g　計算過程：$K_a = \dfrac{[\text{CH}_3\text{COO}^-][\text{H}^+]}{[\text{CH}_3\text{COOH}]}$　より，加える NaOH の物質

量を a〔mol〕とおくと，

$\qquad 2.70 \times 10^{-5} = \dfrac{\left(0.100 + a \times \dfrac{1000}{100.0}\right) \times 1.0 \times 10^{-5}}{0.100 - a \times \dfrac{1000}{100.0}} \qquad a = 4.59 \times 10^{-3} \, \text{mol}$

$\qquad 40.0 \times 4.59 \times 10^{-3} = 0.183 \fallingdotseq 0.18 \, \text{g}$

解説　問1　イ，ウ：前問 **13** の解法を参照。

問2　水に酢酸(弱酸)のみを溶かした溶液なので，問1の式$[H^+] = \sqrt{cK_a}$ に代入して $[H^+]$ を求められる。

問4　酢酸の一部を水酸化ナトリウムで中和して酢酸ナトリウムに変えたので，酢酸 (弱酸)と酢酸ナトリウム(その塩)の混合溶液になっている。**弱酸とその塩の混合水溶 液は緩衝液であり**，問2とは解法が違ってくる。p.49 **11** の **Point** **手順1**，**手順2** に従って解く。

手順1 酢酸濃度を c_a〔mol/L〕，酢酸ナトリウム濃度を c_s〔mol/L〕とおく。塩（イオン結晶）は水に溶けると完全電離するので，

$$CH_3COONa \longrightarrow CH_3COO^- + Na^+$$

はじめ	c_s		0	0 〔mol/L〕
電離後	0		c_s	c_s 〔mol/L〕

続いて弱酸の酢酸がわずかに電離する。

$$CH_3COOH \rightleftharpoons CH_3COO^- + H^+$$

はじめ	c_a	c_s	0 〔mol/L〕
電離平衡時	c_a-x	c_s+x	x 〔mol/L〕

x は c_a や c_s に対して非常に小さいので，$c_a-x \fallingdotseq c_a$，$c_s+x \fallingdotseq c_s$ と近似できる。これを**化学平衡の法則**に代入すると，

手順2 $K_a = \dfrac{[CH_3COO^-][H^+]}{[CH_3COOH]} = \dfrac{(c_s+x) \times x}{c_a-x} \fallingdotseq \dfrac{c_s \times x}{c_a}$

残った酢酸は**問3**より 0.100 mol/L だから，$c_a = 0.100$ mol/L
生じた酢酸ナトリウムの濃度は，

$$\underset{\substack{\text{加えた NaOH〔mol〕} \\ \parallel \\ \text{生成した } CH_3COONa 〔mol〕}}{0.200 \times \dfrac{50.0}{1000}} \times \dfrac{1000}{100.0} 〔/L〕 = 0.100 \text{ mol/L}$$

なので，$c_s = 0.100$ mol/L　これらを上式に代入すると，

$$2.70 \times 10^{-5} = \frac{0.100 \times x}{0.100} \qquad x = 2.70 \times 10^{-5} \text{ mol/L}$$
$$\underset{[H^+]}{}$$

$$pH = -\log_{10}(2.7 \times 10^{-5}) = -\log_{10} 2.7 - \log_{10} 10^{-5} = -0.440 + 5 = \underline{4.56}$$

問5 加えた塩酸（強酸）が放出する H^+ は，酢酸イオンと以下のように反応する。塩酸濃度を c〔mol/L〕とおくと，

手順1 $$CH_3COO^- + H^+ \longrightarrow CH_3COOH$$

はじめ	c_s	c	c_a 〔mol/L〕
反応後	c_s-c	0	c_a+c 〔mol/L〕

ここから CH_3COOH がわずかに電離する。

$$CH_3COOH \rightleftharpoons CH_3COO^- + H^+$$

はじめ	c_a+c	c_s-c	0 〔mol/L〕
電離平衡時	c_a+c-y	c_s-c+y	y 〔mol/L〕

y は c_a+c や c_s-c に比べると非常に小さいので，

$$[CH_3COOH] \fallingdotseq c_a+c, \quad [CH_3COO^-] \fallingdotseq c_s-c$$

である。これらを化学平衡の法則に代入すると，

手順2 $K_a = \dfrac{[CH_3COO^-][H^+]}{[CH_3COOH]} \fallingdotseq \dfrac{(c_s-c) \times y}{c_a+c}$

この問題では $c_a = c_s = 0.100$ mol/L，加えた塩酸 1.00 mL は 100 mL に薄まるので，

$$c = 2.00 \times \frac{1.00}{100} = 0.0200 \text{ mol/L}$$

これらを上式に代入すると，

$$2.70 \times 10^{-5} = \frac{(0.100 - 0.0200) \times y}{0.100 + 0.0200} \qquad y = \frac{3.0}{2.0} \times 2.70 \times 10^{-5} \text{ mol/L}$$

（↑ [H$^+$]）

$$\text{pH} = -\log_{10}\left(\frac{3}{2} \times 2.7 \times 10^{-5}\right) = \log_{10} 2 - \log_{10} 3 - \log_{10} 2.7 + 5 = \underline{4.38}$$

問6 加えた水酸化ナトリウム（強塩基）が放出する OH$^-$ は，酢酸と以下のように反応する。水酸化ナトリウム濃度を c'〔mol/L〕とおくと，

手順1

$$\text{CH}_3\text{COOH} + \text{OH}^- \longrightarrow \text{CH}_3\text{COO}^- + \text{H}_2\text{O}$$

はじめ	c_a	c'	c_s 〔mol/L〕
反応後	$c_a - c'$	0	$c_s + c'$ 〔mol/L〕

ここから CH$_3$COOH がわずかに電離する。

$$\text{CH}_3\text{COOH} \rightleftharpoons \text{CH}_3\text{COO}^- + \text{H}^+$$

はじめ	$c_a - c'$	$c_s + c'$	0 〔mol/L〕
電離平衡時	$\boxed{c_a - c' - z}$	$\boxed{c_s + c' + z}$	$\boxed{z}$ 〔mol/L〕

z は $c_a - c'$ や $c_s + c'$ に比べると非常に小さいので，

$$[\text{CH}_3\text{COOH}] \fallingdotseq \boxed{c_a - c'}, \quad [\text{CH}_3\text{COO}^-] \fallingdotseq \boxed{c_s + c'}$$

これらを化学平衡の法則に代入すると，

手順2 $\quad K_a = \dfrac{[\text{CH}_3\text{COO}^-][\text{H}^+]}{[\text{CH}_3\text{COOH}]} \fallingdotseq \dfrac{(\boxed{c_s + c'}) \times \boxed{z}}{\boxed{c_a - c'}}$

この問題では $c_a = c_s = 0.100$ mol/L，加えた NaOH を a〔mol〕とおくと，100.0 mL に薄まるから，$c' = a$〔mol〕$\times \dfrac{1000}{100}$〔/L〕$= 10.0a$〔mol/L〕

pH $= 5.0$ にするのだから，[H$^+$] $= z = 1.0 \times 10^{-5}$ mol/L

これらを上式に代入すると，

$$2.70 \times 10^{-5} = \frac{(0.100 + 10.0a) \times 1.0 \times 10^{-5}}{0.100 - 10.0a} \qquad a = 4.59 \times 10^{-3} \text{ mol}$$

質量に直すと，40.0 g/mol $\times 4.59 \times 10^{-3}$ mol $= \underline{0.183 \text{ g}}$

近似をいつ行ってよいのかがわかりにくいので，以下に整理する。

水に加えた物質 （または中和反応で生じた物質）	近似
弱酸 HA のみ	HA 濃度に対し，電離による減少分を無視 （$1 - \alpha \fallingdotseq 1$）
弱酸 HA と塩 NaA の両方 （緩衝液）	HA 濃度や A$^-$ 濃度に対し，HA の電離による増減 x を無視 （$c_a - x \fallingdotseq c_a$, $c_s + x \fallingdotseq c_s$）

第3章　無機物質

1　非金属元素

1　問1　a：16　b：8　c：6　d：2　e：発煙硫酸
問2　斜方硫黄，単斜硫黄，ゴム状硫黄　　**問3**　$S + O_2 \longrightarrow SO_2$
問4　水と激しく反応してしまうから。(15字)　　**問5**　3.20 kg

解説　問4　$SO_3 + H_2O(濃硫酸中の水) \longrightarrow H_2SO_4$

　　直接水に SO_3 を吹き込むと，<u>激しい発熱反応が起こって水は沸騰し</u>，H_2SO_4 は霧状に飛び散ってしまう。

問5　接触法の反応式は以下のとおり。

第1段階	$(S$	$+ \quad O_2$	$\longrightarrow$	$SO_2) \times 2$
第2段階	$2SO_2$	$+ \quad O_2$	$\longrightarrow$	$2SO_3$
第3段階	$+)(SO_3$	$+ \quad H_2O$	$\longrightarrow$	$H_2SO_4) \times 2$
全体	$2S$	$+ \quad 3O_2 + 2H_2O$	$\longrightarrow$	$2H_2SO_4$

　　結局，原料中の S 原子がすべて H_2SO_4 の S 原子に変わるので，用いる硫黄を x〔kg〕とおくと，

　　原料 S〔mol〕＝製品中 H_2SO_4〔mol〕　　より，

$$\frac{x \times 10^3}{32.0} = 10.0 \times 10^3 \underbrace{|}_{溶液〔g〕} \times \underbrace{\frac{98.0}{100}}_{溶質\,H_2SO_4〔g〕} \times \frac{1}{98.0} \qquad x = \underline{3.20\ kg}$$

2　問1　オストワルト法　　**問2**　A：NO　B：NO_2
問3　a：4　b：O_2　c：2　d：1　　**問4**　③
問5　$NH_3 + 2O_2 \longrightarrow HNO_3 + H_2O$　　**問6**　3.4×10^2 L
問7　$Cu + 4HNO_3 \longrightarrow Cu(NO_3)_2 + 2NO_2 + 2H_2O$

解説　前問 **1** の**接触法**，本問の**オストワルト法**ともに，原料を**燃焼→さらに酸化→水と反応**　でオキソ酸を製造する方法だが，オストワルト法のほうが反応が複雑である。
問3，4　反応1は燃焼反応である。

$$\underbrace{4NH_3}_{a} + \underbrace{5O_2}_{b} \longrightarrow 4NO + 6H_2O$$

　　反応3は，NO_2 の<u>自己酸化還元反応</u>問4 である。以下のように，一部の NO_2 が酸化剤，残りの NO_2 が還元剤としてはたらく。

酸化剤	$NO_2 + 2H^+ + 2e^-$	$\longrightarrow$	$NO + H_2O$	
還元剤	$+)(NO_2 + H_2O$	$\longrightarrow$	$NO_3^- + 2H^+ + e^-) \times 2$	
化学反応式	$3NO_2 + H_2O$	$\longrightarrow$	$\underline{2HNO_3}_c + \underline{NO}_d$	

問5　反応1〜3を，中間生成物 NO，NO_2 が消えるように足すのだが，反応2と3を足して先に NO_2 を消し，後で反応1を足して NO を消す必要がある。

第3章　無機物質

第3章　無機物質　55

$$反応2 \quad (2NO + O_2 \longrightarrow 2NO_2) \times 3$$
$$反応3 \quad \underline{+)(3NO_2 + \quad H_2O \longrightarrow 2HNO_3 + NO) \times 2}$$
$$4NO + 3O_2 + 2H_2O \longrightarrow 4HNO_3$$

さらに，反応1：$4NH_3 + 5O_2 \longrightarrow 4NO + 6H_2O$ を足して NO を消去すると，

$$4NH_3 + 8O_2 \longrightarrow 4HNO_3 + 4H_2O$$

係数を約分すると，

$$\underline{NH_3 + 2O_2 \longrightarrow HNO_3 + H_2O}$$

別解

全体の式を最初からつくり直してもよい。

$$酸化剤 \quad (\quad \underline{O_2} + 4H^+ + 4e^- \longrightarrow \quad 2H_2O) \times 2$$
$$還元剤 \quad \underline{+)NH_3 + 3H_2O \qquad \longrightarrow \quad NO_3^- + 9H^+ + 8e^-}$$
$$化学反応式 \quad NH_3 + 2O_2 \qquad \longrightarrow \quad HNO_3 + H_2O$$

酸化剤と還元剤の半反応式（はたらきを示す e^- を含んだ反応式）全体を暗記していなくても，上式下線部さえ覚えていれば，

①両辺の O 原子数が合うように H_2O を補う
②両辺の H 原子数が合うように H^+ を補う
③両辺の電荷が合うように e^- を補う

の手順でつくることができる。

問6 この製造工程では，原料 NH_3 中の N 原子がすべて HNO_3 の N 原子に変わり，問5の式で表されるように，

原料 NH_3〔mol〕＝製品中 HNO_3〔mol〕となる。用いる NH_3 の体積を x〔L〕とおくと，

$$\frac{x}{22.4} = 1.0 \times 10^3 \underset{\text{溶液〔mL〕}}{\Big|} \times 1.4 \underset{\text{溶液〔g〕}}{\Big|} \times \frac{69}{100} \underset{\text{溶質 } HNO_3\text{〔g〕}}{\Big|} \times \frac{1}{63} \qquad x = \underline{3.43 \times 10^2 \text{ L}}$$

問7 HNO_3 が酸化剤，Cu が還元剤としてはたらく酸化還元反応が起こる。濃硝酸を用いると，赤褐色の気体 NO_2 が生じる。

$$酸化剤 \quad (\quad NO_3^- + 2H^+ + e^- \longrightarrow \quad NO_2 + H_2O) \times 2$$
$$還元剤 \quad \underline{+)Cu \qquad \qquad \longrightarrow Cu^{2+} + 2e^-}$$
$$イオン反応式 \quad Cu + 2NO_3^- + 4H^+ \qquad \longrightarrow Cu^{2+} + \quad 2NO_2 + 2H_2O$$
$$左辺のイオンを補う式 \quad 4HNO_3 \qquad \longrightarrow 4H^+ + \quad 4NO_3^- \quad を足す。$$
$$化学反応式 \quad \underline{Cu + 4HNO_3 \qquad \longrightarrow Cu(NO_3)_2 + 2NO_2 + 2H_2O}$$

---

[3] **問1** A：④ B：②
問2 $MnO_2 + 4HCl \longrightarrow MnCl_2 + Cl_2 + 2H_2O$
問3 C：HCl D：H_2O **問4** ③ **問5** $CuCl_2$
問6 $Cl_2 + 2KBr \longrightarrow 2KCl + Br_2$ **問7** HClO

解説 **問1, 2** Cl_2 発生反応には，さらし粉 $CaCl(ClO) \cdot H_2O$ に強酸を加える方法もあるが，ここでは選択肢より，酸化マンガン(Ⅳ)と濃塩酸を加熱下に反応させ，Cl^- を酸化し，Cl_2 にする方法とわかる。反応式は，以下のように組み立てる。

$$\text{酸化剤} \quad MnO_2 + \qquad 4H^+ + 2e^- \longrightarrow Mn^{2+} + 2H_2O$$

$$\text{還元剤} \quad +) \qquad 2Cl^- \qquad \longrightarrow Cl_2 + 2e^-$$

$$\text{イオン反応式} \quad MnO_2 + 2Cl^- + 4H^+ \longrightarrow Mn^{2+} + Cl_2 + 2H_2O$$

$$\text{左辺のイオンを補う式} \qquad 4HCl \longrightarrow 4H^+ + 4Cl^- \quad \text{を足す。}$$

$$\text{化学反応式} \quad MnO_2 + 4HCl \longrightarrow MnCl_2 + Cl_2 + 2H_2O$$

問3 この反応では，Cl_2 のほかに HCl や H_2O も揮発して，発生気体に混じり込む。純粋な Cl_2 を得るためには，この HCl（気体）と H_2O（気体）を取り除かねばならない。ただし，塩基性物質に通すと，Cl_2 も吸収されてしまう。

そこで，まず液体の水に発生気体を通し，水に非常によく溶ける HCl を溶かして気体から除く。次に，中性または酸性の乾燥剤に通して H_2O を吸収させ，気体から除く。すると，純粋な Cl_2 気体が得られる。濃硫酸は乾燥剤として用いている。

このとき，水と濃硫酸の順番を逆にしてはならない。なぜなら，先に濃硫酸で H_2O（気体）を除いても，その後，水に通せば，再び H_2O（気体）が混じるからである。

問4 得られた気体 Cl_2 は，水に溶け空気よりも分子量が大きく重い気体なので，下方置換で捕集する。

問5 $Cu + Cl_2 \longrightarrow CuCl_2$ の反応が起こる。

問6 Cl_2 は，Br^- や I^- といった，自らよりも陰性が弱い（＝周期表で下にある）ハロゲン化物イオンからも e^- を奪う。反応式は，以下のとおり。

$$\text{酸化剤} \quad Cl_2 + 2e^- \longrightarrow 2Cl^-$$

$$\text{還元剤} \quad +) \qquad 2Br^- \longrightarrow Br_2 + 2e^-$$

$$\text{イオン反応式} \quad Cl_2 + 2Br^- \longrightarrow Br_2 + 2Cl^-$$

$$\text{左辺のイオンを補う式} \quad 2KBr \longrightarrow 2K^+ + 2Br^- \quad \text{を足す。}$$

$$\text{化学反応式} \quad Cl_2 + 2KBr \longrightarrow Br_2 + 2KCl$$

問7 Cl_2 は水に溶ける。これは，Cl_2 の一部が H_2O と以下のように反応し，水溶性の塩化水素 HCl と次亜塩素酸 $HClO$ を生じるからである。

$$Cl_2 + H_2O \rightleftarrows HCl + HClO$$

生じた $HClO$ は，強い酸化作用を示すので殺菌・漂白作用を示す。

---

4 **問1** (ア) $CaC_2 + 2H_2O \longrightarrow C_2H_2 + Ca(OH)_2$
(イ) $2NH_4Cl + Ca(OH)_2 \longrightarrow 2NH_3 + 2H_2O + CaCl_2$
(ウ) $HCOOH \longrightarrow CO + H_2O$
(エ) $2NaHSO_3 + H_2SO_4 \longrightarrow 2SO_2 + 2H_2O + Na_2SO_4$
 （$NaHSO_3 + H_2SO_4 \longrightarrow SO_2 + H_2O + NaHSO_4$ も可）
(オ) $NH_4NO_2 \longrightarrow N_2 + 2H_2O$
問2 $O_3 + 2I^- + H_2O \longrightarrow O_2 + I_2 + 2OH^-$

解説 **問1** (ア) CaC_2 は Ca^{2+}，C_2^{2-} に分かれ，生じた C_2^{2-} が H_2O から H^+ を引き抜く。

$$C_2{}^{2-} + 2H_2O \longrightarrow C_2H_2 + 2OH^-$$

をイメージして書けばよい。C_2H_2 は，H_2O よりも H^+ を離しにくいので，反応が進行する。

(イ) $NH_4{}^+$ の H^+ を，強塩基の OH^- が奪う反応である。

$$NH_4{}^+ + OH^- \longrightarrow NH_3 + H_2O$$

をイメージして書けばよい。H_2O は $NH_4{}^+$ よりも H^+ を離しにくいので，反応が進行する。

(ウ) 濃硫酸による脱水である。

(エ) H_2SO_4 が放出する H^+ を，$HSO_3{}^-$ が奪っていったん亜硫酸 H_2SO_3 が生じる。これがさらに H_2O と SO_2 に分解する。

$$H^+ + HSO_3{}^- \longrightarrow H_2O + SO_2$$

をイメージして書けばよい。弱酸の H_2SO_3 は，強酸の H_2SO_4 よりも H^+ を離しにくいので，反応が進行する。

(オ) $NH_4{}^+$ 中の N 原子(酸化数 -3)が e^- 3 個を放出し，$NO_2{}^-$ 中の N 原子(酸化数 $+3$)が e^- 3 個を受け取って，酸化数 0 の N_2 になる反応である。

問2 反応式の組み立て方は以下のとおり。

酸化剤　$O_3 + 2H^+ + 2e^- \longrightarrow O_2 + H_2O$

還元剤　$+) 2I^- \longrightarrow I_2 + 2e^-$

酸性時のイオン反応式　$O_3 + 2I^- + 2H^+ \longrightarrow O_2 + I_2 + H_2O$

中性溶液のときは，左辺の H^+ や OH^- は，H_2O が電離して補うから，

$2H_2O \longrightarrow 2H^+ + 2OH^-$ を足すと，

中性時のイオン反応式　$O_3 + 2I^- + H_2O \longrightarrow O_2 + I_2 + 2OH^-$

このように，酸性溶液中の反応式ならば H^+ を用いて，塩基性溶液ならば OH^- を用いて，中性溶液ならば右辺に H^+ または OH^- が生じるように，イオン反応式を書く。$H_2O \longrightarrow H^+ + OH^-$ の式を足したり引いたりすれば，変換ができる。

2 金属元素

⟨5⟩ **問1** あ：③　い：⑦　う：⑨　え：④　お：⑪

問2 ②　**問3** 0.270 g

問4 $+6 \longrightarrow +4$

$$Cu + 2H_2SO_4 \longrightarrow CuSO_4 + SO_2 + 2H_2O$$

問5 a：4　b：$3O_2$　c：$2Al_2O_3$

解説 **問1, 2, 5** アルカリ金属(リチウム，ナトリウム，カリウムなど)，Be，Mg を除く**アルカリ土類金属**(カリウム$_{あ}$など)の単体は，常温で水や空気中の酸素と容易に反応する。

水との反応：$2Na + 2H_2O \longrightarrow 2NaOH($水酸化物$_{い}) + H_2$　など

酸素との反応：$4Li + O_2 \longrightarrow 2Li_2O($酸化物$_{え})$　など

Al，Zn，Fe は，下線部 熱水とは反応しない。高温の水蒸気とは反応する。問2

$$2Al + 3H_2O \longrightarrow Al_2O_3 + 3H_2$$

$$Zn + H_2O \longrightarrow ZnO + H_2$$

$$3Fe + 4H_2O \longrightarrow Fe_3O_4 + 4H_2$$

また，**Al，Zn，Fe** は，酸素と反応したときも酸化物を生じる。

$$\underset{a}{4}Al + \underset{b}{3O_2} \longrightarrow \underset{c}{2Al_2O_3} \quad など$$

水素よりもイオン化傾向の大きい金属の単体は，塩酸や希硫酸に H_2 **を発生して溶**ける。

$$Zn + H_2SO_4 \longrightarrow ZnSO_4 + H_2 \quad など$$

ただし，**Pb** は，表面しか反応せず，溶けにくい。これは，生成物の $PbCl_2$ や $PbSO_4$ が，水に溶けず，表面に析出して金属を覆い隠すからである。

水素よりもイオン化傾向の小さい金属(Pt や Au を除く)**の単体は，酸化力の強い**下線部 硝酸う**や熱濃硫酸に，**NO，NO_2，SO_2 **を発生しながら溶ける。**希硝酸に Ag が溶けるときの反応式は，

$$3Ag + 4HNO_3 \longrightarrow 3AgNO_3 + NO + 2H_2O$$

Al や純粋な Fe は，濃硝酸や濃硫酸には溶けない。これは，表面に緻密な酸化被膜が生じて内部が保護された不動態という状態になるからである。いったん不動態化すると，薄い酸にも溶けなくなる。

Al を不動態化させてさびないようにした製品を，下線部 アルマイトお という。なお，ジュラルミンは，Al に Cu や Mg などを混ぜた，軽くて丈夫な合金だが，不動態と直接関係があるのは，アルマイトである。

問3 以下の反応が起こる。

$$\begin{array}{ll} \text{酸化剤} & (Ag^+ + e^- \longrightarrow Ag) \times 3 \\ \text{還元剤} \quad +) & Al \longrightarrow Al^{3+} + 3e^- \\ \hline \text{イオン反応式} & 3Ag^+ + Al \longrightarrow 3Ag + Al^{3+} \end{array}$$

溶け出したアルミニウムの質量を x〔g〕とおくと，

Ag^+ が奪う e^-〔mol〕= Al が出す e^-〔mol〕 より，

$$\underset{\underset{\text{〔価〕}}{Ag^+\text{〔mol〕}}}{\frac{3.24}{108}} \times 1 = \underset{\underset{\text{〔価〕}}{Al\text{〔mol〕}}}{\frac{x}{27.0}} \times 3 \qquad x = \underline{0.270 \text{ g}}$$

問4 反応式の組み立て方と酸化数は，以下のとおり。

$$\begin{array}{ll} \text{酸化剤} & \underset{\underset{+6}{酸化数 \Rightarrow}}{SO_4^{2-}} + 4H^+ + 2e^- \longrightarrow \underset{+4}{SO_2} + 2H_2O \\ \text{還元剤} \quad +) Cu & \longrightarrow Cu^{2+} + 2e^- \\ \hline \text{イオン反応式} \quad Cu + SO_4^{2-} + 4H^+ & \longrightarrow Cu^{2+} + SO_2 + 2H_2O \\ \text{左辺のイオンを補う式} \quad 2H_2SO_4 & \longrightarrow 2SO_4^{2-} + 4H^+ \end{array}$$

を足す。

$$\text{化学反応式} \quad Cu + 2H_2SO_4 \longrightarrow CuSO_4 + SO_2 + 2H_2O$$

6	問1	A：④	B：⑥	C：①	D：②	E：③	F：⑤	G：⑦	H：⑨

I：⑧　　問2　⑥

解説 問1　前問 5 の解説も参考にしてほしい。

　　　実験1~7の内容を整理すると，以下のとおり。

	希硫酸	硝酸	濃硝酸	水との反応ほか	金属
A	気体↑		不溶	水とは反応せず	Ni
B	気体↑			HClaq にも NaOHaq にも可溶，高温の水蒸気と反応	Zn
C	気体↑			常温の水と反応	Na
D	気体↑			熱水と反応	Mg
E	気体↑		不溶	高温の水蒸気と反応	Fe
F	ほぼ不溶	可溶			Cu
G	ほぼ不溶	可溶		Gイオン ＋ F ⟶ G ＋ Fイオン	Ag
H	ほぼ不溶	可溶		HClaq にほぼ不溶，NaOHaq に可溶	Pb
I			不溶		Pt

　　実験1より，A~Eは順不同で Na，Mg，Fe，Ni，Zn，F~Iは順不同で残りの Cu，Ag，Pt，Pb とわかる。**実験2**より，Iは硝酸にも溶けない Pt である。**実験3** より，AとEは濃硝酸によって不動態をつくる Fe または Ni とわかる。このうち，Aは水と反応しない Ni，Eは高温の水蒸気と反応する Fe である。

　　さらに，酸とも強塩基とも反応するBは両性金属のZn。塩酸には溶けにくいが強塩基の水溶液に溶けるHはPbとわかる。

　　常温の水と反応するCはNa，熱水と反応するDはMg。最後に残ったF，Gのうち，イオン化傾向が小さくFの表面に析出するGはAg，代わりに溶けるFはCuとわかる。

問2　イオン化傾向の大きな金属のほうが負極になるから，Bの Zn

7	問1	ア：アルカリ金属（元素）　イ：1　ウ：1　エ：銀白　オ：2　カ：2

　　　キ：強い　ク：H_2　ケ：石灰水　コ：塩基性　サ：Ag　シ：Au

問2　アンモニアソーダ法　または　ソルベー法

問3　(a) $NaCl + NH_3 + H_2O + CO_2 \longrightarrow NaHCO_3 + NH_4Cl$

　　(b) $2NaHCO_3 \longrightarrow Na_2CO_3 + H_2O + CO_2$

　　(c) $Ca(OH)_2 + CO_2 \longrightarrow CaCO_3 + H_2O$

　　(d) $CaCO_3 + H_2O + CO_2 \longrightarrow Ca(HCO_3)_2$

問4　潮解　　問5　炎色反応

解説 問1　キ：陽性は，周期表上で左下の元素ほど強い。

　　コ：陽性が強いアルカリ金属とアルカリ土類金属（Be，Mg を除く）の水酸化物は，水溶性で，強塩基性を示す。そのほかの金属元素の水酸化物は，弱塩基性を示す。

　　サ：金属単体の電気伝導性は，大きいものから Ag，Cu，Au の順である。

シ：展性，延性ともに，最大が Au，次が Ag である。

問2 Na_2CO_3 の工業的製法を<u>アンモニアソーダ法</u>という。

問3 (a) アンモニアソーダ法の第一段階では，$NaCl$ の電離で Na^+ を用意し，NH_3 と $H_2O + CO_2$（炭酸 H_2CO_3）との中和反応

$$NH_3 + H_2O + CO_2 \longrightarrow NH_4^+ + HCO_3^-$$

で HCO_3^- を用意し，溶解度最小の組み合わせである $NaHCO_3$ を析出させる。全体の反応式は，

$$\underline{NaCl + NH_3 + H_2O + CO_2 \longrightarrow NaHCO_3 + NH_4Cl}$$

(b) アンモニアソーダ法の第二段階では，取り出した $NaHCO_3$ を熱分解させて，Na_2CO_3 を生じさせる。これは中和の逆反応であり，2つの HCO_3^- が H^+ を不均一化させ，CO_2 を生じる。加熱により CO_2 が気化して失われるので，これを補うべく反応が進む（**ルシャトリエの原理**）。

$$2HCO_3^- \longrightarrow CO_3^{2-} + H_2O + CO_2$$
$$\text{（炭酸 H_2CO_3）}$$

$$\underline{2NaHCO_3 \longrightarrow Na_2CO_3 + H_2O + CO_2}$$

(c) $Ca(OH)_2$ と炭酸 H_2CO_3 の中和をイメージして書けばよい。

$$Ca(OH)_2 + H_2CO_3 \longrightarrow CaCO_3 + 2H_2O$$
$$\downarrow -H_2O \qquad\qquad \downarrow -H_2O$$
$$\underline{Ca(OH)_2 + CO_2 \longrightarrow CaCO_3 + H_2O}$$
$$\text{（白色沈殿）}$$

(d) (b)の逆反応である。常温（低温）で CO_2 を溶かし込むと，それを消費しようとして HCO_3^- 生成側に反応が進む。

$$CO_3^{2-} + H_2O + CO_2 \longrightarrow 2HCO_3^-$$
$$\text{（炭酸 H_2CO_3）}$$

$$\underline{CaCO_3 + H_2O + CO_2 \longrightarrow Ca(HCO_3)_2}$$
$$\text{（白色沈殿）} \qquad\qquad\qquad \text{（水溶性）}$$

なお，$Ca(HCO_3)_2$ が生じた水溶液を加熱または減圧すると，CO_2 が気化して逆反応が進み，$CaCO_3$ に戻る。

---

8 問1 計算式：$\dfrac{100}{146} : \dfrac{100-31}{M_X} = 1:1$ $\qquad M_X = 1.00\times10^2$

式量：1.0×10^2 化学式：$CaCO_3$ **問2** a：O_2 b：CO_2 c：CO

解説 問1 X の化学式を CaY とおくと，熱分解反応で金属元素は気化せず残るから，反応式は，

$$CaC_2O_4 \cdot H_2O \longrightarrow CaY + \cdots$$

のように表される。グラフより，はじめの $CaC_2O_4 \cdot H_2O$ の質量を 100 とおくと，E 点の質量は $100-31$ と読めるので，物質 X の式量を M_X とおくと，「係数比＝mol 比」より，

$$CaC_2O_4 \cdot H_2O : CaY = \underset{\text{mol 比}}{\dfrac{100}{146} : \dfrac{100-31}{M_X}} = \underset{\text{係数比}}{1:1} \qquad \underline{M_X = 1.00\times10^2}$$

H_2O は，C 点ですでに失われている。残る Ca，C，O 原子でできる式量約 100 の化合物 X は，<u>$CaCO_3$</u>である。

問2 まず，空気中の反応では，O_2 が存在するので，CO がさらに酸化されて CO_2 になると推定できる。

$$CaC_2O_4 + \frac{1}{2}\underline{O_2}_a \longrightarrow CaCO_3 + \underline{CO_2}_b$$

次に，窒素中の反応では，反応によって C 原子，O 原子が各 1 個失われることから，

$$CaC_2O_4 \longrightarrow CaCO_3 + \underline{CO}_c$$

---

9 **問1** A：$Fe_2O_3 + 3CO \longrightarrow 2Fe + 3CO_2$
B：$Cu_2S + O_2 \longrightarrow 2Cu + SO_2$
問2 あ：酸性 い：両性 う：炭素 え：陰極 **問3** お：ⓒ か：ⓐ

解説 **問3** 銅の**電解精錬**では，粗銅を陽極，純銅を陰極，硫酸酸性の硫酸銅（Ⅱ）水溶液を電解液として電気分解を行う。

粗銅中の，<u>イオン化傾向が Cu よりも大きい不純物（Fe，Zn など）</u>は，<u>イオンとなって電解液中に溶解する</u>おが，陰極には，溶解したイオンのうち最もイオン化傾向の小さい Cu^{2+} のみが単体に還元されて析出する。

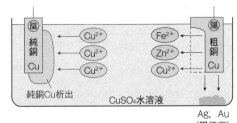

純銅Cu析出 $CuSO_4$水溶液

Ag, Au（陽極泥）

粗銅中の，<u>イオン化傾向が Cu よりも小さい不純物（Ag，Au など）</u>は，イオンにはならず，単体のまま<u>陽極の下に析出し，陽極泥となる</u>か。

---

10 **問1** A：ボーキサイト B：アルミナ（または酸化アルミニウム）
C：溶融塩電解（または融解塩電解） D：陰 E：陽 F：テルミット
G：酸化 H：還元 **問2** ア：54 イ：24
問3 アルミニウムのイオン化傾向が大きいため，水の電気分解が起こり，水素が発生するから。
問4 化学式：Na_3AlF_6 または $Na_3[AlF_6]$
理由：より低温で融解状態にするため。
問5 D（陰）極：$Al^{3+} + 3e^- \longrightarrow Al$
E（陽）極：$C + O^{2-} \longrightarrow CO + 2e^-$, $C + 2O^{2-} \longrightarrow CO_2 + 4e^-$

解説 **問2** ア：問 5 で答える反応式を用いる。

$Al^{3+} + 3e^- \longrightarrow Al$ より，析出する Al の質量を x〔g〕とおくと，Al の 3 倍 mol の e^- が流れるので，

$$\underbrace{\frac{x〔g〕}{27}}_{Al〔mol〕} \times 3 = \underbrace{\frac{3.6 \times 10^{24}}{6.0 \times 10^{23}}}_{陰極に流れ込んだ\ e^-〔mol〕} \qquad x = \underline{54\ g}$$

イ：CO と CO_2 が物質量比 1：1 で生成するので，各々 y〔mol〕ずつ発生したとすると，

$$C + O^{2-} \longrightarrow CO + 2e^-, \quad C + 2O^{2-} \longrightarrow CO_2 + 4e^- \quad より，$$

$$\underbrace{2y}_{\substack{CO\,生成によって\\流れた\,e^-\,〔mol〕}} + \underbrace{4y}_{\substack{CO_2\,生成によって\\流れた\,e^-\,〔mol〕}} = \left.\frac{3.6\times10^{24}}{6.0\times10^{23}}\right|_{\substack{陽極から流れ出た\\e^-\,〔mol〕}} \quad y = 1.0 \text{ mol}$$

反応式より，生成気体と同 mol の極板 C が消費されるので，

$$1.0\times2\times12 = \underline{24 \text{ g}}$$

---

11 問1 $4Fe(OH)_2 + O_2$
$\longrightarrow 4FeO(OH) + 2H_2O$
問2 濃青色
問3 化学式：$[Fe(CN)_6]^{4-}$

問3 構造：

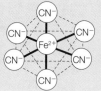

解説 問1 以下のような酸化還元反応である。

酸化剤　　　　　　　$O_2 + 4H^+ + 4e^- \longrightarrow 2H_2O$
還元剤 $+)$ $(Fe(OH)_2 + \quad\quad\quad \longrightarrow FeO(OH) + H^+ + e^-)\times4$
化学反応式 $\underline{4Fe(OH)_2 + O_2 \quad\quad\quad \longrightarrow 4FeO(OH) + 2H_2O}$

問2 Fe^{3+} に $K_4[Fe(CN)_6]$ を加えると，濃青色の沈殿（$KFe[Fe(CN)_6]$）が生じる。なお，Fe^{2+} に $K_3[Fe(CN)_6]$ を加えても，同じ沈殿が生じる。

問3 一般に，六配位の錯体は，正八面体形構造をとる。

---

12 1：$3Cu + 8HNO_3 \longrightarrow 3Cu(NO_3)_2 + 2NO + 4H_2O$
2：1.16×10^4　3：60.0　4：㋑　5：CuO　6：63.5　7：㋐
8：$[Zn(OH)_4]^{2-}$

解説 1：単体の Cu が HNO_3 によって酸化されて化合物になる。反応式の組み立て方は，以下のとおり。

酸化剤 $($ 　　　　　$NO_3^- + 4H^+ + 3e^- \longrightarrow \quad\quad\quad NO + 2H_2O)\times2$
還元剤 $+)$ $(Cu \quad\quad\quad\quad\quad\quad \longrightarrow Cu^{2+} + 2e^-)\times3$
イオン反応式　$3Cu + 2NO_3^- + 8H^+ \quad \longrightarrow 3Cu^{2+} + \quad 2NO + 4H_2O$
左辺のイオンを補う式 $+)$ 　　　$8HNO_3 \quad\quad\quad \longrightarrow 8NO_3^- \quad\quad + 8H^+$
化学反応式　$\underline{3Cu + 8HNO_3 \quad\quad\quad \longrightarrow 3Cu(NO_3)_2 + 2NO + 4H_2O}$

2：陰極には，$Cu^{2+} + 2e^- \longrightarrow Cu$ の反応によって，単体の Cu が析出し，Cu の 2 倍 mol の e^- が流れる。

$$\underbrace{\frac{3.81}{63.5}}_{\text{析出 Cu〔mol〕}} \times \underbrace{2}_{\text{e^-〔mol〕}} \times 9.65\times10^4 \text{ C/mol} = \underline{1.158\times10^4 \text{ C}}$$

$3 : \dfrac{3.81}{6.35} \times 100 = \underline{60.0\%}$

$4 : 2H_2O \longrightarrow O_2 + 4H^+ + 4e^-$ の反応によって，O_2 が発生する。

5 : まず，H_2O が抜ける反応を考える。

$$Cu(OH)_2 \longrightarrow CuO + H_2O\uparrow$$

　生じた CuO は 1000℃ 以上に加熱すると，

$$4CuO \longrightarrow 2Cu_2O + O_2\uparrow$$

のように反応するが，CuO は黒色，Cu_2O は赤色なので，ここでは，1 つ目の反応のみが起こり，CuO が生じているとわかる。

6 : CuO 1 mol 79.5 g 中に，Cu 原子は 1 mol 63.5 g 存在するので，1.59 g の CuO 中に存在する Cu 原子は，

$$1.59 \times \dfrac{63.5}{79.5} = 1.27 \text{ g}$$

　よって，黄銅 B 中の Cu の質量百分率は，$\dfrac{1.27}{2.00} \times 100 = \underline{63.5\%}$

---

13 問1　あ：② い：⑦ う：④ え：② お：⑤
　　問2　$[Ag(NH_3)_2]^+$　問3　(1) ③ (2) ⑥　問4　⑦

解説 イオンの沈殿の組み合わせは，特に以下のものを覚えておきたい。

	Ba^{2+}, Ca^{2+}	Al^{3+}	Zn^{2+}	Fe^{3+} (黄褐色)	Pb^{2+}	Cu^{2+} (青色)	Ag^+
Cl^-					白沈*7		白沈*8
$SO_4{}^{2-}$	白沈				白沈		
$CO_3{}^{2-}$	白沈*3	—*5	—*5	—*5	—*5	—*5	—*5
$CrO_4{}^{2-}$ (黄色)	黄沈*4				黄沈		赤褐沈
OH^-		白沈	白沈	赤褐沈	白沈	青白沈	褐沈*9
過剰 NH_3*1			再溶解			再溶解	再溶解
過剰 NaOH*2		再溶解	再溶解		再溶解		
S^{2-}(H_2S)		白沈	黒沈*6 中，塩基性で沈殿		黒沈 液性にかかわらず沈殿	黒沈	黒沈

＊1　Zn^{2+}，Cu^{2+}，Ag^+ は，錯イオン $[Zn(NH_3)_4]^{2+}$，$[Cu(NH_3)_4]^{2+}$，$[Ag(NH_3)_2]^+$ を生じて，再溶解する。

＊2　Al^{3+}，Zn^{2+}，Sn^{2+}，Pb^{2+} は，錯イオン $[Al(OH)_4]^-$，$[Zn(OH)_4]^{2-}$，$[Sn(OH)_4]^{2-}$，$[Pb(OH)_4]^{2-}$ を生じて，強塩基の溶液に再溶解する。

＊3　炭酸塩の沈殿は，塩酸に CO_2 を発しながら溶解する。

＊4　Ca^{2+} は沈殿しない。

＊5　沈殿はするが，不安定などの理由で入試には出題されないので，覚えなくてよい。

＊6　Fe^{3+} は H_2S で Fe^{2+} に還元されるので，FeS が沈殿する。

＊7　熱湯には溶ける。

＊8　アンモニア水を加えると，$[Ag(NH_3)_2]^+$ となって溶ける。

＊9　水酸化物ではなく，酸化物 Ag_2O として沈殿する。

操作の様子は，以下のとおり。

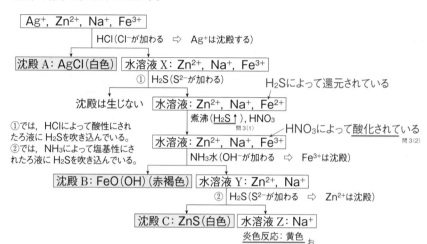

沈殿 A について

$$AgCl\downarrow \xrightarrow{\quad NH_3 \, 水 \quad} [Ag(NH_3)_2]^+$$
　　白色沈殿　　　　　　　　　　　　　　無色溶液
あ　　　　　　　　　　　　　　　　　　　　　　　　問2

沈殿 B について

$$FeO(OH)\downarrow \xrightarrow{\quad HNO_3 \quad} Fe^{3+} \xrightarrow{\quad KSCN \quad} 血赤色溶液$$
　　赤褐色沈殿　　　　　　　黄褐色溶液　　　　　　　　　　　　う
　い

沈殿 C について

$$ZnS\downarrow \xrightarrow{\quad HCl \quad} Zn^{2+} + H_2S\uparrow \xrightarrow{\quad NH_3 \, 少量(OH^-) \quad} Zn(OH)_2\downarrow \xrightarrow{\quad NH_3 \, 過剰 \quad} [Zn(NH_3)_4]^{2+}$$
　　白色沈殿　　　　　無色溶液　　　　　　　　　　　　　　　　白色沈殿　　　　　　　　無色溶液
　え　　　　　　　　　　　　　　└─煮沸して除く

解説　前問 13 で扱った「イオンの沈殿の組み合わせ」の表の知識を用いて解く。

実験1, 2 を整理すると以下のとおり。

	OH^-	過剰 NH_3	過剰 $NaOH$	HCl／その後加熱　⇒金属イオン
A	白色沈殿	変化せず	再溶解	白色沈殿／溶解　⇒Pb^{2+} あり
B	褐色沈殿	再溶解	変化せず	白色沈殿／変化せず　⇒Ag^+ あり
C	白色沈殿	変化せず	再溶解	⇒消去法で Al^{3+} あり
D	溶解		水酸化物が水溶性のアルカリ金属(K^+, Na^+),	
E	溶解	⇒	アルカリ土類金属(Ba^{2+})あり	

　Aは，HCl(Cl^-)を加えて白色沈殿を生じ，その沈殿が熱湯に溶けることから，Pb^{2+} を含む $Pb(NO_3)_2$ であるとわかる。
A：$Pb(NO_3)_2$

　Bは，同じく塩化物の沈殿を生じる Ag^+ を含むことから，$AgNO_3$ とわかる。
B：$AgNO_3$

　Cは，Pb^{2+} 以外で過剰の $NaOH$ 水溶液に再溶解する Al^{3+} を含むとわかる。
C：$AlK(SO_4)_2$

　D, Eは，水酸化物が沈殿しない K^+, Na^+, Ba^{2+} のみを陽イオンとして含む。KI，NaCl，$BaCl_2$，Na_2CrO_4 が候補に残る。Dは，**実験3**で白色沈殿を生じた。上記4つの候補のうち，希硫酸を加えて沈殿を生じるのは $BaCl_2$ のみである（$BaSO_4$ の白色沈殿を生じる）。
D：$BaCl_2$

実験4, 5 を整理すると以下のとおり。

		A　Pb^{2+}, NO_3^-	B　Ag^+, NO_3^-
A	Pb^{2+}, NO_3^-		沈殿せず
B	Ag^+, NO_3^-	沈殿せず	
C	Al^{3+}, K^+, SO_4^{2-}	白色沈殿 $PbSO_4$	沈殿せず
D	Ba^{2+}, Cl^-	白色沈殿 $PbCl_2$	白色沈殿 AgCl
E	I^- あり　⇐	黄色沈殿 PbI_2	黄色沈殿 AgI

　Eについて，Ag^+(硝酸銀)を加えたとき黄色沈殿を生じることから，I^- を含むことがわかる（AgI：黄色沈殿）。なお，CrO_4^{2-} を含んでいた場合は Ag_2CrO_4 の赤褐色沈殿が生じる。
E：KI

第4章 有機化合物

1 有機化合物の基礎

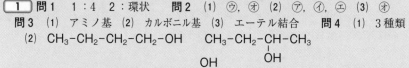

1 問1 1：4 2：環状 問2 (1) ㋒, ㋔ (2) ㋐, ㋑, ㋓ (3) ㋔

問3 (1) アミノ基 (2) カルボニル基 (3) エーテル結合 問4 (1) 3種類

(2)

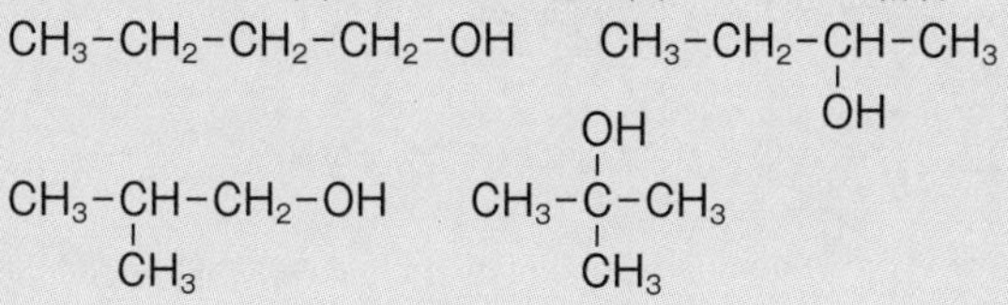

問5 (ア) ○ (イ) ○ (ウ) × (エ) ○ (オ) ○

解説 問2 ㋐～㋔の構造式と，常温・常圧での状態は，以下のとおり。

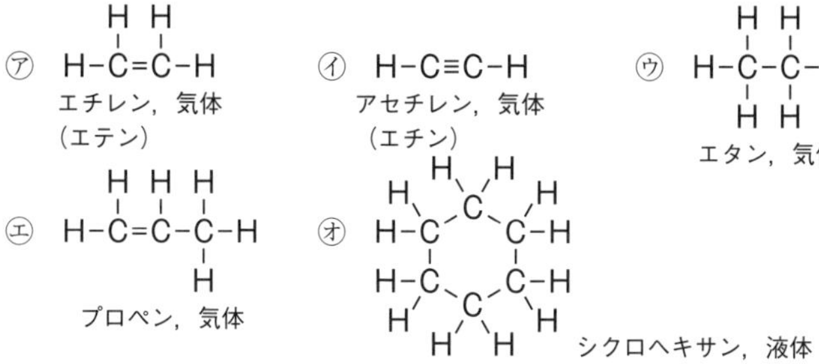

㋐
エチレン，気体
(エテン)
㋑
アセチレン，気体
(エチン)
㋒
エタン，気体
㋓
プロペン，気体
㋔
シクロヘキサン，液体

エチレン，アセチレン，プロペン(2)は，炭素間不飽和結合(C=C，C≡C)をもつので，付加反応を起こしやすい。

鎖式飽和炭化水素(アルカン)のエタン(1)や，環式飽和炭化水素(シクロアルカン)のシクロヘキサン(1)(3)は，付加反応を行うことはできず，置換反応のみを行う。

アルカンの場合，常温・常圧の状態は，

C原子数1～4が気体，5～17が液体，18以上が固体

である。ほかの炭化水素も，同分子量のアルカンとおおむね同程度の融点，沸点である。

問4 (1) C_5H_{12} は，一般式 C_nH_{2n+2} に当てはまるので，アルカンである。不飽和結合などをもたないので，鎖状炭素骨格だけを探せばよい。

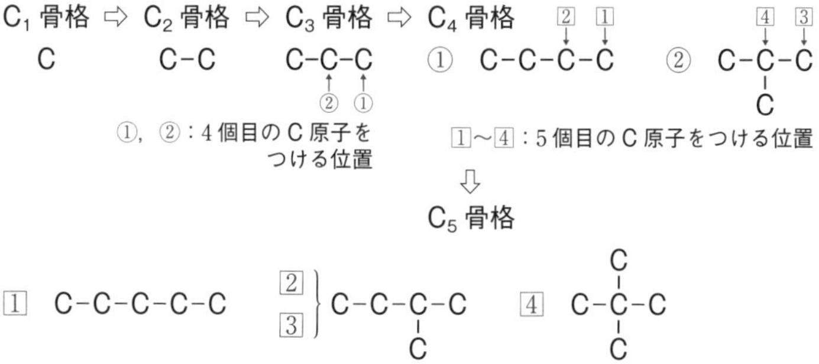

C_1 骨格 ⇨ C_2 骨格 ⇨ C_3 骨格 ⇨ C_4 骨格
①，②：4個目のC原子をつける位置
1～4：5個目のC原子をつける位置
C_5 骨格

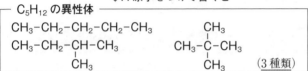

↓H原子をつけて書くと

┌─ **C₅H₁₂ の異性体** ─────────────────────────────

CH₃-CH₂-CH₂-CH₂-CH₃   CH₃
                                                  │
CH₃-CH₂-CH-CH₃   CH₃-C-CH₃
                     │   │
                   CH₃   CH₃   （3種類）

└──

(2) アルカン C_4H_{10} の H を1つ-OH に置き換えるので，前述した C_4 骨格の①～④
の位置に，5個目の C 原子ではなく，-OH をつければよい。

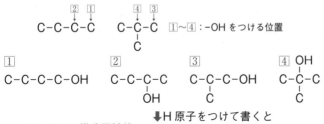

```
        ② ①          ④ ③
C-C-C-C    C-C-C    ①～④：-OH をつける位置
                │
                C
```

```
①                    ②                ③                ④  OH
                                                          │
C-C-C-C-OH    C-C-C-C    C-C-C-OH    C-C-C
                    │                    │                    │
                  OH                  C                    C
```

↓H原子をつけて書くと

┌─ **C₄H₉OH の構造異性体** ──────────────────────

① CH₃-CH₂-CH₂-CH₂-OH   ③ CH₃-CH-CH₂-OH
                                                          │
                                                        CH₃

                                                            OH
                                                            │
② CH₃-CH₂-CH-CH₃   ④ CH₃-C-CH₃
                      │   │
                    OH   CH₃   （4種類）

└──

　　なお，②には不斉炭素原子が1個あるので，立体異性体の一つである鏡像異性体
（光学異性体）が存在する。一般に「構造異性体」を問われたときには，立体異性体
を区別しないが，「異性体」を問われたときには区別する。

問5 (ア) 炭化水素は無極性分子なので，水には溶けにくい。極性の小さい有機溶媒に
溶けやすい。

(イ)，(ウ) 炭化水素は，分子からなる物質であり，イオンからなる物質ではない(ウ)。水
にわずかに溶けた炭化水素も，電離はしない(イ)。

┌──
│ **2** **問1** B：ⓕ　C：ⓗ　D：ⓒ　**問2** $C_4H_{10}O$　**問3** CH₃-CH₂-CH-CH₃
│   │
│   OH
└──

解説 **問1**　元素分析実験では，試料（調べたい物質）を完全燃焼させて，含まれる C
原子を CO_2 に，H 原子を H_2O に変え，別々の吸収管に吸収させる。CO_2，H_2O の
質量は，吸収管の質量増加として測定できる。

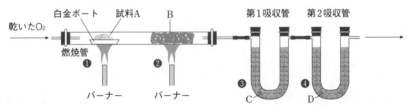

装置には，H_2O を含まない乾いた O_2 を流し込み，白金ボート(ボートの形をした皿)に盛りつけた試料をバーナーで加熱して燃焼させる(図中❶)。一部，不完全燃焼が起こって CO などが発生するので，バーナーで加熱した酸化銅(Ⅱ)CuO(図中 B)に通すことにより，試料を完全に酸化して H_2O と CO_2 にする(図中❷)。

生じた H_2O は，第1吸収管で塩化カルシウム $CaCl_2$(図中 C)に吸収させ(図中❸)，残りの CO_2 は，第2吸収管でソーダ石灰(図中 D)に吸収させる(図中❹)。この吸収管の順番を逆にしてはならない。先にソーダ石灰に通すと，H_2O と CO_2 の両方がソーダ石灰に吸収されてしまい，両者を別々に定量することができなくなるからである。

	$CaCl_2$	ソーダ石灰
CO_2	素通り	吸収
H_2O	吸収	吸収

問2 CO_2 44 g(1mol)中に，C 原子は 12 g(1mol)含まれるから，CO_2 の質量の $\dfrac{12}{44}$ が，試料に存在していた C 原子の質量である。同様に，H_2O の質量の $\dfrac{2.0}{18}$ が試料に存在していた H 原子の質量である。O 原子の質量は直接測定できない。外部から O_2 を導入しているからである。そこで，試料の質量からほかの元素の質量を引いて求める。

Point **元素分析の計算** **手順1** 各元素の質量を求める

$$C(mg) = CO_2(mg) \times \frac{12}{44}$$

$$H(mg) = H_2O(mg) \times \frac{2.0}{18}$$

$$O(mg) = 試料(mg) - C(mg) - H(mg)$$

次に，個数の比に直すために，各々の質量を原子量で割って，最小の整数比にする。

Point **元素分析の計算** **手順2** 原子数比(＝物質量比)に直す

$$C : H : O = \frac{C(mg)}{12} : \frac{H(mg)}{1.0} : \frac{O(mg)}{16} \quad \Rightarrow \quad 最小の整数比(組成式)$$

分子式を求めるときは，別途測定した分子量を，式量(組成式の原子量の合計)と比べ，組成式を何倍すればよいかを決める。

Point **元素分析の計算** **手順3** 分子式を求める
分子量＝式量×n $\quad \Rightarrow \quad$ **分子式＝組成式×n**

この手順で**問2**を解くと，

手順1 $C(mg) = 35.2 \times \dfrac{12}{44} = 9.60$ mg

$H(mg) = 18.0 \times \dfrac{2.0}{18} = 2.00$ mg

$O(mg) = 14.8 - 9.60 - 2.00 = 3.20$ mg

手順2 $C : H : O = \dfrac{9.60}{12} : \dfrac{2.00}{1.0} : \dfrac{3.20}{16} = 4 : 10 : 1$

　　⇒ 組成式　$C_4H_{10}O$　　式量　74

手順3　分子量＝式量　より，分子式＝組成式　となり，　　　　分子式　$C_4H_{10}O$

問3　① 金属 Na と反応して水素を発生する有機化合物は，ヒドロキシ基($-OH$)またはカルボキシ基($-COOH$)をもつ。分子式中の O 原子数より，$-COOH$ の可能性はないので，この試料 A は $-OH$ をもつとわかる。示性式(官能基の種類と数を明示した式)は，C_4H_9OH と決まる。これは，ブタン C_4H_{10} の H 原子1個を $-OH$ に置き換えた飽和の1価アルコールである。p.68 1 問4(2)で探したとおり，4種類の構造異性体が考えられる。

　　　① $CH_3-CH_2-CH_2-CH_2-OH$

　　　② $CH_3-CH_2-\underset{\underset{OH}{|}}{CH}-CH_3$ ── ヨードホルム反応を示す構造

　　試料 A の構造

　　　③ $CH_3-\underset{\underset{CH_3}{|}}{CH}-CH_2-OH$　　④ $CH_3-\overset{\overset{OH}{|}}{\underset{\underset{CH_3}{|}}{C}}-CH_3$

③　ヨードホルム反応は，$R-\underset{\underset{OH}{|}}{CH}-CH_3$ または $R-\overset{\overset{}{}}{\underset{\underset{O}{\|}}{C}}-CH_3$(R は H 原子または炭化水素基)の構造をもつものが示す。よって，試料 A の構造は，前記②に決まる。

なお，②は**銀鏡反応**といって，ホルミル基(アルデヒド基) $-\underset{\underset{O}{\|}}{C}-H$ の検出反応である。

この官能基をもたない A は，反応しない。

　このように，有機構造決定では，分子式と官能基の情報などが得られた時点で，考えられる構造式を列挙し，さらに細かい記述に合うものに絞り込んで答えを出す。

　①〜③のような官能基検出反応は，必須の知識なので，代表的なものを以下にまとめておく。

Point　官能基検出反応

官能基	加える物質	変化
$-OH$	Na	H_2 の泡を発生
$-\underset{\underset{O}{\|}}{C}-H$	①フェーリング液	Cu_2O の赤色沈殿
	②アンモニア性硝酸銀	Ag 鏡を生じる
$-COOH$	$NaHCO_3$ 水溶液	CO_2 の泡を発生
$R-\underset{\underset{OH}{\|}}{CH}-CH_3$　$R-\underset{\underset{O}{\|}}{C}-CH_3$ または	I_2, NaOH 水溶液	CHI_3(ヨードホルム)の黄色沈殿

ほかに，$C=C$ や $C≡C$ は臭素水の赤褐色を脱色，$-COO-$(エステル結合)は酸または塩基の水溶液とともに加熱すると，加水分解される。

2 脂肪族化合物

3 問1 A：CH_3-CH_3 B：CH_3-CH_2-OH C：CH_3-CH_2Cl
D：CH_2Br-CH_2Br E：CH_2Cl-CH_2Cl F：$CH_2=CH$
                                                              $|$
                                                              Cl
a：クロロエタン   b：1,2-ジブロモエタン
c：ポリエチレン   d：ポリ塩化ビニル
問2 (1) プロペン，シクロプロパン (2) あ：5 い：6 う：10
(3) 2-ブテン (4) $CH_3CH_2CH=CHCH_3$
問3 G：$CH_2=CH$ H：CH_3-C-H I：⬡
              $|$ $\|$
              OH O
e：アセトアルデヒド f：ベンゼン

解説 問1 二重結合のうち1本は，単結合と同じ強い結合だが，もう1本は弱い結合なので，**付加反応**を行う。

例 H_2O の付加 $-C=C- \xrightarrow{[付加]} -C-C-$
                                                  H $O-H$
$H \div O-H$

また，二重結合どうしが付加反応を起こし合うと，高分子化合物が生じる(**付加重合**)。

$C=C$ $C=C$ $C=C$ $\xrightarrow{[付加重合]}$ $\cdots-C-C-C-C-C-C-\cdots$

$\left[-C-C- \right]_n$ と記す

E $\longrightarrow$ F の反応は，**脱離反応**である。加熱により，電気陰性度がCより大きいClは，陰イオンとなって抜けるので，電気的に中性な分子をつくるために，電気陰性度がCより小さいHが陽イオンとなって抜ける。

$H-C-C-H \xrightarrow{[加熱]} \left(H-C-C-H \right) \longrightarrow C=C + H-Cl$
Cl Cl Cl Cl

E 1,2-ジクロロエタン   F 塩化ビニル

問2 (1) H原子を2個抜くごとに，二重結合または環構造が1つ生じる。アルカン(一般式 C_nH_{2n+2})からH原子を2個とると，二重結合を1つもつアルケン(C_nH_{2n})またはシクロアルカン(C_nH_{2n})が生じる。

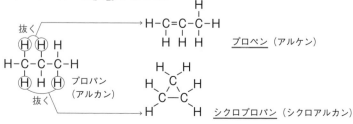

第4章 有機化合物

(2) あ，い：C_4H_8 の異性体を探す。異性体は，以下の手順で探すとよい。

Point **異性体の探し方**
手順1 **C骨格**を探す
手順2 **官能基**を取りつける位置を探す
手順3 **立体異性体**（シス-トランス異性体と鏡像異性体）を探す

この手順に従って探す。まずはアルケン（鎖状構造）を探すと，

手順1 C−C−C ⇨ ① C−C−C−C
     ② C−C−C
       |
       C

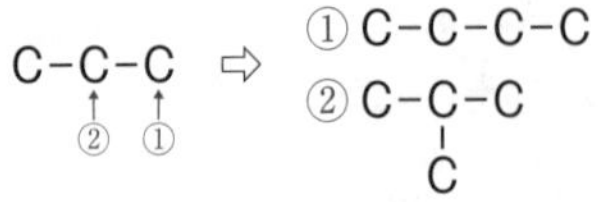

①，②：4個目のC原子をつける位置

手順2 C−C−C−C C−C−C 1〜3：二重結合にする位置
         |
         C

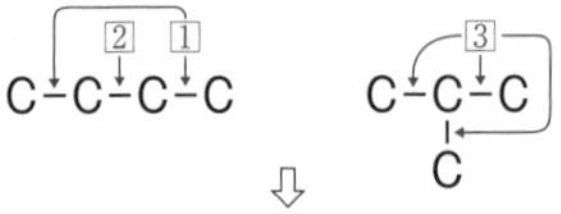

⇩

— C_4H_8 アルケンの構造異性体（3種類）—
 1 C−C−C=C 2 C−C=C−C 3 C−C=C
                     |
                     C

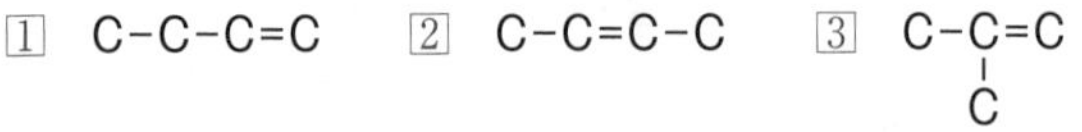

手順3 2には，**シス-トランス異性体（幾何異性体）**があるので，これらを区別すると，

— C_4H_8 アルケンの異性体（4種類）—

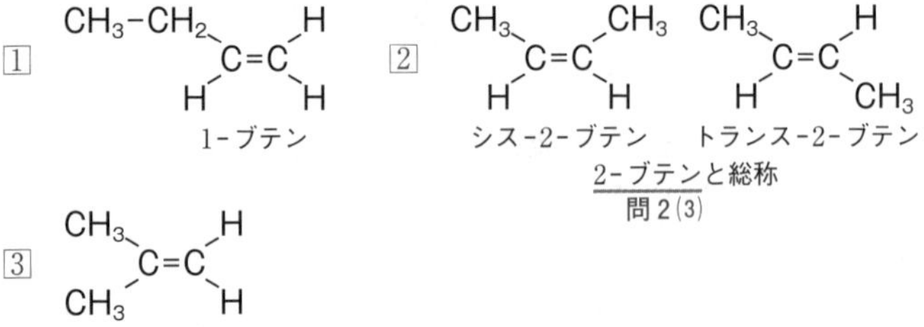

1 CH_3-CH_2 C=C H
      H H
1-ブテン

2 CH_3 C=C CH_3
   H H
シス-2-ブテン

 CH_3 C=C H
  H CH_3
トランス-2-ブテン

2-ブテンと総称
問2(3)

3 CH_3 C=C H
 CH_3 H
2-メチルプロペン

次に，C_4H_8 シクロアルカンを探すと，

手順1 C−C C
   | | C−C で終了
   C−C C

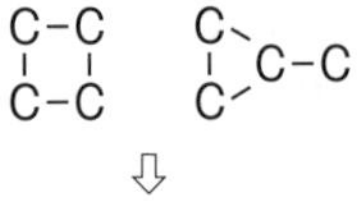

⇩

— C_4H_8 シクロアルカンの構造異性体（2種類）—
CH_2-CH_2 CH_2
CH_2-CH_2 CH_2 CH−CH_3
シクロブタン メチルシクロプロパン

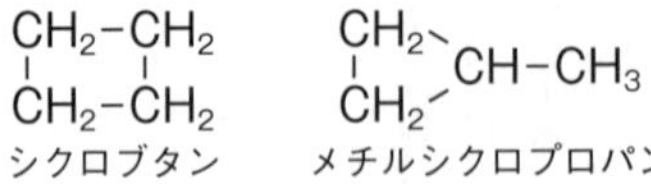

立体異性体はないので，異性体も2種類である。
よって， あ は，3+2=5(種類)， い は，4+2=6(種類) である。

う：同様に探すと，C_5H_{10} のアルケンは，

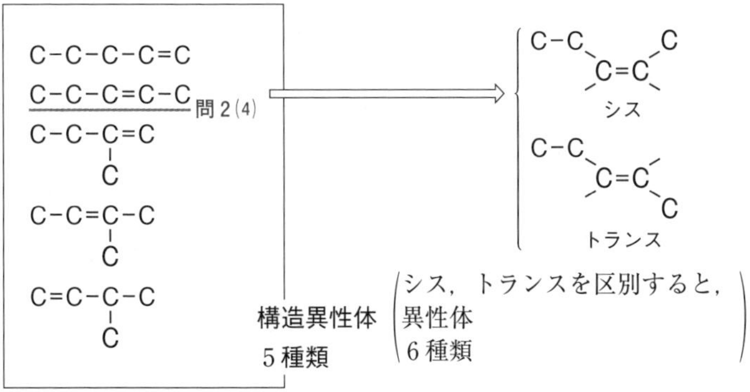

C-C-C-C=C
<u>C-C-C=C-C</u> 問2(4)
C-C-C=C
    |
    C
C-C=C-C
   |
   C
C=C-C-C
      |
      C

構造異性体
5種類

⟹

C-C   C
   C=C
    シス

C-C
   C=C
        C
    トランス

（シス，トランスを区別すると，
異性体
6種類）

C_5H_{10} のシクロアルカンは，

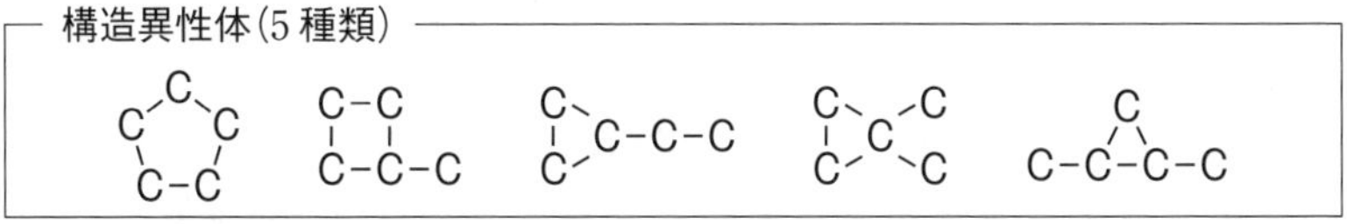

――― 構造異性体(5種類) ―――

C-C（環構造）   C-C（環）C-C-C   C（環）C-C-C   C（環）C   C-C-C-C

よって，| う | は，5 + 5 = <u>10(種類)</u> である。

問3　G，H：$-\overset{|}{C}=\overset{|}{C}-OH$ の構造は不安定であり，直ちに $-\overset{|}{\underset{H}{C}}-\overset{|}{C}=O$ の構造に変化する。

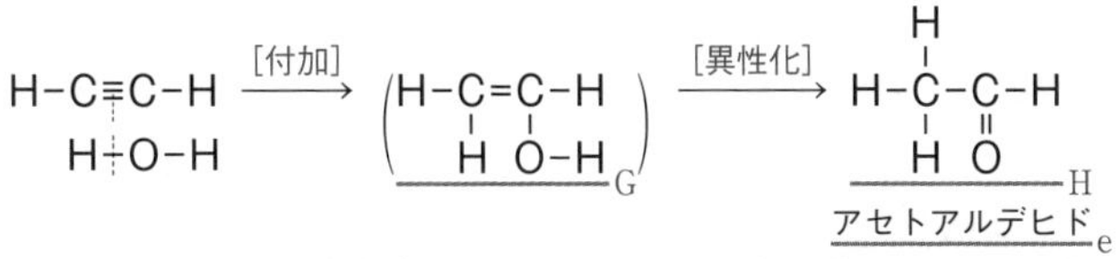

$H-C≡C-H$ ——[付加]→ $\left(\overset{H-C=C-H}{\underset{H\ \ O-H}{}}\right)_G$ ——[異性化]→ $H-\overset{H}{\underset{\underset{\underline{\ \ \ \ \ \ \ \ \ \ }}{O}}{C}}-C-H$
$H \dot{+} O-H$
アセトアルデヒド$_e$

I：アルキンは，3分子重合を行って，ベンゼン環をつくることができる。

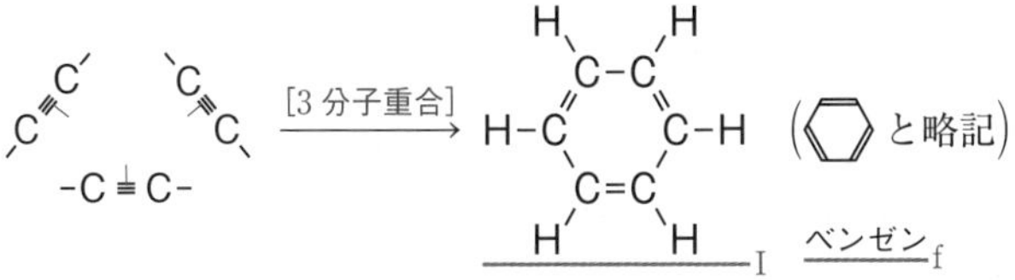

$-C≡C'$　$-C≡C'$
$-C ≡ C-$
——[3分子重合]→ （ベンゼン環構造）（⬡ と略記）
ベンゼン$_f$
I

┌ 4 ┐ 問1　シス-トランス異性体　または　幾何異性体

問2　二重結合が回転できないから。(14字)　　問3　$\overset{CH_3}{\underset{CH_3}{}}C=CH_2$

問4　X：$CH_3-CH_2-\underset{OH}{CH}-CH_3$　　Y：$CH_3-CH_2-CH_2-CH_2-OH$

問5　ヨードホルム反応

解説 C_4H_8 アルケンの異性体は，p.72 ┌ 3 ┐ 問2(2)で探したとおり。各々について，1) の H_2 付加と 2) の H_2O の付加を行えば何が生成するかを示すと，以下のとおり。

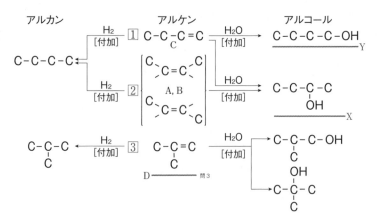

問3, 4　H_2 付加により同じアルカン（C-C-C-C）を生じるアルケン A，B，C は，同じ C 骨格をもち，二重結合の位置や立体構造のみが異なる上の図中の①，②のシス，②のトランスに，順不同で対応する。消去法により，唯一 C 骨格が異なる図中の③がアルケン D の構造であると決まる。さらに，H_2O の付加で2種類のアルコールを生じる図中の①がアルケン C の構造であると決まる。

　　アルケン A，B のどちらがシスかは不明だが，答える必要はない。

問5　p.70【 2 】問3参照。

【 5 】問1　① 酸化　② 脱水または脱離または分子内脱水　③ 付加または還元

問2　CH₃-CH₂-CH-C-OH　問3　CH₃-C-CH₃　問4　

（問2）
$$CH_3-CH_2-\underset{CH_3}{\overset{}{CH}}-\underset{O}{\overset{\|}{C}}-OH$$

（問3）
$$CH_3-\underset{O}{\overset{\|}{C}}-CH_3$$

（問4）
$$\begin{array}{c} CH_2-CH_2 \\ CH_2 \qquad CH-OH \\ CH_2-CH_2 \end{array}$$

問5　㋐，㋔

解説　第一級アルコール $R-CH_2-OH$ の例として1-プロパノール $CH_3-CH_2-CH_2-OH$，第二級アルコール $R^1-CH(OH)-R^2$ の例として2-プロパノール $CH_3-CH(OH)-CH_3$ を用いて，図の反応生成物を示すと，以下のとおり。

$$CH_3-CH_2-CH_2-OH \xrightarrow[\text{問1①}]{[酸化]} CH_3-CH_2-\underset{O}{\overset{\|}{C}}-H \xrightarrow[\text{問1①}]{[酸化]} CH_3-CH_2-\underset{O}{\overset{\|}{C}}-OH$$
1-プロパノール　　　　　　　　　　プロピオンアルデヒド　　　　　　プロピオン酸

［脱離　または　（分子内）脱水　問1②］

$$CH_3-CH=CH_2 \xrightarrow[\text{［付加　または　還元］問1③}]{H_2} CH_3-CH_2-CH_3$$
プロペン　　　　　　　　　　　　　　　　　　　プロパン

［脱離　または　（分子内）脱水　問1②］

$$CH_3-\underset{OH}{\overset{}{CH}}-CH_3 \xrightarrow[\text{問1①}]{[酸化]} CH_3-\underset{O}{\overset{\|}{C}}-CH_3$$
2-プロパノール　　　　　　　　アセトン　　問3

問2 分子式 $C_nH_{2n+2}O$ のアルコールとは，アルカンの$-H$ を $-OH$ に置き換えた鎖式飽和のアルコールである。酸化によって生じるカルボン酸の分子式は $C_nH_{2n}O_2$ であり，炭化水素基に二重結合や環はない。炭化水素基の C 原子数を1個ずつ増やしていって，考えられる異性体を書き出してみると，以下のとおり。

$n=1$ (CH_2O_2) 　　H-C-OH（下に =O）

$n=2$ ($C_2H_4O_2$) 　CH$_3$-C-OH（下に =O）

$n=3$ ($C_3H_6O_2$) 　CH$_3$-CH$_2$-C-OH（下に =O）

$n=4$ ($C_4H_8O_2$) 　CH$_3$-CH$_2$-CH$_2$-C-OH（下に O）　　CH$_3$-CH-C-OH（CH$_3$，O）

$n=5$ ($C_5H_{10}O_2$)

① CH$_3$-CH$_2$-CH$_2$-CH$_2$-C-OH（下に O）

② CH$_3$-CH$_2$-$\overset{*}{\text{C}}$H-C-OH（CH$_3$，O）　…不斉炭素原子あり

③ CH$_3$-CH-CH$_2$-C-OH（CH$_3$，O）　　④ CH$_3$-C—C-OH（CH$_3$上，CH$_3$下，O）

探し方：以下の2つの C$_4$ 骨格の①〜④に $-COOH$ をつける。

②①　　④③
C-C-C-C　　C-C-C　①〜④：$-COOH$ をつける位置
　　　　　　　C

問4 最終生成物のシクロヘキサンからアルコール C まで逆にたどっていくと，

CH$_2$-CH$_2$
CH$_2$　CH$_2$
CH$_2$-CH$_2$
シクロヘキサン
（シクロアルカン）

←H_2←

CH=CH
CH$_2$　CH$_2$
CH$_2$-CH$_2$
シクロヘキセン
（シクロアルケン）

←〔(分子内)脱水〕←

OH
CH$_2$-CH
CH$_2$　CH$_2$
CH$_2$-CH$_2$
シクロヘキサノール
（アルコール）

　H_2 付加でシクロヘキサンを生じる不飽和化合物として，シクロヘキセンが考えられる。シクロヘキセンは，シクロヘキサノール $C_6H_{12}O$ の**分子内脱水**で生成する。よって，アルコール C は，シクロヘキサノールである。

問5 分子式 C_2H_6O のアルコールは，CH$_3$-CH$_2$-OH(エタノール)しか考えられない。D は，CH$_2$=CH$_2$(エチレン)とわかる。エチレンは，臭素 Br_2 の付加反応を行い，臭素水を脱色する。また，**付加重合**して，ポリエチレンを生じる。なお，㋑の**銀鏡反応**はホルミル基$-CHO$ の反応，㋒は$-OH$ や$-COOH$ が行う反応，㋓の**ヨードホルム**

反応は R-CH-CH₃ または R-C-CH₃(R は H も含む)が行う反応，2分子の H₂ が
　　　　　　｜　　　　　　‖
　　　　　　OH　　　　　　O

反応する⑰は，アルキン(C≡C)やアルカジエン(C=C 2つ)の分子が行う。

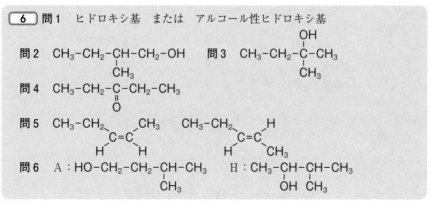

`6` 問1　ヒドロキシ基　または　アルコール性ヒドロキシ基

問2　CH₃-CH₂-CH-CH₂-OH　　問3　CH₃-CH₂-C-CH₃
　　　　　　　　｜　　　　　　　　　　　　　　｜
　　　　　　　　CH₃　　　　　　　　　　　　　CH₃

　　　　　　　　　　　　　　　　　　　　　OH

問4　CH₃-CH₂-C-CH₂-CH₃
　　　　　　　　‖
　　　　　　　　O

問5　CH₃-CH₂　　CH₃　　CH₃-CH₂　　H
　　　　　　　＼　／　　　　　　　＼　／
　　　　　　　C=C　　　　　　　　C=C
　　　　　　　／　＼　　　　　　　／　＼
　　　　　　H　　H　　　　　　H　　CH₃

問6　A：HO-CH₂-CH₂-CH-CH₃　　H：CH₃-CH-CH-CH₃
　　　　　　　　　　　　｜　　　　　　　　　｜　｜
　　　　　　　　　　　　CH₃　　　　　　　　OH CH₃

解説　分子式 $C_5H_{12}O$ の物質は，アルカン C_5H_{12} に O 原子を挿入したものだから，アルコール(-O-H)とエーテル(C-O-C)の2種類のみが考えられる。A〜H すべてが金属ナトリウムと反応するのでアルコールである。

　$C_5H_{12}O$ のアルコールの構造を列挙する。アルカン C_5H_{12} の H を 1 個 -OH に変えればよいので，

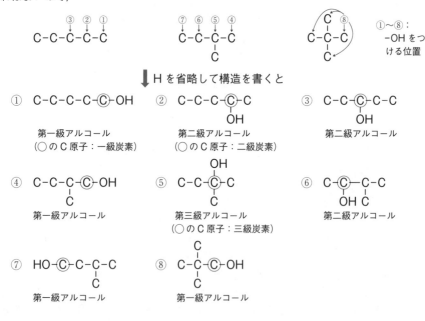

①～⑧：
-OH をつ
ける位置

↓ H を省略して構造を書くと

①　C-C-C-C-Ⓒ-OH
　第一級アルコール
　(○のC原子：一級炭素)

②　C-C-C-Ⓒ-C
　　　　　　｜
　　　　　　OH
　第二級アルコール
　(○のC原子：二級炭素)

③　C-C-Ⓒ-C-C
　　　　　｜
　　　　　OH
　第二級アルコール

④　C-C-C-Ⓒ-OH
　　　　　｜
　　　　　C
　第一級アルコール

⑤　　　　OH
　　　　　｜
　C-C-Ⓒ-C
　　　　｜
　　　　C
　第三級アルコール
　(○のC原子：三級炭素)

⑥　C-Ⓒ-C-C
　　　｜　｜
　　　OH C
　第二級アルコール

⑦　HO-Ⓒ-C-C-C
　　　　　｜
　　　　　C
　第一級アルコール

⑧　　　C
　　　　｜
　C-C-Ⓒ-OH
　　　｜
　　　C
　第一級アルコール

アルコールの級数とは，–OH の隣の C 原子の級数。
C 原子の級数とは，直結するほかの C 原子の数。

①～⑧のそれぞれについて，**実験Ⅱの酸化反応**と，**実験Ⅲの分子内脱水反応**を行ったときの生成物を示すと，以下のとおり。

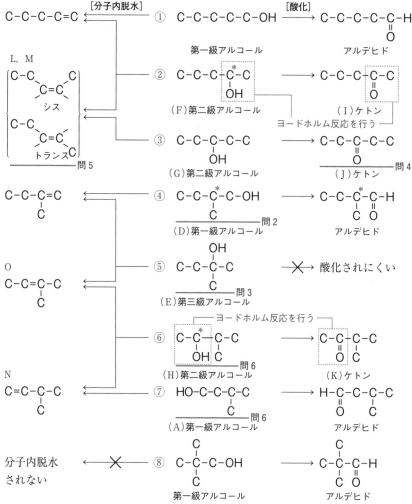

問2　**実験Ⅱの酸化反応**で，**銀鏡反応**を行うアルデヒドを生じる A～D は，第一級アルコールなので①，④，⑦，⑧に順不同で対応する。このうち，**不斉炭素原子($\overset{*}{C}$)**をもつのは④だけなので，D の構造が決まる。

問3　アルコールのうち，**実験Ⅱ**のような酸化を受けないのは，第三級アルコールである。ここでは，⑤のみが該当するので，E の構造が決まる。

問4　F，G，H は，**実験Ⅱ**の酸化生成物が銀鏡反応を示さないので，第二級アルコー

ル②，③，⑥である。このうち，酸化生成物(ケトン)がヨードホルム反応を行わない
のは③のみなので，Gは③に決まり，よって，Jの構造が決まる。

問5　これら $C_5H_{12}O$ アルコールの脱水でできるアルケンのうち，唯一**シス-トランス
異性体**が生じるのは，②または③の脱水で生じる2-ペンテン

($CH_3-CH_2-CH=CH-CH_3$)である。この**シス形**と**トランス形**の構造を答える。なお，
③がGに決定しているので，Fの構造は②に決まる。この脱水では2-ペンテンのほか
に1-ペンテン($CH_3-CH_2-CH_2-CH=CH_2$)も生じているものと考えられる。

問6　F，Gの構造が決まったので，消去法によりHの構造は⑥に決まる。⑥から生じ
るのと同じ脱水生成物を生じるAの構造は⑦に決まり，N，Oの構造も決まる。

　　なお，H(⑥)の脱水で，NよりもOのほうが多く生成したのは，**ザイツェフ則**によ
る。

> **ザイツェフ則**：脱水反応において，炭素間二重結合は，より級数の大きいほうのC
> 原子との間で形成されやすい傾向にある。

---

7 ア：⑫　イ：⑬　ウ：⑩　エ：⑪　オ：⑧　カ：⑨

解説　分子式 $C_4H_8O_2$ のエステルを構造決定する問題なので，$C_4H_8O_2$ エステルの考え
られるすべての構造を挙げてみる。分子式から確定構造を引くと，

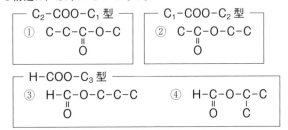

エステル結合を引いたら，残りはアルカンの C_3H_8 である。つまり，このエステルは，
鎖式飽和のC原子3個とエステル結合 $-COO-$ をつなぎ合わせたものとわかる。考え
られる構造は，以下の4つである。

なお，$C_3-COO-H$ 型のものはエステルではなくカルボン酸になる。

　エステルの構造決定では，まず間違いなく加水分解が行われ，加水分解生成物につい
て情報が与えられる。この問題でもそうである。そこで，上記①〜④を加水分解したら
何が生成するかを書き出してみよう。

① $\underset{\substack{\| \\ O}}{C-C-C}-O-C \xrightarrow{[\text{加水分解}]} \underset{\substack{\| \\ O}}{C-C-C}-OH \ + \ HO-C$

② $\underset{\substack{\| \\ O}}{C-C}-O-C-C \xrightarrow{[\text{加水分解}]} ②a\ \underset{\substack{\| \\ O}}{C-C}-OH \ + \ ②b\ \boxed{HO-C-C}$

 ヨードホルム反応

③ $\underset{\substack{\| \\ O}}{H-C}-O-C-C-C \xrightarrow{[\text{加水分解}]} ③a\ \boxed{\underset{\substack{\| \\ O}}{H-C}-OH} \ + \ ③b\ HO-C-C-C$

 還元性

④ $\underset{\substack{\| \\ O}}{H-C}-O-\underset{\substack{| \\ C}}{C}-C \xrightarrow{[\text{加水分解}]} ④a\ \boxed{\underset{\substack{\| \\ O}}{H-C}-OH} \ + \ ④b\ \boxed{HO-\underset{\substack{| \\ C}}{C}-C}$

 還元性 　　　　　　 ヨードホルム反応

③a $\boxed{\underset{\substack{\| \\ O}}{H-C}-OH}$ (ギ酸)は,ホルミル基をもちあわせるカルボン酸であり,還元性を示

 ←ホルミル基

す。一方,②b $H-\underset{\substack{| \\ OH}}{CH}-CH_3$ (エタノール)と ④b $CH_3-\boxed{\underset{\substack{| \\ OH}}{CH}-CH_3}$ は,ヨードホルム反応

 ←ヨードホルム反応を行う→
 構造

を行う構造をもっている。なお,②a $HO-\boxed{\underset{\substack{\| \\ O}}{C}-CH_3}$ (酢酸)はヨードホルム反応を行わな

 O 原子が直結

い。$\boxed{\underset{\substack{\| \\ O}}{-C}-CH_3}$ の構造に O 原子が直結しているからである。

　A～D の加水分解生成物について,還元性とヨードホルム反応の有無を整理すると,

　　　　エステル　　　　カルボン酸　　　アルコール

　　　A $\xrightarrow{[\text{加水分解}]}$ E 還元性　+　F

　　　B $\xrightarrow{[\text{加水分解}]}$ E 還元性　+　G ヨードホルム反応

　　　C $\xrightarrow{[\text{加水分解}]}$ H　　　　+　I ヨードホルム反応

　　　D $\xrightarrow{[\text{加水分解}]}$ J　　　　+　K

ウ～カ:上記の還元性,ヨードホルム反応の有無より,A =③,B =④,C =②,D =①
とわかる。これにより,E～K の構造式も決まる。

A $\underset{\substack{\| \\ O}}{H-C}-O-CH_2-CH_2-CH_3$ 　　B $\underset{\substack{\| \\ O}}{H-C}-O-\underset{\substack{| \\ CH_3}}{CH}-CH_3$

 ウ 　　　　　　　　　　　　　　　　　　　　　エ

C $CH_3-\underset{\substack{\| \\ O}}{C}-O-CH_2-CH_3$ 　　D $CH_3-CH_2-\underset{\substack{\| \\ O}}{C}-O-CH_3$ 　　E $\underset{\substack{\| \\ O}}{H-C}-OH$

 オ 　　　　　　　　　　　　　　　カ

F $HO-CH_2-CH_2-CH_3$ 　　G $HO-\underset{\substack{| \\ CH_3}}{CH}-CH_3$ 　　H $CH_3-\underset{\substack{\| \\ O}}{C}-OH$

I $HO-CH_2-CH_3$ 　　J $CH_3-CH_2-\underset{\substack{\| \\ O}}{C}-OH$ 　　K $HO-CH_3$

ア:F,G を分子内脱水させてから臭素と反応させて生成する物質の構造式は,

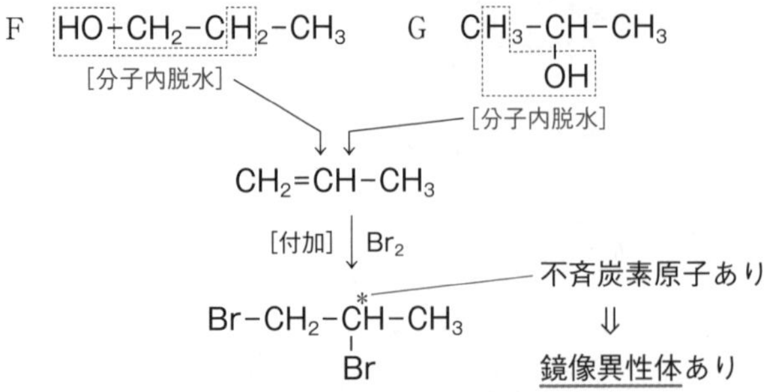

F HO−CH₂−CH₂−CH₃ に相当する構造、G CH₃−CH−CH₃

（※上部は化学構造式の図）

F $HO{-}CH_2{-}CH_2{-}CH_3$　　　　G $CH_3{-}CH{-}CH_3$

［分子内脱水］　　　　　　　　　　　　　　　$\overset{|}{OH}$

　　　　　　　　　　　　　　　　　　　　　［分子内脱水］

　　　　　　　$CH_2{=}CH{-}CH_3$

　　　　　　　　　　［付加］ $\downarrow$ Br_2

　　　　　　　　　　　　　　　　　　　不斉炭素原子あり

　　　　$Br{-}CH_2{-}\overset{*}{CH}{-}CH_3$　　　　$\Downarrow$

　　　　　　　　　　　$\overset{|}{Br}$　　　　　　鏡像異性体あり

イ：K CH_3OH（メタノール）は，<u>CO と H_2</u> を，触媒存在下高温・高圧で反応させてつくられる。

---

8 問1　$C_4H_6O_5$

問2　A：$HO{-}CH{-}\overset{\overset{\textstyle O}{\|}}{C}{-}OH$　　B：　　　　　　　C：
　　　　　　$\overset{|}{CH_2}{-}\underset{\underset{\textstyle O}{\|}}{C}$

（B, C, D, E, F の構造式図）

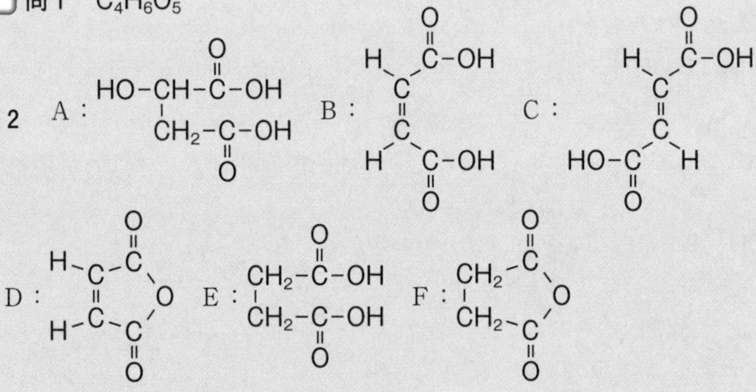

問3　B：マレイン酸　C：フマル酸

問4　エステル：（構造式図）　ポリマー：（構造式図）

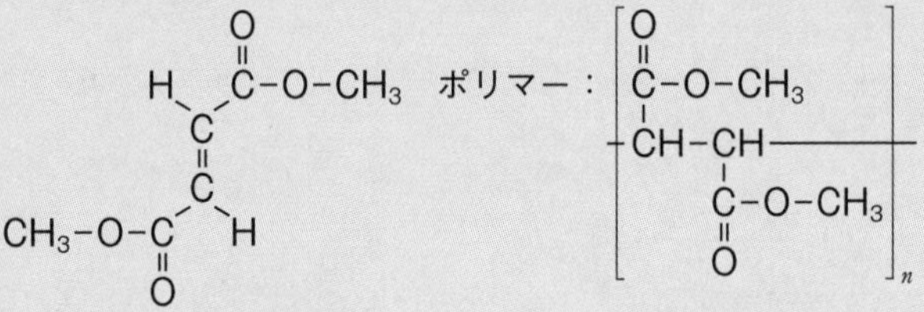

問5　$\left[\overset{}{N}{\overset{|}{H}}{\cdots}(CH_2)_6{-}N{-}C{-}(CH_2)_2{-}C \right]_n$

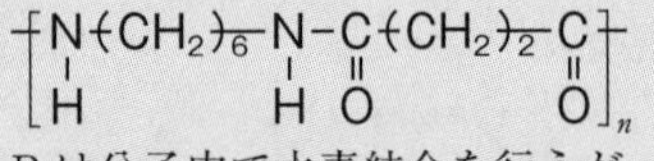

問6　Bは分子内で水素結合を行うが，Cは分子間で水素結合を行うので，Cのほうが融点が高い。

問7　Cは無極性分子だが，Bは極性分子なので，Bのほうが水に対する溶解度が大きい。

解説 問1　**元素組成**（元素の質量百分率）が与えられたときは，p.69 **2** で解説した解法の **手順2** 以降を行えばよい。

手順2 C，H，O の質量比を原子数比（＝mol 比）に直す。

$$C : H : O = \frac{35.8}{12} : \frac{4.5}{1.0} : \frac{59.7}{16}$$

$$= 2.98 : 4.5 : 3.73$$

$$= \frac{2.98}{2.98} : \frac{4.5}{2.98} : \frac{3.73}{2.98} = 1 : 1.51 : 1.25$$

$$\fallingdotseq 4 : 6 : 5 \qquad\qquad \Rightarrow \text{組成式 } C_4H_6O_5$$

手順3 分子量と比較し分子式にする。

組成式 $C_4H_6O_5 \longrightarrow$ 式量 134

分子式 $(C_4H_6O_5)_n \longrightarrow$ 分子量 $134n$

分子量 150 以下より，$n = 1$ ⇨ 分子式 $C_4H_6O_5$

問2 A：1分子中の二重結合と環構造の合計数を求める。アルカン C_nH_{2n+2} から H 原子が 2 個抜けるごとに，二重結合または環構造が 1 つずつできる。

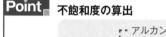

なお，2 本うでの O 原子の数は，二重結合，環構造の数に関係ない。

アルカンならば，C 原子 4 個に対し H 原子は 10 個つく（C_4H_{10}）。A は C 原子 4 個に対し H 原子 6 個で，アルカンよりも H 原子が 4 個少ない。したがって，A には，二重結合と環構造が合計 2 つ存在する。これを「不飽和度＝2」と表現する。

Point **不飽和度の算出**

アルカンのときの H 原子の数

不飽和度 $= \dfrac{\overbrace{2 \times \text{C 原子の数} + 2}^{} - \text{H 原子の数}}{2}$

二重結合と環構造の合計数

注意 二重結合には $\overset{\diagdown}{\text{C}}{=}\text{O}$ など C 原子以外がつくるものも含む。三重結合（$\text{C}{\equiv}\text{C}$ や $\text{C}{\equiv}\text{N}$）は，1 個で不飽和度 2。O 原子は抜いて計算すればよい。N 原子は，同じ 3 本うでの $-\overset{|}{\text{C}}\text{H}-$ に置き換えて計算。

不飽和度の大きな分子は，確定構造を不飽和度ごと引き算するとよい。A はヒドロキシ酸だから，ヒドロキシ基 $-OH$ とカルボキシ基 $-COOH$ をもつ。A を脱水，水素付加して生じる E がジカルボン酸だから，A も $-COOH$ を 2 つもつ。

$C_4(H_6)O_5$ 　　　　不飽和度 2

$-\begin{cases} \underset{O}{\overset{\|}{-\text{C}}}\text{-OH} & \times 2 \quad \text{不飽和度 } 1 \times 2 \\[4pt] -\text{OH} & \qquad\ \ \text{不飽和度 } 0 \end{cases}$

注意 不飽和度を考えていれば，途中，H 原子の数は考える必要はない。

C_2 　　　　　　　　不飽和度 0

これより，A は飽和 C 原子 2 個に $-COOH$ 2 つと $-OH$ 1 つを取りつけたものであるとわかる。1 つずつつけていくと，以下の $\boxed{1}$〜$\boxed{3}$ の 3 つの構造が考えられる。

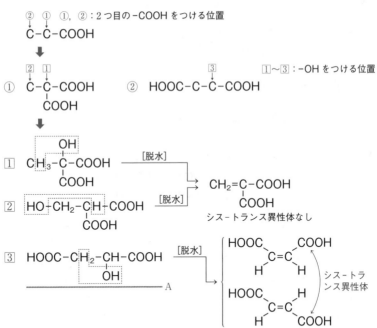

①～③のうちで，脱水によってシス-トランス異性体を生じるのは，③のヒドロキシ基-OH が分子内脱水したときだけである。したがって，A の構造は③に決まる。

A の構造式を起点に，B～F の構造式も以下のように決まる。化合物名もあわせて覚えておきたい。

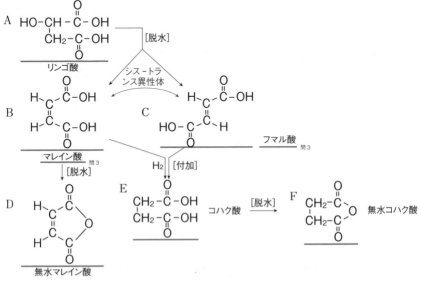

一般に，五員環や六員環の酸無水物は，対応するジカルボン酸を加熱するだけで

生成する。なお，トランス形のフマル酸Cは，-COOHどうしが離れた位置に固定されていて接近できないので，加熱しても脱水されにくい。

問4 **付加重合**はC=C部分どうしで起こる。

$$n \ \overset{|}{\underset{|}{C}}=\overset{|}{\underset{|}{C}} \xrightarrow{\text{[付加重合]}} \left[\overset{|}{\underset{|}{C}}-\overset{|}{\underset{|}{C}}\right]_n$$

これにフマル酸ジメチルの構造を当てはめればよい。

$$n \ \underset{\text{H}}{\overset{\text{CH}_3\text{OOC}}{\underset{}{}}}\overset{\text{H}}{\underset{\text{COOCH}_3}{C=C}} \xrightarrow{\text{[付加重合]}} \left[\underset{\text{H}}{\overset{\text{CH}_3\text{OOC}}{}}\overset{\text{H}}{\underset{\text{COOCH}_3}{C-C}}\right]_n$$

問5 ジアミンとジカルボン酸の**縮合重合**は，以下のとおりである。

$$n \ \text{H}-\text{N}-\text{R}^1-\text{N}-\text{H} + n \ \text{HO}-\overset{}{\underset{\text{O}}{C}}-\text{R}^2-\overset{}{\underset{\text{O}}{C}}-\text{OH}$$

$$\xrightarrow{\text{[縮合重合]}} \left[\text{N}-\text{R}^1-\text{N}-\overset{}{\underset{\text{O}}{C}}-\text{R}^2-\overset{}{\underset{\text{O}}{C}}\right]_n + 2n\text{H}_2\text{O}$$

これに，ヘキサメチレンジアミンとコハク酸Eを当てはめればよい。

$$n \ \underset{\text{H}}{\text{H}-\text{N}}\text{(CH}_2)_6\underset{\text{H}}{\text{N}-\text{H}} + n \ \text{HO}-\overset{}{\underset{\text{O}}{C}}\text{(CH}_2)_2\overset{}{\underset{\text{O}}{C}}-\text{OH}$$

ヘキサメチレンジアミン　　　　　　コハク酸E

$$\xrightarrow{\text{[縮合重合]}} \left[\underset{\text{H}}{\text{N}}\text{(CH}_2)_6\underset{\text{H}}{\text{N}}-\overset{}{\underset{\text{O}}{C}}\text{(CH}_2)_2\overset{}{\underset{\text{O}}{C}}\right]_n + 2n\text{H}_2\text{O}$$

問6 -O-Hや-N-Hの部分構造をもつ有機化合物は，OやN原子がH原子をはさんで結びつく**水素結合**を行う。マレイン酸Bは，分子内でも水素結合するが，フマル酸Cは分子間でのみ水素結合するため，分子間がより強く結びつけられる。この結合をゆるめて液体にするには高温を要するので，フマル酸のほうが高融点となる。

マレイン酸Bの水素結合

水素結合（分子間には1本しか形成されない）

フマル酸Cの水素結合

分子間に2本の水素結合
⇨分子間が強く結びつく⇨高融点

問7 -COOHを，-Clに置き換えるとわかりやすい。シス形は，Cl原子が電子を引きつける力（C-Cl結合の極性）が打ち消されず極性分子となるが，トランス形は，こ

れらが打ち消し合って，無極性分子となる。同様に，フマル酸 C も無極性分子であり，極性溶媒の水には溶けにくい。

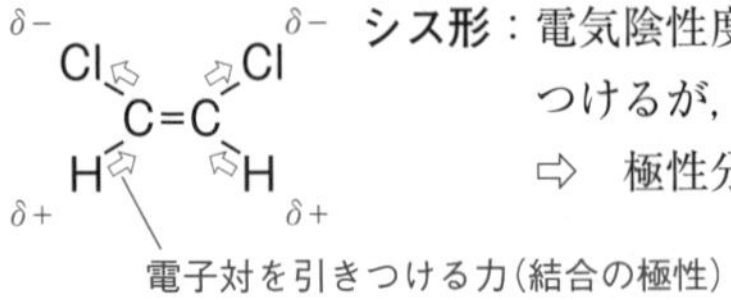

シス形：電気陰性度の大きなほうの原子が共有電子対を引きつけるが，この力が分子全体で打ち消し合わない
⇨ 極性分子 ⇨ 同様にマレイン酸も極性分子

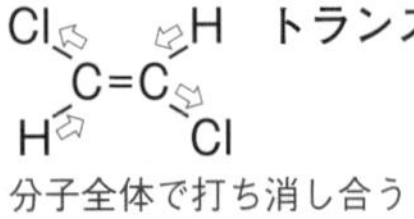

電子対を引きつける力(結合の極性)

トランス形：共有電子対を引きつける力(＝結合の極性)が，分子全体で打ち消し合う
分子全体で打ち消し合う
⇨ 無極性分子 ⇨ 同様にフマル酸も無極性分子

---

9 問1 ア：弱 イ：強 ウ：加水分解 エ：疎水 オ：ミセル カ：乳化
キ：ナトリウムイオン ク：強 ケ：強 コ：中
問2 A：$C_3H_5(OCOR)_3$ B：$RCOONa$ C：$C_3H_5(OH)_3$ あ：3
問3 $RCOONa + H_2O \rightleftharpoons RCOOH + Na^+ + OH^-$
問4 硬水　　　　　　　　　　　　　　NaOH としてもよい
問5 D：$C_{12}H_{25}-OSO_3Na$　E：$C_{12}H_{25}-\langle\bigcirc\rangle-SO_3Na$

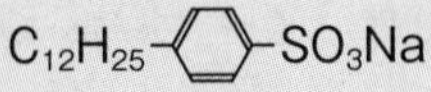

解説 問1 セッケンの**乳化作用**については，説明できるようにしておきたい。
　乳化作用：セッケン分子が**疎水基**を内側，**親水基**を外側に向けて油滴を取り囲み，ミセルとよばれる**コロイド粒子**を形成することによって，油を水に溶かす。
問2 油脂の**けん化反応**である。以下の2段階で起こると理解すればよい。

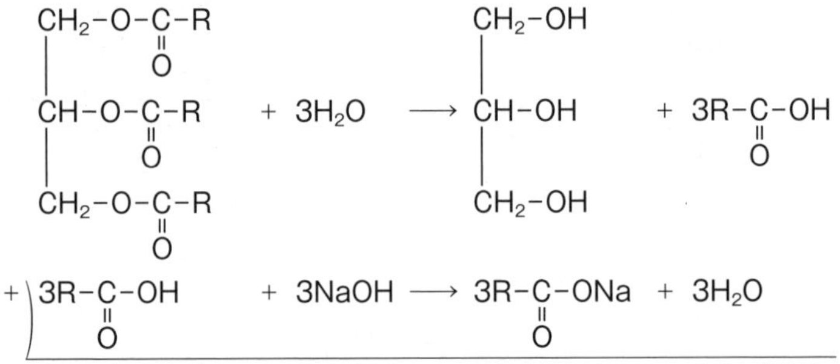

$$\underline{C_3H_5(OCOR)_3}_A + \underset{あ}{3}NaOH \longrightarrow \underset{あ}{3}\underline{RCOONa}_B + \underline{C_3H_5(OH)_3}_C$$

問3 $RCOONa \longrightarrow RCOO^- + Na^+$
のように完全電離してから，弱酸由来のイオンが
$$RCOO^- + H_2O \rightleftharpoons RCOOH + OH^-$$
のように少量だけ加水分解を行う。2つの反応式を足すと，
$$\underline{RCOONa + H_2O \rightleftharpoons RCOOH + Na^+ + OH^-}$$

問4 セッケンの欠点は，①**硬水**(Mg^{2+}，Ca^{2+} あり)中で不溶性塩が析出し洗浄作用を失うこと，②加水分解して弱塩基性を示し，動物性繊維の洗浄に不適なこと，③強酸性溶液と出あうと，脂肪酸を遊離し洗浄作用を失うことである。

問5　**合成洗剤**は，前述のセッケンの欠点をなくしたものだが，環境に対する負荷が大きいのが欠点である。

D：アルコールと硫酸の反応はエステル化である。

$$R{-}O{+}H \ + \ HO{+}\underset{\underset{硫酸}{\overset{\|}{O}}}{\overset{\overset{O}{\|}}{S}}{-}OH \xrightarrow{[エステル化]} R{-}O{-}SO_3H \ + \ \boxed{H_2O}$$
アルコール　　　　　　　　　　　　　　　　　　硫酸モノエステル

$$\underset{強酸}{R{-}O{-}SO_3H} \ + \ \underset{強塩基}{NaOH} \xrightarrow{[中和]} \underset{中性を示す塩}{\underline{R{-}O{-}SO_3Na}}{}_D \ + \ H_2O$$

R− が疎水基，−OSO$_3^-$ が親水基であり，セッケン同様**乳化作用**を示す。

E：ベンゼン環と硫酸の反応はスルホン化である。

$$R\langle\bigcirc\rangle{+}H \ + \ HO{+}\underset{\underset{硫酸}{\overset{\|}{O}}}{\overset{\overset{O}{\|}}{S}}{-}OH \xrightarrow{[スルホン化]} R\langle\bigcirc\rangle{-}SO_3H \ + \ \boxed{H_2O}$$
ベンゼン環　　　　　　　　　　　　　　　　　　スルホン酸

$$\underset{強酸}{R\langle\bigcirc\rangle{-}SO_3H} \ + \ \underset{強塩基}{NaOH} \xrightarrow{[中和]} \underset{中性を示す塩}{\underline{R\langle\bigcirc\rangle{-}SO_3Na}}{}_E \ + \ H_2O$$

R$\langle\bigcirc\rangle$− が疎水基，−SO$_3^-$ が親水基であり，**乳化作用**を示す。

---

［10］問1 832　**問2** 1　**問3** $C_{15}H_{31}COOH$

問4　$\begin{array}{l} CH_2{-}O{-}CO{-}C_{15}H_{31} \\ CH{-}O{-}CO{-}C_{15}H_{31} \\ CH_2{-}O{-}CO{-}C_{17}H_{33} \end{array}$　または　$\begin{array}{l} CH_2{-}O{-}CO{-}C_{15}H_{31} \\ CH{-}O{-}CO{-}C_{17}H_{33} \\ CH_2{-}O{-}CO{-}C_{15}H_{31} \end{array}$

解説 **問1**　**油脂**の分子量計算は，「けん化反応の係数比＝mol 比」で行う。ここでは NaOH を用いてけん化しているので，その反応式は，

$$\underset{油脂}{C_3H_5(OCOR)_3} \ + \ 3NaOH \longrightarrow \underset{グリセリン}{C_3H_5(OH)_3} \ + \ \underset{セッケン}{3RCOONa}$$

A の分子量を M_A とおくと，

$$A : NaOH = \frac{2.08}{M_A} : \frac{0.300}{40} = 1 : 3 \qquad M_A = \underline{832}$$

問2　油脂の C=C 数の計算は，「付加反応の係数比＝mol 比」で行う。油脂 A が C=C を n 個もっているとすると，H_2 付加反応の反応式は，

$$A \ + \ nH_2 \longrightarrow 硬化油$$

$$A : H_2 = \frac{2.08}{832} : \frac{0.0560}{22.4} = 1 : n \qquad n = \underline{1}$$

問3　題意より，油脂 A は，グリセリンに対して不飽和脂肪酸 B 1 分子と，飽和脂肪酸 C 2 分子が縮合したものである。

A 中の C=C の数は 1 つなので，B は C=C を 1 つもつ。また，水素付加した生成

第4章　有機化合物　　85

第4章 | 有機化合物

物（**硬化油**）の加水分解で，C とともにステアリン酸 $C_{17}H_{35}COOH$ が得られたことより，B はオレイン酸 $C_{17}H_{33}COOH$ とわかり，A の分子量より C はパルミチン酸 $C_{15}H_{31}COOH$ とわかる。

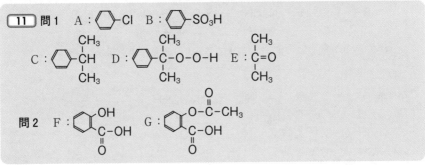

※) 飽和脂肪酸の一般式は $C_nH_{2n+1}COOH$ なので，分子量より，

$$\underset{\text{A}}{832} + \underset{\text{3H}_2\text{O}}{3 \times 18} = \underset{\text{グリセリン}}{92} + \underset{\text{B}}{282} + \underset{\text{C} \times 2}{(14n + 1 + 45) \times 2} \qquad n = 15$$

3 芳香族化合物

■11■ 問1　A : ◯–Cl　　B : ◯–SO_3H

C : ◯–$\underset{CH_3}{\overset{CH_3}{CH}}$　　D : ◯–$\underset{CH_3}{\overset{CH_3}{C}}$–O–O–H　　E : $\underset{CH_3}{\overset{CH_3}{C}}$=O

問2　F : ◯$\overset{OH}{\underset{C\text{–}OH \atop \parallel O}{}}$　　G : ◯$\overset{O\text{–}C\text{–}CH_3 \atop \parallel O}{\underset{C\text{–}OH \atop \parallel O}{}}$

解説 問1　A：ベンゼンに塩素 Cl_2 を作用させる場合，光を当てると付加反応が起こるが，Fe 触媒を用いると置換反応が起こる。この置換反応は，特に**塩素化**とよばれる。

$$◯\text{–}\boxed{H} + \boxed{Cl}\text{–}Cl \xrightarrow[\text{[塩素化]}]{\text{(Fe 触媒)}} \underset{\text{クロロベンゼン}_A}{◯\text{–}Cl} + H\text{–}Cl$$

B：ベンゼン環の C–H 結合が切断されると，電気陰性度が C よりも小さい H 原子は，H^+ の形で外れる。一方，硫酸分子は，下記の①の結合で最も切断しやすいが，この場合は H^+ が生じ，もしも置換が起こったとしても H^+ の交換に終わってしまうから，新しい物質は生じない。

$$\underset{\text{ベンゼン}}{◯\text{–}\boxed{H^+}} \quad \boxed{H^+}\overset{①}{\text{–}}O^-\overset{\overset{O}{\parallel}}{\underset{\underset{O}{\parallel}}{S}}\text{–}O\text{–}H \quad \underset{\text{硫酸}}{}$$

交換されたとしても，新しい物質は生じない

そこで，硫酸は，普段切断しないほうの下記の②の結合が切断される。電気陰性度は O＞S なので，S 原子側がプラス帯電する。このプラス帯電した S 原子側がベンゼン環から H^+ を追い出し，代わりにベンゼン環に結合する。

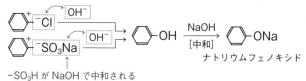

　化合物 A や B に OH^- を作用させると，今度は陰イオンどうしの交換が起こる。Cl や S は，電気陰性度が C 以上なので，マイナス帯電で外れる。

$-SO_3H$ が NaOH で中和される

　陰イオンどうしの交換でいったん酸性物質のフェノール ⬡-OH が生じるが，過剰に加わっている NaOH ですぐ中和されるため，生成物はナトリウムフェノキシド ⬡-ONa である。

　⬡-ONa を ⬡-OH に変換するためには，⬡-OH よりも強い酸を加えればよい。炭酸(H_2CO_3)は ⬡-OH より強い酸である。

⬡-ONa$^+$ ＋ H_2O ＋ CO_2 ⟶ ⬡-OH ＋ $NaHCO_3$

$(H^+{}_2CO_3)$　より弱い酸
より強い酸　(H^+ を離さない)

C〜E：この方法は，**クメン法**とよばれる。現在 ⬡-OH は，このクメン法で製造されている。その理由は，⬡-OH と CH_3COCH_3 以外に生成物がなく，この 2 つを利用すれば廃棄物はゼロであり，環境に負荷をかけないからである。入試にも出やすいので，反応経路は暗記してほしい。

⬡ ＋ $CH_2=CH-CH_3$ →[付加] クメン C

⬡ ＋ O_2 →[酸化] クメンヒドロペルオキシド D

⬡ →(酸触媒)[分解] ⬡-OH ＋ CH_3COCH_3
フェノール　アセトン E

＋) ⬡ ＋ $CH_2=CH-CH_3$ ＋ O_2 ⟶ ⬡-OH ＋ CH_3COCH_3

問2

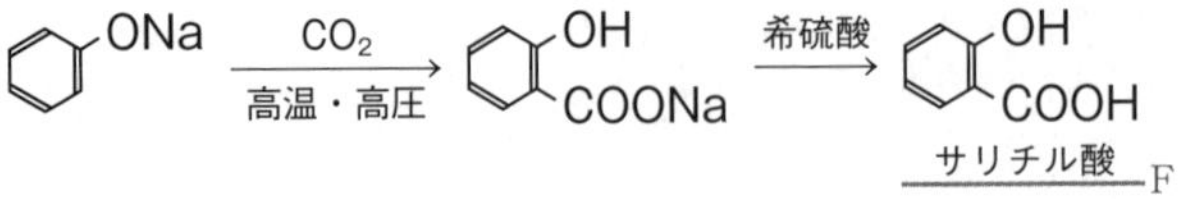

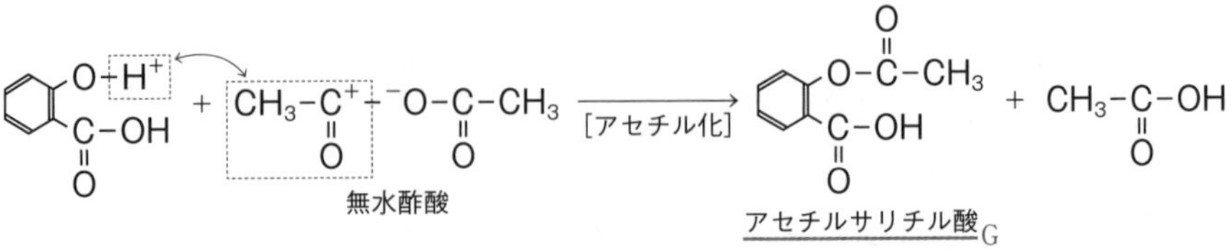

---

12 I 問1 1：NaNO₂ 2： 3：

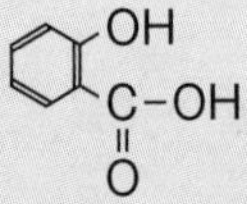

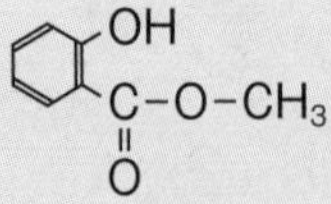

問2 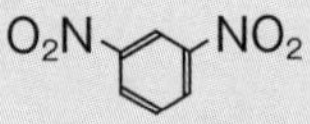 問3 ア：3 イ：14 ウ：3 エ：4 4：

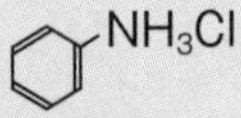

問4

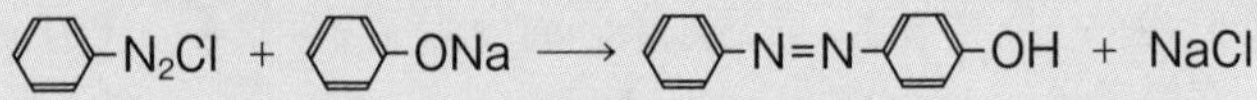

問5 アニリン：(A)，(F) フェノール：(B)，(D)，(F)

II A：17.9 B：58.3 5：② 6：② 7：② 8：③ 9：①

解説 I 問題文(i)〜(iii)…問2，3

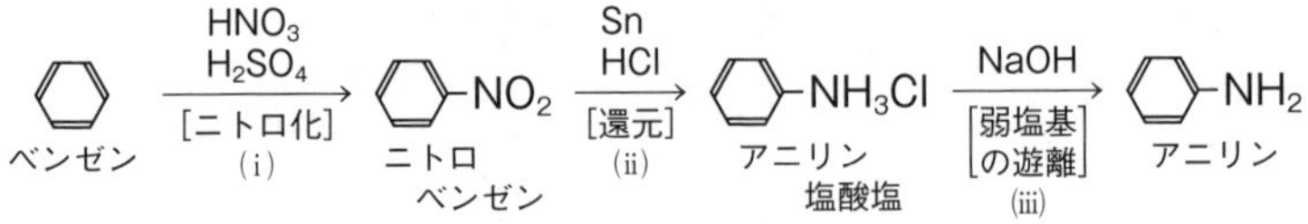

問2 (i)の反応を，60℃よりも高い温度で行うと，*m*‐ジニトロベンゼンが生成するようになる。

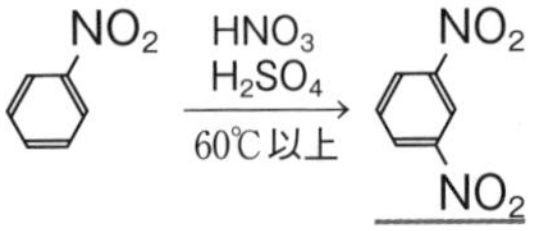

> −NO₂ や −COOH などがベンゼン環につくと，次の置換反応は，メタ位に起こりやすくなる。

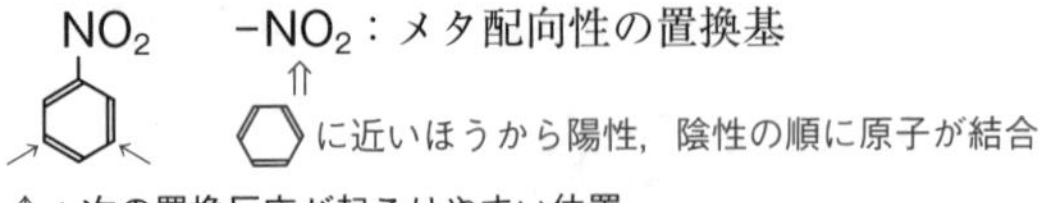

NO₂ −NO₂：メタ配向性の置換基

↑ ◯ に近いほうから陽性，陰性の順に原子が結合

↑：次の置換反応が起こりやすい位置

問3 (ii)の反応は，酸化還元反応である。半反応式から組み上げると，

還元剤　　（　　　　　Sn　　　　　$\longrightarrow$　　　　　$Sn^{4+} + 4e^-$）×3

酸化剤　$_+$）（$\bigcirc$$-NO_2 + $　　　$7H^+ + 6e^- \longrightarrow$ $\bigcirc$$-NH_3^+ + 2H_2O$）　×2

イオン反応式　$2$$\bigcirc$$-NO_2 + 3Sn + 14H^+ \longrightarrow 2$$\bigcirc$$-NH_3^+ + 3Sn^{4+} + 4H_2O$

左辺のイオンを補う電離の式　　　$14HCl \longrightarrow 14H^+ + 14Cl^-$ を足すと，

化学反応式　$2$$\bigcirc$$-NO_2 + \underset{\text{ア}}{3Sn} + \underset{\text{イ}}{14HCl} \longrightarrow 2$$\bigcirc$$-\underset{4}{NH_3Cl} + \underset{\text{ウ}}{3SnCl_4} + \underset{\text{エ}}{4H_2O}$

問題文(iv)〜(vi)

$\bigcirc$ $\xrightarrow[\text{[塩素化]}]{\underset{\text{(iv)}}{Cl_2(Fe 触媒)}}$ $\bigcirc$$-Cl$ $\xrightarrow[\text{高温・高圧}]{\underset{\text{(v)}}{NaOH \ aq}}$ $\bigcirc$$-ONa$ $\xrightarrow[\text{[弱酸の遊離]}]{\underset{\text{(vi)}}{CO_2}}$ $\bigcirc$$-OH$ フェノール

問1，4 問題文の $\boxed{1}$ は，ジアゾ化反応である。亜硝酸ナトリウム $\underline{NaNO_2}_1$ を用いる（下図）。

下線部(c)は**(ジアゾ)カップリング反応**である。ナトリウムフェノキシド $\bigcirc$$-ONa$ は，ベンゼン環のオルト位とパラ位で非常に置換反応を起こしやすい。

$\bigcirc$$-\boxed{N_2^+}Cl^- + \boxed{H^+}$$-\bigcirc$$-O^-\boxed{Na^+} \longrightarrow$ $\bigcirc$$-N=N$$-\bigcirc$$-OH + NaCl$

$\underset{\text{置換}}{\underbrace{\qquad}}$ $\underset{\text{置換}}{\underbrace{\qquad}}$ $\underset{\text{外れる}}{\qquad}$

——問4

─ONa，─OH，─NH₂，─CH₃ などがベンゼン環につくと，次の置換反応は，オルト位やパラ位に起こりやすくなる。

OH　　─OH：オルト，パラ配向性の置換基

$\bigcirc$ に近いほうから陰性，陽性の順に原子が結合

↑：次の置換反応が起こりやすい位置

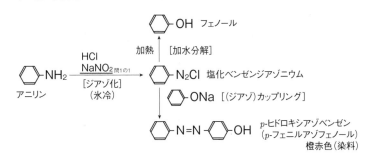

$\bigcirc$$-OH$ フェノール

$\bigcirc$$-NH_2$ $\xrightarrow[\text{[ジアゾ化]}]{\overset{HCl}{\underset{(氷冷)}{NaNO_{2問1の1}}}}$ $\bigcirc$$-N_2Cl$ 塩化ベンゼンジアゾニウム

アニリン

加熱　[加水分解]

$\bigcirc$$-ONa$ [(ジアゾ)カップリング]

$\bigcirc$$-N=N$$-\bigcirc$$-OH$ p-ヒドロキシアゾベンゼン（p-フェニルアゾフェノール）橙赤色（染料）

最後に2，3は，p.88 11 の**問2**でも扱ったサリチル酸の合成である（下図）。

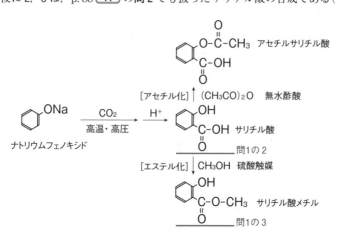

問5 アニリンとフェノールの性質を比較すると，以下のとおり。

	-NH_2 アニリン	-OH フェノール
検出反応	さらし粉水溶液で赤紫色	FeCl_3 水溶液で紫色 (D)
液性	弱塩基性	弱酸性*1
HCl aq に	-NH_3Cl となって溶ける(A) （塩）	溶けない
NaOH aq に	溶けない	-ONa*2 となって溶ける(B) （塩）
無水酢酸 (CH_3CO)_2O で	アセチル化され(F) -N-C-CH_3 になる H O	アセチル化され(F) -O-C-CH_3 になる O

＊1 アルコールは中性だが，に -OH が直結したフェノール類は弱酸性

＊2 ただし，NaHCO_3 aq では塩にならない（カルボン酸は NaHCO_3 aq にも塩となって溶ける）

II A，B：I (ii)と同じく，$HO-\langle\rangle-NO_2$ と Sn や HCl との係数比も，2:3や2:14である。

$$2\ HO-\langle\rangle-NO_2\ +\ 3Sn\ +\ 14HCl$$

$$\longrightarrow\ 2\ HO-\langle\rangle-NH_3Cl\ +\ 3SnCl_4\ +\ 4H_2O$$

必要な Sn を x〔g〕とすると，

$$HO-\langle\rangle-NO_2 : Sn = \frac{13.9}{139} : \frac{x}{119} = 2 : 3 \qquad x = 17.85 \doteqdot \underline{17.9\ g}_A$$

必要な純 HCl の物質量を y〔mol〕とすると，「係数比＝mol比」より，

$$HO-\!\!\left\langle\bigcirc\right\rangle\!\!-NO_2 : HCl = \frac{13.9}{139} : y = 2 : 14 \quad \cdots \text{①}$$

この純 HCl を，36.5%濃塩酸 z〔cm³〕で補うとすると，

$$z\,\text{〔cm}^3\text{〕} \times \underbrace{1.20\ \text{g/cm}^3}_{\text{溶液〔g〕}\leftarrow} \times \frac{36.5}{100} = \underbrace{y\text{〔mol〕} \times 36.5\ \text{g/mol}}_{\text{純 HCl〔g〕}\leftarrow} \quad \cdots \text{②}$$

①，②より，$z = 58.33\ \text{cm}^3 \fallingdotseq \underline{58.3\ \text{mL}}_{\text{B}}$

5，6，7，8，9 :

　　$\boxed{5}$ は，$-NH_3Cl$ から HCl を奪って $-NH_2$ にしつつ，フェノール性 $-OH$ からは H^+ を奪わない，微弱な塩基である必要がある。NaOH は，フェノール性 $-OH$ から H^+ を奪うが，$NaHCO_3$ ならばフェノール性 $-OH$ とは反応しない。したがって，$NaHCO_3$ を選択する。

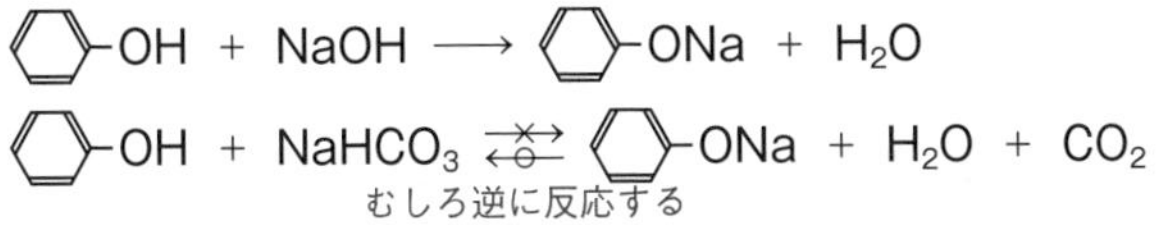

$$\left\langle\bigcirc\right\rangle\!\!-OH\ +\ NaOH\ \longrightarrow\ \left\langle\bigcirc\right\rangle\!\!-ONa\ +\ H_2O$$

$$\left\langle\bigcirc\right\rangle\!\!-OH\ +\ NaHCO_3\ \underset{\underset{\text{むしろ逆に反応する}}{}}{\rightleftarrows}\ \left\langle\bigcirc\right\rangle\!\!-ONa\ +\ H_2O\ +\ CO_2$$

　　さらし粉水溶液で赤紫色に呈色するのは，ベンゼン環直結の $-NH_2$，塩化鉄(Ⅲ)水溶液で紫～青色に呈色するのは，ベンゼン環直結の $-OH$（フェノール性 $-OH$）である。$\boxed{6}$ は，この両方を行わないから，$-NH_2$，$-OH$ ともにアセチル化された化合物である。$\boxed{9}$ は，$-OH$ が検出されたので，$-NH_2$ のみアセチル化された化合物とわかる。

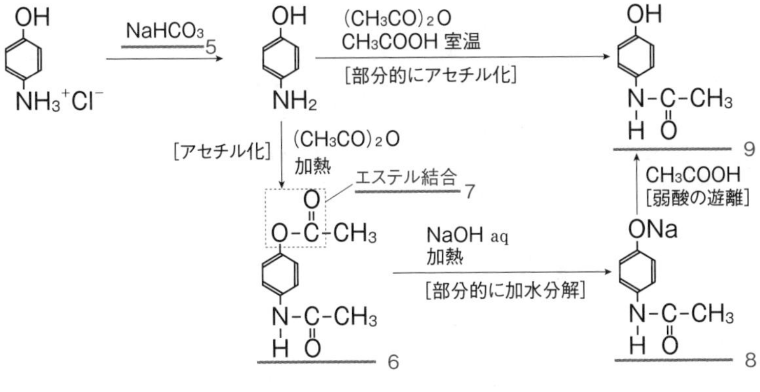

　　この問題は，呈色反応の結果と前後の関係から構造を推定していくものである。アセチル化の細かい反応条件を覚える必要はない。

$\boxed{13}$

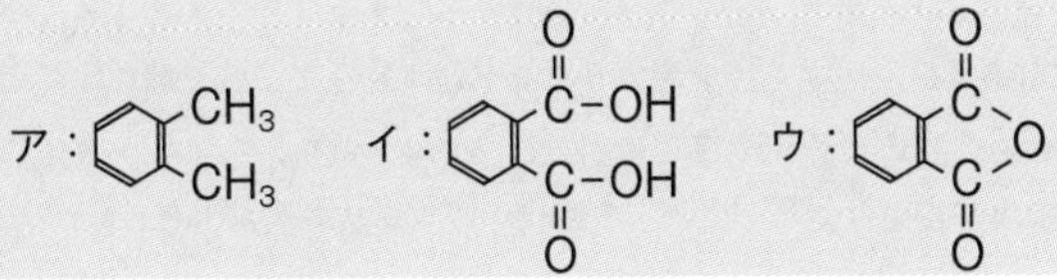

エ：⬡-CH₂-CH₃　　オ：⬡-C-OH　A：4
　　　　　　　　　　　　　　‖
　　　　　　　　　　　　　　O

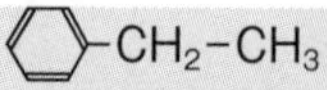

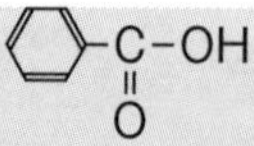

化学反応式：⬡-COOH ＋ NaHCO₃ ⟶ ⬡-COONa ＋ H₂O ＋ CO₂

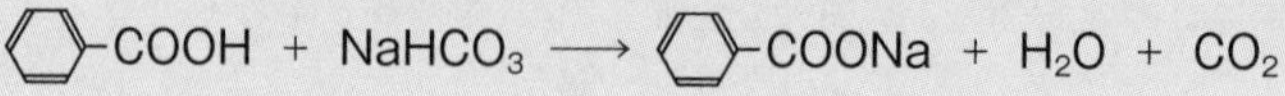

解説 分子式 C_8H_{10} の芳香族化合物をすべて探してみる。アルカンなら18個ある H 原子の数が8個少ないので，**不飽和度(二重結合＋環構造の数)** は4である。確定構造として ⬡(C 原子6個，不飽和度4)を引くと，

$$C_8(H_{10}) \cdots 不飽和度4$$ 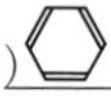
$$-\underline{)\;⬡\qquad\quad \cdots 不飽和度4}$$
$$C_2 \qquad\qquad \cdots 不飽和度0$$

⬡ に飽和の C 原子を2個つければよいとわかる。以下の<u>4種類</u>$_A$ の構造が考えられる。

① ⬡-C-C ， ② 〔o-キシレン骨格〕， ③ 〔m-キシレン骨格〕， ④ C-⬡-C

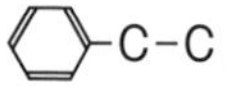

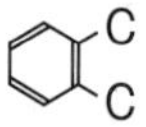

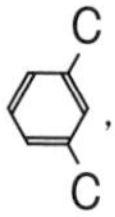

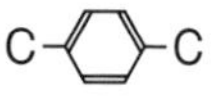

H 原子を書き加え，この問題で行っている酸化反応によって生じる物質の構造まで書くと，以下の通り。

① ⬡-CH₂-CH₃ $\xrightarrow{[酸化^*]}$ ⬡-C-OH
　<u>エチルベンゼン</u>ェ　　　　　　<u>安息香酸</u>ォ

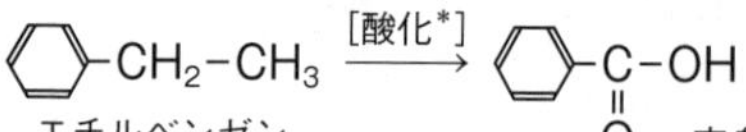

② 〔o-キシレン〕 $\xrightarrow{[酸化]}$ フタル酸 $\xrightarrow[\text{[脱水]}]{\text{加熱}}$ 無水フタル酸
　<u>o-キシレン</u>
　（オルト体）ァ　　　<u>フタル酸</u>ィ　　　<u>無水フタル酸</u>ゥ

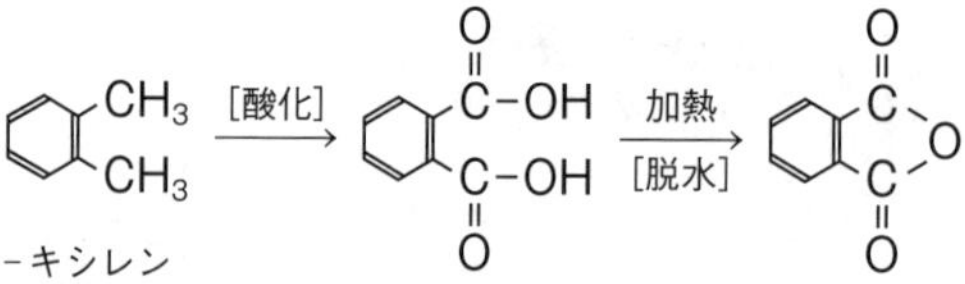

③ 〔m-キシレン〕 $\xrightarrow{[酸化]}$ イソフタル酸
　<u>m-キシレン</u>
　（メタ体）　　　イソフタル酸

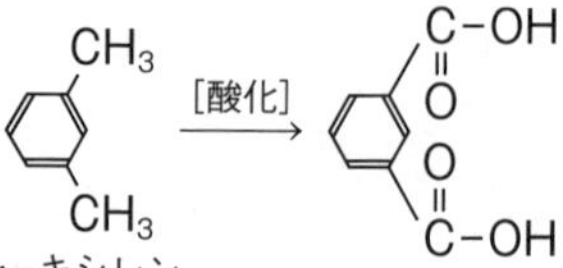

④ CH₃-⬡-CH₃ $\xrightarrow{[酸化]}$ HO-C-⬡-C-OH
　<u>p-キシレン</u>　　　　　　　　テレフタル酸
　（パラ体）　　　　　ポリエチレンテレフタラートの原料

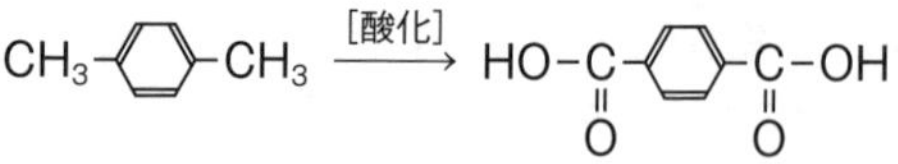

＊ ⬡ に結合する炭化水素基は，過マンガン酸カリウム $KMnO_4$ などで強く酸化すると，カルボキシ基(-COOH)に変わる。長い炭化水素基の場合，⬡ 直結の C 原子のみが -COOH の形で残る。なお，この反応は塩基性条件で行うため，実際はカルボン酸の塩が生じる。

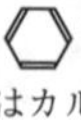

酸化生成物が加熱により脱水されて酸無水物になるのは，-COOH が 2 個近接する
オルト体②のみなので，$\boxed{\ \mathrm{ア}\ }$～$\boxed{\ \mathrm{ウ}\ }$の構造が決まる。

NaHCO₃ は，カルボン酸 RCOOH と以下のように反応する。

$$\mathrm{RCOOH\ +\ NaHCO_3\ \longrightarrow\ RCOONa\ +\ H_2O\ +\ CO_2}$$化学反応式

-COOH と同 mol の CO_2 が発生することがわかる。したがって$\boxed{\ \mathrm{オ}\ }$は分子中に 1
個だけ-COOH をもつベンゼン一置換体とわかり，$\boxed{\ \mathrm{エ}\ }$，$\boxed{\ \mathrm{オ}\ }$の構造が決まる。

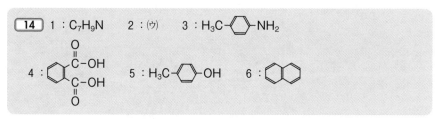

解説 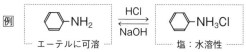のような大きな疎水基をもつ分子は，一般に有機溶媒に溶けやすい。しかし，
中和されて塩（イオンからなる物質）に変われば水に溶けるようになる。

●塩基性のアミノ基-NH₂ をもつ物質

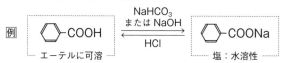

●カルボキシ基-COOH をもつ物質

例　$\bigcirc$-COOH $\underset{\mathrm{HCl}}{\overset{\substack{\mathrm{NaHCO_3} \\ \text{または NaOH}}}{\rightleftarrows}}$ $\bigcirc$-COONa
エーテルに可溶　　　　　　　　　　　　塩：水溶性

カルボン酸は炭酸より強い酸なので，NaHCO₃ でも塩になる。

●フェノール類（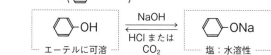-OH 類）

例　$\bigcirc$-OH $\underset{\substack{\mathrm{HCl\ または} \\ \mathrm{CO_2}}}{\overset{\mathrm{NaOH}}{\rightleftarrows}}$ $\bigcirc$-ONa
エーテルに可溶　　　　　　　　　　　　塩：水溶性

フェノール類は炭酸より弱い酸なので，塩の水溶液に CO_2 を吹き込めば，遊離し
てエーテルに溶けるようになる。

以上より，アミン，カルボン酸，フェノール類および中性物質を図の操作で分離すれ
ば，それぞれ次のエーテル溶液に分離されることがわかる。

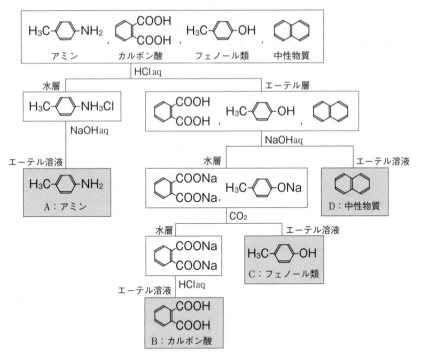

A～D を実際の構造式で示したが，この時点ではまだ「類」が確定しただけである。

Aについて：分子式を算出すると，

$$C : H : N = \frac{78.5}{12} : \frac{8.4}{1} : \frac{13.1}{14} \fallingdotseq 7 : 9 : 1$$

組成式 C_7H_9N（式量 107），分子量 107 より，分子式も <u>C_7H_9N</u> [1]

ベンゼン環をもつアミンなので，確定構造として ⬡ と $-\overset{|}{\underset{|}{N}}-$ を引くと，

$$
\begin{array}{ll}
C_7(H_9)N & \cdots 不飽和度 4 [2] \\
-\ \ ⬡ & \cdots 不飽和度 4 \\
-\ \ -\overset{|}{\underset{|}{N}}- & \cdots 不飽和度 0 \\
\hline
C_1 & \cdots 不飽和度 0
\end{array}
$$

＊1　分子量が正確にわかる場合は，以下の解法のほうが速い。

A 1 mol（107 g）中の各元素の mol を算出すると，

$$C : 107 \times \frac{78.5}{100} \times \frac{1}{12} \fallingdotseq 7 \qquad H : 107 \times \frac{8.4}{100} \fallingdotseq 9 \qquad N : 107 \times \frac{13.1}{100} \times \frac{1}{14} \fallingdotseq 1$$

以上より，分子式 <u>C_7H_9N</u>（直接分子式が求まる）

＊2　N 原子を含む分子は，N 原子 1 個を CH 1 組に置き換えて算出する。$C_7H_9N \longrightarrow C_8H_{10}$ で計算。

A は ⬡ に飽和 C 原子 1 個と N 原子 1 個をつけた構造だとわかる。

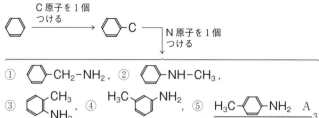

①〜⑤のベンゼン環の H 原子を1個だけ Cl 原子に置換した化合物は，①と②ではそれぞれ3種類，③と④ではそれぞれ4種類存在するが，⑤は H₃C―◯―NH₂

と H₃C―◯―NH₂ の2種類しかない。よって A の構造式は⑤に決まる。

B について：前述の分離のしかたから，カルボキシ基 –COOH をもつとわかる。また，加熱により酸無水物になることから，近接した2つの –COOH をもつとわかる。分子式は，原子の結合手の合計数が偶数にならなければならないこと，芳香族なので C 原子を6個以上含むこと，分子量200以下であることから，$C_8H_6O_4$（分子量166）と確定する。分子式から確定構造を引くと，

$$
\begin{array}{ll}
C_8(H_6)O_4 & \cdots\text{不飽和度6}\\
-\ \bigcirc & \cdots\text{不飽和度4}\\
-\ \overset{}{\underset{O}{\overset{\parallel}{C}}}\text{-OH} \times 2 & \cdots\text{不飽和度}1\times2\\
\hline
\text{なし} & \cdots\text{不飽和度0}
\end{array}
$$

B は，◯ 1個に –COOH を2個取りつけた構造であるとわかる。近接したオルト位につければ，五員環の酸無水物を生じるので，題意を満たす。

B ◯(C-OH)(C-OH) 〔O〕 —加熱[脱水]→ F ◯(C)(C)O + H₂O

なお，水酸化ナトリウムによる滴定値も，B が分子量166で2価の酸であることを証明している。B の分子量を M_B，酸としての価数を n とおくと，

$$
\underbrace{\frac{0.332}{M_B}\text{(mol)}\times \underset{\text{(価)}}{n}}_{\text{B が出す H}^+\text{(mol)}} = \underbrace{1.00\ \text{mol/L}\times\frac{4.00}{1000}\text{L}\times\underset{\text{(価)}}{1}}_{\text{NaOH が出す OH}^-\text{(mol)}}
$$

$M_B=166$ のとき，$n=2$

C について：A をジアゾ化して生じる E を加熱して得られることから，構造が決まる。

A ◯(NH₂)(CH₃) —[ジアゾ化]→ E ◯(N₂Cl)(CH₃) —[加水分解]→ C ◯(OH)(CH₃)

前述の分離の知見からも，Cはフェノール類であるとわかっており，矛盾はない。

Dについて：$C_{10}H_8$ は不飽和度7の芳香族化合物だが，H原子1個を $-OH$ に置き換

えた化合物が2種類しかないことから，対称構造のナフタレン 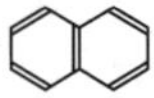 とわかる。

ナフタレンは代表的な昇華性物質であり，炭化水素なので，中性物質である。

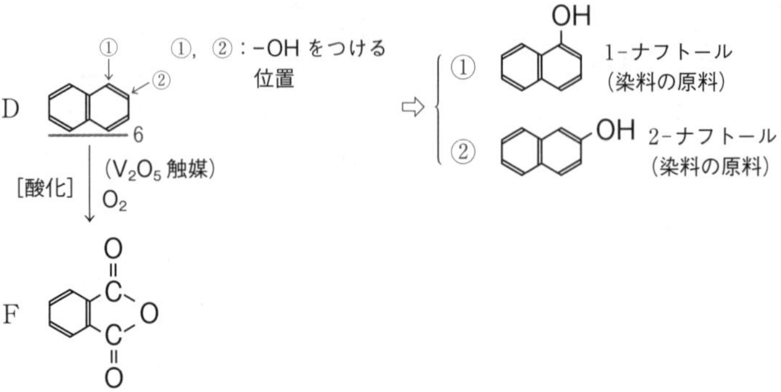

---

15 I A: B: CH_3-C-O- C: $H-C-O-CH_2-$

D: E: F: G:

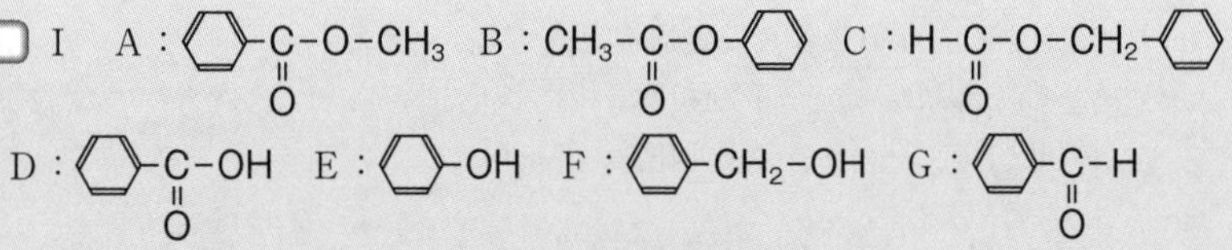

II 問1 + CH_3OH ⟶ + H_2O

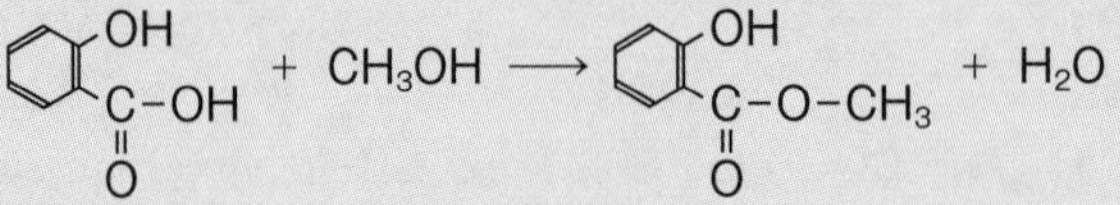

問2 蒸発した物質を，空気冷却により凝縮させ，試験管に戻す。(27字)

問3 触媒　　問4 突沸を防ぐため。

問5 + $NaHCO_3$ ⟶ + H_2O + CO_2

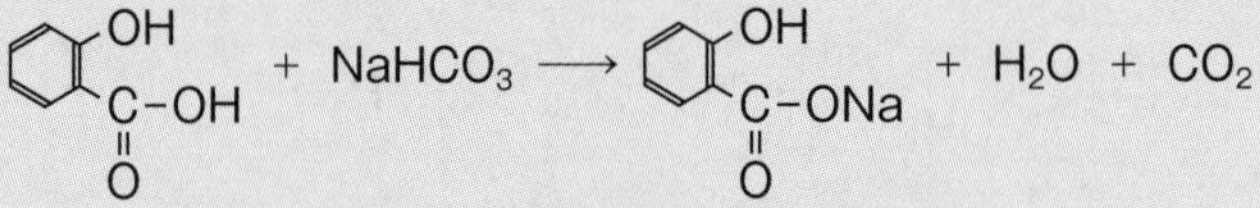

問6 エーテル層　　問7 CH_3-OH,

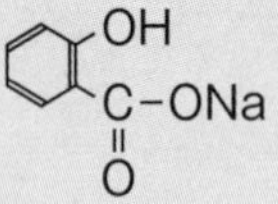

問8 沸点の違いを利用する。

解説 I 分子式 $C_8H_8O_2$ の芳香族化合物のエステルについて，考えられる構造を
挙げてみる。

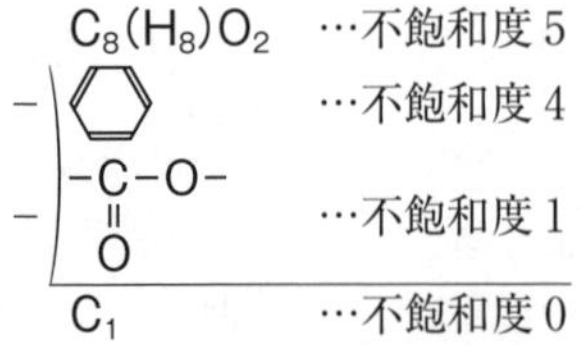

$$C_8(H_8)O_2 \quad \cdots 不飽和度5$$
$$- \bigcirc \quad \cdots 不飽和度4$$
$$- \overset{}{\underset{O}{C}}-O- \quad \cdots 不飽和度1$$
$$\overline{C_1} \quad \cdots 不飽和度0$$

このエステルは，-C-O- に ⬡ と C 原子 1 個をつけたものだから，比較的簡単

$\overset{\parallel}{O}$

にすべての構造を挙げることができる。エステルの構造決定では，加水分解生成物について情報が与えられるのが普通で，この問題もそのようになっている。そこで，エステルの構造とともに，加水分解生成物まで書き出してみる。

$C_8H_8O_2$　エステル　　　　　　　　　　　カルボン酸

① ⬡-C-O-CH₃ ─[加水分解]→ ⬡-C-OH ＋ HO-CH₃
　　　$\overset{\parallel}{O}$　　　　　　　　　　　　$\overset{\parallel}{O}$
　　　────A　　　　　　　　　　────D　メタノール

② CH₃-C-O-⬡ ─[加水分解]→ CH₃-C-OH ＋ HO-⬡
　　$\overset{\parallel}{O}$　　　　　　　　　　　$\overset{\parallel}{O}$　　　　　　E
　　────B　　　　　　　　　　酢酸

③ H-C-O-CH₂-⬡ ─[加水分解]→ H-C-OH ＋ HO-CH₂-⬡
　　$\overset{\parallel}{O}$　　　　　　　　　　　$\overset{\parallel}{O}$　　　　　　　F
　　────C　　　　　　　　　　ギ酸

④ H-C-O-⬡ ─[加水分解]→ H-C-OH ＋ HO-⬡
　　$\overset{\parallel}{O}$　CH₃　　　　　　　$\overset{\parallel}{O}$　　　　CH₃
　　o-, m-, p-　　　　　　　　ギ酸　　　フェノール類
　　3種類あり

④は，オルト，メタ，パラ体をひとまとめに表記した。

A〜G は一置換ベンゼン誘導体なので，ベンゼン二置換体の④は候補から消える。加水分解によってメタノールを生じる A は①に，酢酸を生じる B は②に，ギ酸を生じる C は③に構造が決まる。F を酸化していく反応は，以下のとおりである。

⬡-CH₂-OH ─[酸化]→ ⬡-C-H ─[酸化]→ ⬡-C-OH
　　　　　　　　　　　　$\overset{\parallel}{O}$　　　　　　$\overset{\parallel}{O}$
　F　　　　　　　　　　　G　　　　　　　D

なお，F はアルコールである。⬡ に -OH が直結した E などが，フェノール類である。

Ⅱ　問2　有機反応は，一般に長時間の加熱を必要とするので，揮発性物質(ここではメタノール)の蒸発による消費を抑える必要がある。このため，ガラス管を試験管に取りつけて，蒸発した物質を冷却，凝縮させ，反応液に戻す。

問5, 8　NaHCO₃ と反応するのは，炭酸より酸性が強い -COOH のみであり，フェノール性 -OH は反応しない。この操作で，未反応のサリチル酸 ⬡(OH)(COOH) は，

塩である ⬡(OH)(COONa) となって水層に溶け込むが，生成物のサリチル酸メチル

$\overset{\displaystyle OH}{\underset{\displaystyle COOCH_3}{\bigcirc}}$ は，反応せず油層（エーテル層）に溶け込む。したがって，分液漏斗中で振り混ぜた後エーテル層をとり，沸点の低いエーテルを蒸発除去すれば，沸点の高いサリチル酸メチルが残る。

問6 抽出溶媒として用いられるもののうち，水よりも重い（密度が大きい）ものは，Cl を含む CH_2Cl_2（ジクロロメタン），$CHCl_3$（トリクロロメタン），CCl_4（テトラクロロメタン）ぐらいである。ほかの抽出溶媒はどれも水に浮くと思ってよい（なお，溶媒には用いられないが，ニトロベンゼン $\bigcirc-NO_2$ は，水より重い）。

問7 メタノールは，疎水基が小さく，親水基 $-OH$ の影響が大きいので，水に溶けやすい。

---

16 問1　A：$\bigcirc-\underset{O}{C}-O-\bigcirc-CH=\underset{CH_3}{C}-CH_3$　B：$\bigcirc-\underset{O}{C}-OH$

C：$HO-\bigcirc-CH=\underset{CH_3}{C}-CH_3$　D：$HO-\bigcirc-\underset{O}{C}-H$　E：$CH_3-\underset{O}{C}-CH_3$

問2　水層　理由：水はエーテルより密度が大きいから。（17字）
問3　アセトン
問4　$CH_3COCH_3 + 3I_2 + 4NaOH$
　　　　　　　　　　$\longrightarrow CH_3COONa + CHI_3 + 3NaI + 3H_2O$
問5　70%　問6　水素　問7　$\bigcirc-\underset{O-H\cdots O}{\overset{C=O\cdots H-O}{C}}-C-\bigcirc$

解説 Aの分子式は複雑であり，この異性体を列挙するのは無理である。このような場合は，分解生成物の構造から元をたどるように決めていく。まず反応を整理する。

$\underset{C_{17}H_{16}O_2}{A} \xrightarrow{\text{[加水分解]}} B$ $NaHCO_3$ aq に可溶 $+$ C アルコールまたはフェノール類
　　　　　　　　　　　　$\Downarrow$
　　　　　　　　　　カルボン酸

$\uparrow$ $KMnO_4$酸化

$\bigcirc-C\cdots$
アルキル基を1つもつベンゼン

$C \xrightarrow{\text{[O}_3\text{分解]}} \underset{\substack{p-\text{二置換体}\\Na\text{で気体}\uparrow}}{\overset{C_7H_6O_2}{D}} + \underset{\substack{無色液体\\水溶性\\クメン法で生成}}{E}$

問1 Bについて：$\bigcirc-CH_3$ や $\bigcirc-CH_2-CH_3$ など，$\bigcirc$ にアルキル基（$-C_nH_{2n+1}$）が1つついた化合物を $KMnO_4$ で酸化すれば，アルキル基は $-COOH$ に変わる。

$\bigcirc-C\cdots \xrightarrow[\text{[酸化]}]{KMnO_4} \bigcirc-\underset{O}{C}-O^- \xrightarrow{HCl} \underset{\underline{\qquad\qquad}-B}{\bigcirc-\underset{O}{C}-OH}$

中性または塩基性条件で酸化したときは，カルボン酸の塩が生成するから，塩酸などの強酸を加えてカルボン酸を遊離させている。

Dについて：O_3分解生成物だから，例2より $\diagdown C=O$（カルボニル基（アルデヒドまたはケトン））をもつとわかる。また，Na と反応することから $-OH$ ももつとわかる。

芳香族化合物とあるから ⬡ ももつ。分子式 $C_7H_6O_2$ から確定構造を引くと，

$$
\begin{array}{ll}
C_7(H_6)O_2 & \cdots不飽和度5 \\
-\;⬡ & \cdots不飽和度4 \\
-\;\underset{O}{\overset{\|}{-C-}} & \cdots不飽和度1 \\
-\;-OH & \cdots不飽和度0 \\
\hline
なし & 不飽和度0
\end{array}
$$

D は ⬡ に $-\underset{O}{\overset{\|}{C}}-$ と $-OH$ を取りつけた p-二置換体とわかる。余った結合手には H 原子をつければよいので，

$$HO-⬡-\underset{O}{\overset{\|}{C}}-H \quad \text{D}$$

Eについて：水溶性の液体で，**クメン法**で生成することから，

アセトン $CH_3-\underset{O}{\overset{\|}{C}}-CH_3$ とわかる。 E

Cについて：$R^1-\underset{R^2}{\overset{}{C}}=\underset{R^3}{\overset{}{C}}-R^4 \xrightarrow{O_3} R^1-\underset{R^2}{\overset{}{C}}=O + O=\underset{R^3}{\overset{}{C}}-R^4$

　　　　　　　　　　　C　　　　　　　　　　D　　　　　　　　E

の反応を逆にたどる。D と E の C=O の部位どうしでつなげば C の構造になるので，

$$HO-⬡-\underset{\underset{\text{C}}{H}}{\overset{}{C}}=\underset{CH_3}{\overset{}{C}}-CH_3 \xrightarrow{O_3} HO-⬡-\underset{\underset{\text{D}}{H}}{\overset{}{C}}\boxed{=O} + \boxed{O=}\underset{\underset{\text{E}}{CH_3}}{\overset{}{C}}-CH_3$$

構造決定

　難しい構造決定問題では，このように生成物から元の反応物の構造を推定する力が必要となる。A は，さらに B と C から加水分解前の構造まで元をたどることにより決まる。

$$⬡-\underset{O}{\overset{\|}{C}}-O-⬡-\underset{\underset{\text{A}}{H}}{\overset{}{C}}=\underset{CH_3}{\overset{}{C}}-CH_3$$

構造決定

$$[加水分解] \longrightarrow ⬡-\underset{O}{\overset{\|}{C}}\boxed{-OH} + \boxed{H}O-⬡-\underset{\underset{\text{C}}{CH_3}}{\overset{}{C}H}=\underset{}{\overset{}{C}}-CH_3$$

　　　　　　　　　　　　　　　　　B　　　　　　　　　　　　C

問4 ヨードホルム反応は，①－COCH$_3$のH原子がI原子と置換する，②生じた－CO｜CI$_3$が｜の部分で加水分解される，③生じた酸（HIとRCOOH）をNaOHで中和する　という3段階からなる複雑な反応だが，難関校ではよく反応式を問われる。途中の段階が理解できなければ覚えてほしい。

①
$$
\begin{array}{c}
\quad\ \ \overset{H}{\underset{H}{|}}\\
R-\overset{|}{\underset{\parallel}{C}}-\overset{|}{C}-H + 3I_2\\
\quad\ O
\end{array}
\longrightarrow
\begin{array}{c}
\quad\ \ \overset{I}{|}\\
R-\overset{}{\underset{\parallel}{C}}-\overset{|}{\underset{I}{C}}-I + 3HI\\
\quad\ O
\end{array}
$$

②
$$
\begin{array}{c}
\quad\ \ \overset{I}{|}\\
R-\overset{}{\underset{\parallel}{C}}{\,+\,}\overset{|}{\underset{I}{C}}-I + \boxed{H_2O}\\
\quad\ O
\end{array}
\longrightarrow
\begin{array}{c}
\quad\quad\quad\quad\ \ \overset{I}{|}\\
R-\overset{}{\underset{\parallel}{C}}{\,+\,}\boxed{OH} + H{\,+\,}\overset{|}{\underset{I}{C}}-I\\
\quad\ O
\end{array}
$$

③
$$
\begin{array}{l}
+)\ \underline{3HI + RCOOH + 4NaOH \longrightarrow RCOONa \qquad\quad + 3NaI + 4H_2O}\\
\quad\ RCOCH_3 + 3I_2 + 4NaOH \longrightarrow RCOONa + CHI_3 + 3NaI + 3H_2O
\end{array}
$$

問5 C 1 mol が分解されれば，D 1 mol が生成する関係（係数比1：1）なので，化合物Cのうち，オゾン分解された割合をx〔%〕とおくと，

$$
\underset{\text{Cの全 mol}}{\frac{2.96}{148}} \times \underset{\substack{\text{分解した}\\\text{Cの mol}}}{\frac{x}{100}} = \underset{\substack{\text{生成した}\\\text{Dの mol}}}{\frac{1.71}{122}} \qquad x = \underline{70.0\%}
$$

問6 $2ROH + 2Na \longrightarrow 2RONa + H_2\uparrow$　により，$\underline{H_2}$が発生する。

問7 カルボキシ基は，2ヶ所で水素結合を行うことができる。したがって，同分子量のアルコール（1ヶ所で水素結合）よりも，さらに沸点，融点が高くなる傾向にある。

$$
R-C\overset{\diagup O \cdots H-O\diagdown}{\underset{\diagdown O-H \cdots O\diagup}{}}C-R
$$

水素結合：陰性原子のN，O，FがH原子をはさんで結合

1 生体高分子

> **1** 問1　ア：炭水化物　イ：単糖類　ウ：二糖類　エ：多糖類
> オ：α-グルコース　カ：β-グルコース　キ：還元　ク：フルクトース
> ケ：転化糖　コ：ガラクトース　サ：インベルターゼ（またはスクラーゼ）
> シ：ラクターゼ
> 問2　a：OH　b：CHO　　問3　Cu₂O　　問4　23 g

解説 問1　代表的な糖類の**加水分解酵素**と生成物を示す。

多糖類　デンプン

↓酵素　↓アミラーゼ

二糖類　マルトース　　　　スクロース　　　　　ラクトース

↓酵素　↓マルターゼ　　　↓インベルターゼ 〈サ〉　↓ラクターゼ 〈シ〉

単糖類　<u>α-グルコース</u>〈オ〉　<u>α-グルコース</u>　　グルコース
　　　　　　×2分子　　　　　　<u>＋フルクトース</u>〈ク〉　<u>＋ガラクトース</u>〈コ〉

<u>多糖類</u>〈エ〉セルロースは，酵素セルラーゼによって<u>二糖類</u>〈ウ〉セロビオースに加水分解される。セロビオースは，酵素セロビアーゼによって<u>β-グルコース</u>〈カ〉2分子に分解される。

問2　単糖類の鎖状構造にはカルボニル基 $>$C=O が1個ある。これに$-$OH が分子内で付加して五員環または六員環の構造をとると，カルボニル基の O 原子は$-$OH に変わる。この$-$OH は，ほかのアルコール性$-$OH よりも縮合を行いやすい。糖類どうしが縮合を行う場合は，少なくとも一方が，このカルボニル基由来の$-$OH である必要がある。

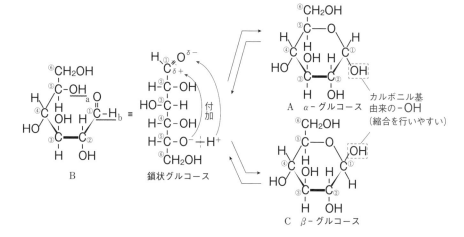

単糖類は環状構造（前記 A, C）が安定であり，鎖状構造（B）は水中でわずかに生じる。

問3 フェーリング液を加えると，ホルミル基 -CHO をもつ鎖状構造の B が反応して Cu₂O の赤色沈殿を生じる。B が消費されれば A や C から再び B が生じてフェーリング液と反応するため，最終的には A, B, C のすべてが反応する。

問4 グルコースの**アルコール発酵**の反応式は，以下のとおり。

$$C_6H_{12}O_6 \longrightarrow 2C_2H_5OH + 2CO_2$$

この係数比を用いると，

$$C_6H_{12}O_6 : C_2H_5OH = \underset{\text{mol比}}{\frac{45}{180} : \frac{x}{46}} = \underset{\text{係数比}}{1 : 2} \qquad x = \underline{23\ \text{g}}$$

---

2 Ⅰ **問1** A：(4) B：(2) C：(1) D：(5) E：(3)
　　問2 A：(1) B：(1) C：(2) D：(1) E：(2) **問3** A：(1) C：(3)
　　問4 ア：アミロース イ：アミロペクチン ウ：1 エ：4 オ：6
　　　　　カ：ヨウ素デンプン キ：Cu₂O
　Ⅱ **問5** ア：β イ：縮合重合 ウ：5 エ：2 オ：多糖類
　　　　　カ：シュバイツァー試薬（シュワイツァー試薬） キ：コロイド
　　　　　ク：銅アンモニアレーヨン（キュプラ） ケ：トリアセチルセルロース
　　　　　コ：濃硝酸
　　問6 ヒドロキシ基の部分が分子間で水素結合を行うことにより，高分子どうしが強く結びつけられているため。
　　問7 222 g 計算過程：$\dfrac{200}{162} = \dfrac{x}{180}$ $x = 222.2$ g
　　問8 378 g 計算過程：$\dfrac{200}{162} : \dfrac{y}{102} = 1 : 3$ $y = 377.7$ g
　　問9 60.0% 計算過程：$\dfrac{200}{162} = \dfrac{300}{162 + 45z}$ $z = 1.8$ $\dfrac{1.8}{3} \times 100 = 60.0\%$

解説 糖類の環状構造は，ホルミル基*-CHO にヒドロキシ基 -OH が付加することによって生じる。

　この反応で新たに生じた -OH には，ほかの -OH や -NH₂ が縮合しやすい。糖類どうしの縮合では，少なくとも一方に上記の -OH が使われる。縮合して -OH が -O-C… に変わると，脱離して鎖状のアルデヒドに戻ることができなくなるため，還元性はなくなる。
　したがって，上記の -OH をもつ低分子の糖類は還元性をもつと判断すればよい。 -OH を見つけるには，その隣の Ⓒ を見つければよい。Ⓒ は，2個の O 原子と直結していることから見つけることができる。

* フルクトースの場合はカルボニル基。ただし，フルクトースは還元性を示す。

I

問 1～3

二糖A：α-グルコース2分子が縮合してできる<u>マルトース</u>問1のことである。

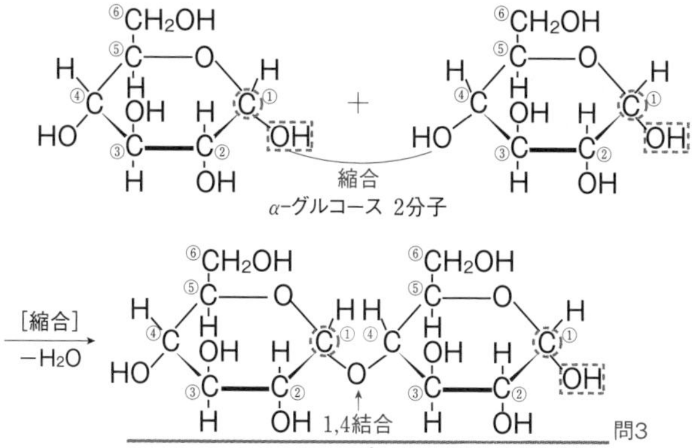

α-グルコース 2分子

縮合

[縮合]
−H_2O

1,4結合

A：マルトース 問3

上図マルトースの左側の環は開環できない。右側は，Ⓒに−OHがついているので，水中で<u>開環してホルミル基をもつ構造に変化できる</u>。したがってマルトースは，1価のアルデヒドとして<u>還元性を示す</u>問2。

上図右側の環は，デンプンを加水分解してマルトースが生じた当初はα型である。しかし，水中で放置すれば，α，β，鎖状のどの構造にもなるため，問題文には単に「グルコース」としか書かれていない。

二糖B：β-グルコース2分子が，マルトースと同様に1,4結合で結びついた<u>セロビオース</u>問1である。

二糖C：α-グルコースとβ-フルクトースが，−OHどうしで縮合した<u>スクロース</u>問1である。−OHがなくなってしまったので，鎖状構造をとれず，<u>還元性を示さない</u>問2。

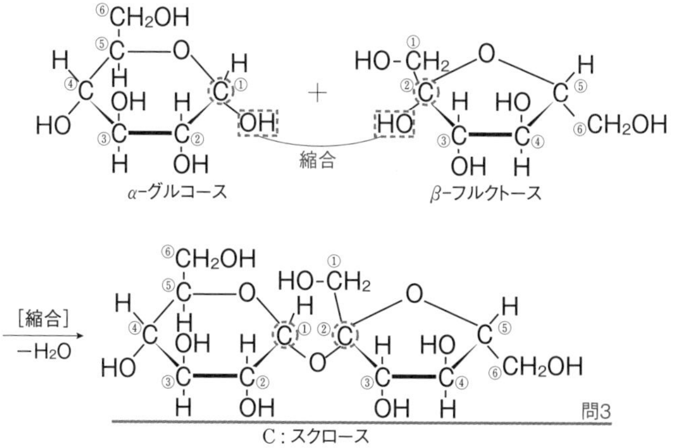

α-グルコース　　　　β-フルクトース

縮合

[縮合]
−H_2O

C：スクロース 問3

第5章　高分子化合物

二糖D：ラクトース_{問1}のことである。グルコース側の1位の┤OH┊が残っているので還元性を示す_{問2}。

二糖E：消去法でトレハロース_{問1}とわかる。グルコースの1位の┤OH┊どうしで縮合するため，┤OH┊がなくなり，還元性を示さない_{問2}。

Ⅱ　**問7**　高分子化合物の計算問題では，繰り返し単位の物質量に着目するとよい。デンプンやセルロースの繰り返し単位 $-C_6H_{10}O_5-$（式量162）は，加水分解されると，同 mol の単量体グルコース $C_6H_{12}O_6$ に変わる。得られるグルコースを x〔g〕とすると，

$$\frac{200}{162} = \frac{x}{180} \qquad x = \underline{222.2\ \text{g}}$$

$-C_6H_{10}O_5-$　$C_6H_{12}O_6$
単位〔mol〕　〔mol〕

問8　セルロースの繰り返し単位 $-C_6H_7O_2(OH)_3-$ 1つには，$-OH$ が3個あるため，3倍 mol の無水酢酸が反応する。

無水酢酸 $(CH_3CO)_2O$ との反応：

$$-C_6H_7O_2(OH)_3- \ + \ 3(CH_3CO)_2O$$
セルロース

$$\longrightarrow \ -C_6H_7O_2(OCOCH_3)_3- \ + \ 3CH_3COOH$$
トリアセチルセルロース

必要とされる無水酢酸を y〔g〕とすると，「係数比＝モル比」より，

$$-C_6H_7O_2(OH)_3-:(CH_3CO)_2O = \frac{200}{162} : \frac{y}{102} = 1:3 \qquad y = \underline{377.7\ \text{g}}$$
mol 比　　係数比

問9　一部がエステル化されたニトロセルロースの繰り返し単位は，$-C_6H_7O_2(OH)_{3-z}(ONO_2)_z-$ と表せる。反応前後で繰り返し単位の物質量は変わらないので，

$$\frac{200}{162} = \frac{300}{162+45z} \qquad z = 1.8$$

$-C_6H_7O_2(OH)_3-$　$-C_6H_7O_2(OH)_{3-z}(ONO_2)_z-$
単位〔mol〕　　　　単位〔mol〕

3ヶ所の $-OH$ のうち，平均1.8ヶ所でエステル化が起こったので，

$$\frac{1.8}{3}\times 100 = \underline{60.0\%}$$

---

3 Ⅰ　**問1** ア：タンパク質　イ：グリシン　ウ：L　エ：カルボキシ
オ：アミノ　カ：双性　キ：高　ク：等電点　ケ：陰
問2 X：R-CH-COOH　Y：R-CH-COO$^-$　Z：R-CH-COO$^-$
　　　　　｜　　　　　　　　　｜　　　　　　　　　｜
　　　　NH$_3^+$　　　　　　NH$_3^+$　　　　　NH$_2$
問3 A：グルタミン酸　B：アラニン
Ⅱ　ア：③　イ：①　ウ：⑥　エ：⑬　オ：⑧　カ：⑪

解説 Ⅰ 　問3　<u>アラニン</u>_B などの**中性アミノ酸**(**等電点**が中性付近にある)は，pH =7.0 の溶液中ではほとんどが**双性イオン**の形で存在し，電圧をかけてもほとんど移動しない。

　一方，<u>グルタミン酸</u>_A とアスパラギン酸は**酸性アミノ酸**(等電点が pH＝3 前後の酸性側にある)であり，以下に示すように pH＝7.0 ではほぼ 1 価の陰イオンの形で存在する。したがって，電圧をかけると逆符号の陽極側に移動する。

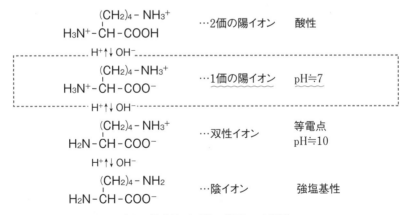

$$CH_2\text{-}CH_2\text{-}COOH$$
$$H_3N^+\text{-}CH\text{-}COOH$$ …陽イオン　　　　強酸性

$$H^+\uparrow\downarrow OH^-$$

$$CH_2\text{-}CH_2\text{-}COOH$$
$$H_3N^+\text{-}CH\text{-}COO^-$$ …双性イオン　　　等電点 pH≒3

$$H^+\uparrow\downarrow OH^-$$

$$CH_2\text{-}CH_2\text{-}COO^-$$
$$H_3N^+\text{-}CH\text{-}COO^-$$ …1価の陰イオン　pH≒7

$$H^+\uparrow\downarrow OH^-$$

$$CH_2\text{-}CH_2\text{-}COO^-$$
$$H_2N\text{-}CH\text{-}COO^-$$ …2価の陰イオン　塩基性

〈グルタミン酸(酸性アミノ酸)の帯電とpHの関係〉

　反対に，リシンなどの**塩基性アミノ酸**(等電点約 10)は，以下に示すように pH＝ 7.0 でほぼ 1 価の陽イオンとして存在し，陰極側に移動する。

$$(CH_2)_4-NH_3^+$$
$$H_3N^+\text{-}CH\text{-}COOH$$ …2価の陽イオン　酸性

$$H^+\uparrow\downarrow OH^-$$

$$(CH_2)_4-NH_3^+$$
$$H_3N^+\text{-}CH\text{-}COO^-$$ …1価の陽イオン　pH≒7

$$H^+\uparrow\downarrow OH^-$$

$$(CH_2)_4-NH_3^+$$
$$H_2N\text{-}CH\text{-}COO^-$$ …双性イオン　　　等電点 pH≒10

$$H^+\uparrow\downarrow OH^-$$

$$(CH_2)_4-NH_2$$
$$H_2N\text{-}CH\text{-}COO^-$$ …陰イオン　　　　強塩基性

〈リシン(塩基性アミノ酸)の帯電とpHの関係〉

4 問1　A：ペプチド　B：一次　D：鏡像(光学)
問2　名称：グリシン　構造式：$H_2N\text{-}CH_2\text{-}COOH$

> 問3 キサントプロテイン反応　　問4　541
> 問5　X_1：Ⅳ　X_2：Ⅱ　X_3：Ⅰ　X_4：Ⅲ

解説 問4　4分子が鎖状に縮合した場合，3分子の H_2O が抜けるので，

$$121 + 147 + 146 + 181 - 3 \times 18 = \underline{541}$$

問5　アミノ酸 X_2 は，**実験1**の電気泳動で陽極側に移動したことから，pH 4.0 で陰イオンとして存在していたとわかる。陰イオンで存在するのは，等電点よりも塩基性のときだから，X_2 の等電点は 4.0 よりも小さく，酸性アミノ酸のⅡとわかる。

X_2：Ⅱ（グルタミン酸）

トリペプチド X_1–X_2–X_3 と，X_2–X_3–X_4 の両方が，**実験2**の硫黄検出反応を行っており，S 原子を含有するⅠを含んでいるとわかる。両トリペプチドに存在する X_2，X_3 のうち，X_2 はⅡと決まっていたから，X_3 がⅠに決まる。

X_3：Ⅰ（システイン）

実験3より，トリペプチド X_1–X_2–X_3 中に**キサントプロテイン反応**を行う芳香族のアミノ酸Ⅳが含まれるとわかる。X_2 はⅡ，X_3 はⅠだから，X_1 はⅣに決まる。

X_1：Ⅳ（チロシン）

消去法により，X_4 がⅢと決まる。

X_4：Ⅲ（リシン）

> **5** 問1　ア：アミド　イ：ポリペプチド　ウ：水素　エ：α-ヘリックス
> オ：β-シート　カ：ジスルフィド　キ：変性
> 問2　H_2N–CHR–C–N–CHR–COOH
> 　　　　　　　‖　‖
> 　　　　　　　O　H
> 問3　アミノ酸の配列順序（9字）　　問4　(c), (d)
> 問5　タンパク質の立体構造が変化するから。（18字）

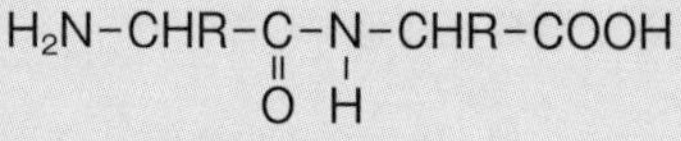

解説 問2

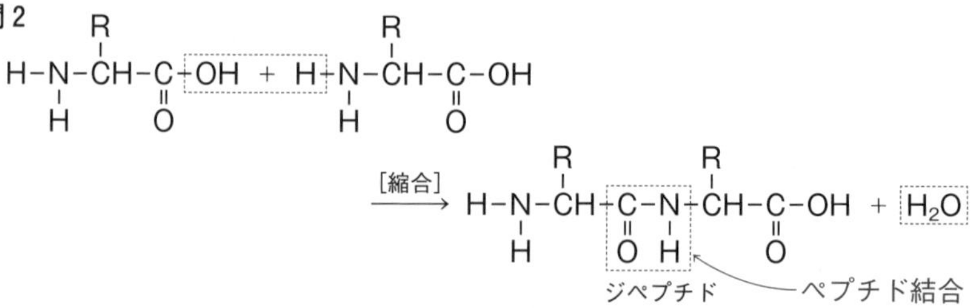

問3　タンパク質の**一次構造**：α-アミノ酸の配列順序。

二次構造：ペプチド結合間に形成される水素結合によって発現する立体構造。

三次構造：α-アミノ酸の側鎖部分（Rの部分）どうしの結びつき（共有結合 –S–S–，イオン結合 –COO^-　H_3N^+–，ファンデルワールス力）によって発現する立体構造。

四次構造：ポリペプチドどうしが結びつき，新たな複合体を形成することによる構造。

問4　イオンになれるものは，(c)-$(CH_2)_4$-NH_3^+，(d)-$(CH_2)_2$-COO^-， (f)−CH₂−⟨benzene ring⟩−O⁻ の3つだが，フェノール性−OH は生物体の pH＝7付近ではほぼ未電離の状態で存在する(pH＞11でほぼ塩(イオン)の状態になる)。

したがって，pH＝7付近でほぼ完全に塩の状態になるアミノ基(c)と，カルボキシ基(d)が残る。異符号イオンの組み合わせなので，クーロン力で結びつく。

問5 **変性**は，ペプチド結合が切断されるわけではなく，<u>水素結合が切断され立体構造が変化する</u>ことによって起こる。

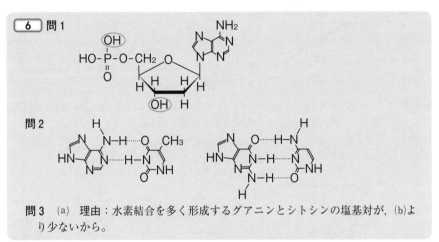

`6` 問1

問2

問3 (a) 理由：水素結合を多く形成するグアニンとシトシンの塩基対が，(b)より少ないから。

解説 **問1** 核酸(DNA，RNA)は，**リン酸と糖と核酸塩基の3分子が縮合してできるヌクレオチド(単量体)**が，さらに**縮合重合することによってできる高分子化合物**である。DNA の場合は，2本の高分子が塩基部分で<u>水素結合を行う</u>ことにより，**二重らせん構造**となっている。

OH
HO−P¦OH　H¦O−CH₂　O　グリコシド結合 N−
‖　　エステル結合　　 OH　H
O　　　　　　　　　　　　塩基
リン酸　　　　H　　H
　　　　　　H　　　　H
　　　　　　OH（H）
デオキシリボース　（RNAの場合は，○部分がOHのリボースが使われる）

↓ [縮合]

(OH)
HO−P−O−CH₂　O　N−
‖
O
　　　H　　H
　　H　　　H
　　（OH）　H
ヌクレオチド

ヌクレオチドどうしが，さらに○部分でエステル結合し，縮合重合すると，高分子になる。

問2　アデニン(A)はチミン(T)，グアニン(G)はシトシン(C)と水素結合する。核酸塩基の水素結合に使われる部分構造は，$\overset{\diagdown}{\diagup}N^{\delta-}$，$\overset{\diagdown}{\diagup}C=O^{\delta-}$，$\overset{\diagdown}{\diagup}N-H^{\delta+}$ の３つしかないので，与えられた構造に，この $\delta-$，$\delta+$ を書き入れ，異符号どうしが接近するように組み合わせてやればよい。

2　合成高分子

7	問1, 2	A群	(i)	(ii)	(iii)	(iv)	(v)	(vi)	(vii)	(viii)	(ix)	(x)
		B群	(m)	(f), (l)	(c), (g)	(h), (l)	(i)	(b)	(j)	(a), (d)	(k)	(e), (n)
		C群	(ウ)	(オ)	(エ)	(オ)	(イ)	(イ)	(イ)	(ア)	(イ)	(ア)

問3　(ii), (iv)　　**問4**　(a)：(i), (viii)　(b)：(x)

解説 問1, 2　A群中の(vi), (vii), (ix)は，付加重合によって合成される高分子化合物で，鎖状(一次元)の分子構造をもつため**熱可塑性樹脂**である。

(vi)　$n\ \mathrm{CH_2=CH_2}$ 　$\xrightarrow[\text{[付加重合]}]{}$ 　$\{\mathrm{CH_2-CH_2}\}_n$
エチレン　　　　　　　　　　　　ポリエチレン
（単量体）　　　　　　　　　　　（重合体）

(vii)　$n\ \mathrm{CH_2=CH}$ （Cl）　$\xrightarrow[\text{[付加重合]}]{}$ 　$\left[\mathrm{CH_2-CH}\right]_n$（Cl）
塩化ビニル　　　　　　　　　ポリ塩化ビニル

(ix)　$n\ \mathrm{CH_2=CH}$ （CN）　$\xrightarrow[\text{[付加重合]}]{}$ 　$\left[\mathrm{CH_2-CH}\right]_n$（CN）
アクリロニトリル　　　　　　ポリアクリロニトリル

(v)も付加重合で合成されるが，２つの二重結合が同時に開裂する 1,4-付加という様式で重合する。高分子の主鎖に生じた二重結合がシス形のものが天然ゴムであり，分子運動の自由度が大きいため弾性をもつ。

(v)　$n\ \mathrm{CH_2=CH-C=CH_2}$ （CH₃）　$\xrightarrow[\text{[付加重合]}]{}$ 　$\left[\begin{array}{c}\mathrm{CH_2}\quad\mathrm{CH_2}\\ \mathrm{C=C}\\ \mathrm{H}\quad\mathrm{CH_3}\end{array}\right]_n$
イソプレン　　　　　　　　　　　　　　　　　天然ゴム

(iii)は，２種以上の単量体がランダムに連なる**共重合**という重合様式で合成される。原料のスチレンと 1,3-ブタジエンのモル比は自由に変えることができる。

(iii)　$\mathrm{CH_2=CH}$ ＋ $\mathrm{CH_2=CH-CH=CH_2}$
　　　　　　　　　　　　　　　　1,3-ブタジエン
スチレン

$\xrightarrow[\text{[共重合]}]{}$ 　$\cdots-\mathrm{CH_2-CH-CH_2-CH=CH-CH_2-}\cdots$
スチレンブタジエンゴム

(viii), (x)は，$\mathrm{H_2O}$ がとれてつながる縮合重合によって合成される。

(viii) n H-N-(CH$_2$)$_6$-N-H + n HO-C-(CH$_2$)$_4$-C-OH
          | | | |
          H   H   O   O

ヘキサメチレンジアミン   アジピン酸

$\xrightarrow[\text{[縮合重合]}]{}$ $\left[\text{N-(CH}_2)_6\text{-N-C-(CH}_2)_4\text{-C}\right]_n$ + $2n$H$_2$O
          | | | |
          H   H O   O

ナイロン 6,6

(x) n HO-CH$_2$-CH$_2$-OH + n HO-C-⟨◯⟩-C-OH
                                    | |
                                    O   O

エチレングリコール   テレフタル酸
(1,2-エタンジオール)

$\xrightarrow[\text{[縮合重合]}]{}$ $\left[\text{O-CH}_2\text{-CH}_2\text{-O-C-⟨◯⟩-C}\right]_n$ + $2n$H$_2$O
                                    | |
                                    O   O

ポリエチレンテレフタラート

(i)は，開環重合によって生成する。

        CH$_2$
      CH$_2$ CH$_2$
n CH$_2$ CH$_2$ $\xrightarrow[\text{[開環重合]}]{}$ $\left[\text{N-(CH}_2)_5\text{-C}\right]_n$
        N-C | |
        H O   H   O

ε-カプロラクタム   ナイロン 6

(ii)，(iv)は，付加と縮合が交互に起こることによって重合する**付加縮合**という反応様式をとる。

問3 フェノール樹脂と尿素樹脂は，枝分かれ状に共有結合が形成されるため，三次元網目構造の**熱硬化性樹脂**となる。

---

8 **問1** ア：鎖　イ：三次元網目（立体網目）　ウ：加硫　エ：エボナイト

問2 オ：ホルムアルデヒド　カ：レゾール　キ：ノボラック　ク：塩基
ケ：酸　コ：硬化剤

問3 $m : n = 1 : 4$　計算過程：SBR 200 g 中のスチレン単位とブタジエン単位の物質量を各々 a〔mol〕，b〔mol〕とおくと，

$$b = \frac{56.0}{22.4} \quad \cdots①$$

$$104a + 54b = 200 \quad \cdots②$$

①，②より，$a = 0.625$，$b = 2.50$
$m : n = 0.625 : 2.50 = 1 : 4$

問4 2.5×10^2 個　計算過程：$8.0 \times 10^4 = 104m + 54n$
問3より，$m : n = 1 : 4$ なので，$m = 250$

解説 **問3** 高分子の計算は，繰り返し単位の物質量に着目して考える。-CH$_2$-CH-
                                                                    |
                                                                  ⟨◯⟩

単位が a〔mol〕，-CH$_2$-CH=CH-CH$_2$- 単位が b〔mol〕あるとすると，H$_2$ は b〔mol〕付加するので，

$$b = \frac{56.0}{22.4} = 2.50 \text{ mol}$$

繰り返し単位の質量の合計が高分子の質量なので，

$$104a + 54 \times 2.50 = 200 \qquad a = 0.625 \text{ mol}$$

200 g 中の組成と，1 分子中の組成は同じなので，

$$m : n = a : b = 0.625 : 2.50 = \underline{1 : 4}$$

問 4　高分子の分子量＝繰り返し単位の式量×重合度＋両端

の式を用いる。両端は通常の高分子（分子量 1 万以上）ならば無視でき，指示もある。

$$\underset{\substack{\text{高分子の}\\\text{分子量}}}{8.0 \times 10^4} = \underset{\substack{-\text{CH}_2-\text{CH}-\\\text{単位の式量×重合度}}}{104 \times m} + \underset{\substack{-\text{CH}_2-\text{CH}=\text{CH}-\text{CH}_2-\\\text{単位の式量×重合度}}}{54 \times n}$$

$$m : n = 1 : 4 \iff n = 4m \text{ なので，} \qquad m = 250$$

高分子 1 分子中に，$-\text{CH}_2-\underset{\bigcirc}{\text{CH}}-$ 単位が 250 個（$-\text{CH}_2-\text{CH}=\text{CH}-\text{CH}_2-$ 単位は

1000 個）存在する。したがって，高分子 1 分子あたりの ⬡ の数は <u>250</u> 個。

9　**問 1**　ア：付加　イ：アセタール　ウ：エーテル（またはアセタール）
　エ：タンパク質　オ：アミド　カ：縮合

問 2　① $\left[\begin{array}{c}\text{CH}_2-\text{CH}\!-\!\!-\!\!-\!\!-\\ \quad\text{O}-\text{C}-\text{CH}_3 \\ \qquad\quad \text{O}\end{array}\right]_n + n\,\text{H}_2\text{O} \longrightarrow \left[\begin{array}{c}\text{CH}_2-\text{CH}\\ \qquad\;\text{OH}\end{array}\right]_n + n\,\text{CH}_3\text{COOH}$

　② $n\,\text{H}-\underset{\text{H}}{\text{N}}\text{+CH}_2\text{+}_6\underset{\text{H}}{\text{N}}\text{-H} + n\,\text{HO}-\underset{\text{O}}{\text{C}}\text{+CH}_2\text{+}_4\underset{\text{O}}{\text{C}}\text{-OH}$

$$\longrightarrow \left[\underset{\text{H}}{\text{N}}\text{+CH}_2\text{+}_6\underset{\text{H}}{\text{N}}-\underset{\text{O}}{\text{C}}\text{+CH}_2\text{+}_4\underset{\text{O}}{\text{C}}\right]_n + 2n\text{H}_2\text{O}$$

問 3　30%　計算過程：ホルムアルデヒドと反応したポリビニルアルコールのヒドロキシ基の割合を x とおくと，

$$\frac{2.20 \times 10^4}{88} = \frac{2.29 \times 10^4}{88(1-x) + 100x} \qquad x = 0.300$$

解説　**問 3**　ポリビニルアルコールとビニロンの繰り返し単位を，以下のように設定する。

　ポリビニルアルコール　$-\text{CH}_2-\underset{\text{OH}}{\text{CH}}-\text{CH}_2-\underset{\text{OH}}{\text{CH}}-$　式量 88

　ビニロン $\begin{cases} -\text{CH}_2-\underset{\text{OH}}{\text{CH}}-\text{CH}_2-\underset{\text{OH}}{\text{CH}}- & \begin{array}{l}\text{式量 88}\\\text{モル分率 } 1-x\end{array} \\[2.5ex] -\text{CH}_2-\underset{\text{O}-\text{CH}_2-\text{O}}{\text{CH}}-\text{CH}_2-\text{CH}- & \begin{array}{l}\text{式量 100}\\\text{モル分率 } x\end{array} \end{cases}$

このように設定すれば，主鎖の C 原子はどの単位も 4 個で一定なので，反応前後で 1 分子中の繰り返し単位の数も一定である。これを m とおくと，

ポリビニルアルコール：

$$2.20 \times 10^4 = 88m \qquad \cdots ①$$

ビニロン：

$$2.29 \times 10^4 = 88 \times m(1-x) + 100 \times mx \quad \cdots ②$$

①，②式から m を消去すると，

$$\frac{2.20 \times 10^4}{88} = \frac{2.29 \times 10^4}{88(1-x) + 100x} \qquad x = \underline{0.300}$$

mol の割合で 30% がアセタール化された単位であるとわかる。したがって，反応した $-OH$ の割合も 30% である。

---

10 問1　ア：エチレン　イ：共重合　ウ：(濃)硫酸　エ：H^+　オ：Na^+
　　カ：陽　キ：OH^-　ク：Cl^-　ケ：陰　コ：純水(脱イオン水)　サ：塩基
　問2　固体の高分子化合物は，分子が乱雑に並んだ非結晶構造の部分を多くもち，分子間力が一定にならないため。(49 字)
　問3　$R-SO_3H + NaCl \longrightarrow R-SO_3Na + HCl$
　問4　$1.0 \times 10^{-11} \, mol/L$　（計算過程は解説参照）

解説 **問3**　反応後の $R-SO_3Na$ に塩酸を通せば，逆反応が起こって $R-SO_3H$ に戻る。
問4　**陽イオン交換樹脂**で起こる反応は，**問3** と同じ反応であり，流し込んだ NaCl と同 mol の HCl が流出する。一方，**陰イオン交換樹脂**で起こる反応は，

$$2R-N^+R_3OH^- + Na_2SO_4 \longrightarrow (R-N^+R_3)_2SO_4{}^{2-} + 2NaOH$$

であり，流し込んだ Na_2SO_4 の 2 倍 mol だけ NaOH が流出する。各流出量は，

$$HCl : 0.010 \times \frac{10.0}{1000} = 1.00 \times 10^{-4} \, mol$$

$$NaOH : 0.025 \times \frac{4.0}{1000} \times 2 = 2.00 \times 10^{-4} \, mol$$

両者を混合すると，

$$NaOH + HCl \longrightarrow NaCl + H_2O$$

の反応が起こり，HCl はなくなるが，NaOH は $1.00 \times 10^{-4} \, mol$ だけ残る。

$$[OH^-] = 1.00 \times 10^{-4} \, mol \times \frac{1000}{100} \, (/L) = 1.00 \times 10^{-3} \, mol/L$$

水のイオン積 $K_w = [H^+][OH^-]$ より，

$$1.0 \times 10^{-14} = [H^+] \times 1.00 \times 10^{-3} \qquad [H^+] = \underline{1.00 \times 10^{-11} \, mol/L}$$